"十三五"普通高等教育本科规划教材

高等院校机械类专业"互联网+"创新规划教材

"十三五"江苏省高等学校重点教材(编号：2016-2-051)

数控原理及控制系统

主　　编　周庆贵　陈书法

副主编　王华兵

参　　编　郑书谦

U0206636

北京大学出版社

PEKING UNIVERSITY PRESS

内 容 简 介

本书是根据教育部"全国机械类专业应用型本科人才培养目标及基本规格"的要求，为相关专业学生学习数控原理课程而编写的教材。本书较全面地介绍了数控系统的相关理论和数控机床各部分的控制应用方法及应用实例，重点突出，力求体现先进性、应用性。全书共分8章，内容包括绪论、数控系统的插补原理、计算机数控装置、数控机床的伺服系统、数控机床的位置检测装置、PLC在数控机床中的应用、数控系统的电磁兼容设计和典型数控机床电气控制系统分析。

本书可作为应用型本科院校的机械设计制造及其自动化、机械电子工程等专业的教材，也可作为机械类和近机类专业本科、高职高专教学用书，还可供设备操作、设计与维护维修等工程技术人员参考使用。

图书在版编目(CIP)数据

数控原理及控制系统/周庆贵，陈书法主编. —北京：北京大学出版社，2017.9
（高等院校机械类专业"互联网+"创新规划教材）
ISBN 978-7-301-28834-4

Ⅰ. ①数… Ⅱ. ①周… ②陈… Ⅲ. ①数控机床—高等学校—教材 Ⅳ. ①TG659

中国版本图书馆 CIP 数据核字（2017）第 247674 号

书　　　名	数控原理及控制系统
	Shukong Yuanli ji Kongzhi Xitong
著作责任者	周庆贵　陈书法　主编
策 划 编 辑	童君鑫
责 任 编 辑	黄红珍
数 字 编 辑	刘　蓉
标 准 书 号	ISBN 978-7-301-28834-4
出 版 发 行	北京大学出版社
地　　　址	北京市海淀区成府路 205 号　100871
网　　　址	http://www.pup.cn　新浪微博：@北京大学出版社
电 子 信 箱	pup_6@163.com
电　　　话	邮购部 62752015　发行部 62750672　编辑部 62750667
印 刷 者	北京溢漾印刷有限公司
经 销 者	新华书店
	787 毫米×1092 毫米　16 开本　15.25 印张　350 千字
	2017 年 9 月第 1 版　2017 年 9 月第 1 次印刷
定　　　价	36.00 元

前　　言

随着我国工业的快速发展，机械制造业发展的一个明显趋势是越来越广泛地应用数控技术。普通机械逐渐被高效率、高精度的数控机械代替，因而急需大量的数控机床使用、维护和维修的高级专门人才。

数控机床是一种综合应用了信息技术、自动控制、电力电子技术、通信技术、精密测量、精密机械、气动、液压、润滑等技术的典型机电一体化产品，是现代制造技术的基础。相关人员需要经过系统的学习和培训才能胜任数控机床使用、维护和维修工作。随着计算机技术的飞速发展，数控技术得到了迅速发展，数控系统的性能和品质也有了极大的提高。本书坚持从数控原理的基本概念入手，以数控机床为控制对象，较全面地介绍了数控系统的相关理论和数控机床各部分的控制应用方法及应用实例。本书在介绍基本理论的基础上，还重点阐述了插补软件实现方法、代表性的数控装置相关接口、西门子(SIEMENS)数控系统集成 PLC 的特点和典型数控机床电气控制系统分析等，强调对基本理论和应用技术的学习，突出学以致用。全书共分 8 章，内容包括绪论、数控系统的插补原理、计算机数控装置、数控机床的伺服系统、数控机床的位置检测装置、PLC 在数控机床中的应用、数控系统的电磁兼容设计和典型数控机床电气控制系统分析。本书内容先进、选材典型、案例丰富，理论联系实际，面向工程应用，可作为机械类和近机类相关专业的教材，也可供工程技术人员参考使用。

本书由周庆贵和陈书法担任主编，并负责统稿、定稿，王华兵担任副主编，郑书谦参与编写，具体编写分工如下：第 1 章由郑书谦编写，第 2 章由陈书法编写，第 3、4、5、8 章由周庆贵编写，第 6 章由周庆贵和王华兵编写，第 7 章由王华兵编写。

由于编者水平有限，加上数控技术日新月异的发展和不同系统之间的差异，书中难免存在疏漏或不当之处，恳请读者不吝赐教，提出批评意见。

编　者

2017 年 7 月

目　　录

第 **1** 章
绪　论

本章教学要点

知识要点	掌握程度	相关知识
数控技术	了解数控技术的基本概念； 熟悉数控相关专业术语； 掌握伺服系统的分类	NC 与 CNC； 数控机床的定义； 数控相关专业术语
数控机床	了解数控机床的组成及特点； 熟悉数控机床的分类； 掌握数控机床的加工过程	数控机床的组成； 数控机床的分类； 数控机床的发展

导入案例

数控技术是战略性核心技术，五轴联动以上高档数控系统和机床装备一直是重要的国际战略物资。一个典型案例是"东芝事件"：1983 年，日本东芝公司卖给苏联几台五轴联动数控铣床，苏联将其用于制造核潜艇推进螺旋桨，以至于美国的声呐无法侦测到苏联核潜艇的动向。后来，美国国防部追究责任，东芝的相关高层都进了监狱。

国务院印发的《中国制造2025》中就有关于大力发展高档数控机床的内容，开发一批精密、高速、高效、柔性数控机床与基础制造装备及集成制造系统。加快高档数控机床、增材制造等前沿技术和装备的研发。以提升可靠性、精度保持性为重点，开发高档数控系统、伺服电动机、轴承、光栅等主要功能部件及关键应用软件，加快实现产业化。加强用户工艺验证能力建设。

图 1.01 和图 1.02 所示为五轴联动加工中心与五轴联动铣车加工中心。

【五轴联动加工中心】

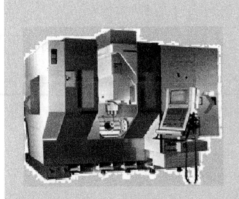

图 1.01　五轴联动加工中心

图 1.02　五轴联动铣车加工中心

数字控制技术是综合应用了电子技术、计算机技术、自动控制及自动检测等方面的新成就而发展起来的一门新技术。它在许多领域得到了应用，而在机械加工行业中的应用则更为广泛，其中发展特别快的是数字控制机床，简称数控机床。这是和科学技术的迅速发展，机械产品的更新换代频繁及科研新产品的试制任务增多等情况密切相关的。现代加工业的特点是零件形状复杂，精度要求较高，批量小。这就要求机床设备应具有较大的灵活性、通用性、高加工精度和高生产效率。数控机床正是适应这种要求而产生的。

随着现代微电子技术的飞速发展，微电子器件集成度和信息处理功能不断提高，而价格不断降低，使微型计算机在机械制造领域得到广泛应用。微机控制的数控机床的应用与日俱增，柔性加工中心、柔性制造单元及柔性制造系统不断投入使用，生产面貌发生了根本变化。

1.1　概　　述

1. NC 与 CNC

数字控制(Numerical Control，NC)是近代发展起来的一种自动控制技术，是指根据输入的指令和数据，对某一对象的工作顺序、运动轨迹、运动距离和运动速度等机械量，以及温度、压力、流量等物理量按一定规律进行自动控制。数字控制系统中的控制信息是数字量，而模拟控制系统中的控制信息是模拟量。

数字控制系统的硬件基础是数字逻辑电路。最初的数控系统是由数字逻辑电路构成的，因而也被称为硬件数控系统。随着微型计算机的发展，硬件数控系统已逐渐被淘汰，取而代之的是计算机数控系统(Computer Numerical Control，CNC)。由于计算机可完全由软件来确定数字信息的处理过程，从而具有真正的"柔性"，并可以处理硬件逻辑电路难以处理的复杂信息，使数字控制系统的性能大大提高。

2. 数控设备与数控机床

用数字化信息进行控制的自动控制设备称为数控设备。采用数控技术进行控制的机床，称为数控机床(NC 机床)。数控机床是一种综合应用了计算机技术、自动控制技术、精密测量技术和机床设计等先进技术的典型机电一体化产品，是现代制造技术的基础。机床控制也是数控技术应用最早、最广泛的领域，因此，数控机床的水平代表了当前数控技术的性能、水平和发展方向。

数控机床是数控设备的典型代表，它可以加工复杂的零件，并具有加工精度高，生产效率高，便于改变加工零件品种等特点，是实现机床自动化的方向。

3. 数控系统与数控装置

为了对机械运动及加工过程进行数字化信息控制，必须具备相应的硬件和软件。用来实现数字化信息控制的硬件和软件的整体称为数控系统(Numerical Control System)，而数控系统的核心是数控装置(Numerical Controller)。

在数控机床行业中，数控系统是计算机数字控制装置、可编程控制器、进给驱动与主轴驱动装置等相关设备的总称，有时则仅指其中的计算机数字控制装置。为区别起见将其中的计算机数字控制装置称为数控装置。

1.2　数控机床的构成及加工过程

1.2.1　数控机床的构成

数控机床的组成框图如图 1.1 所示。

1. 输入／输出设备

输入／输出设备主要实现程序和数据的输入、显示、存储和打印。这一部分的硬件配置视需要而定，功能简单的机床可能只配有键盘和数码管(LED)显示器；一般的可再加上人机对话编程操作键盘、通信接口、CRT 显示器和液晶显示器；功能较强的可能还包含一套自动编程机或计算机辅助设计和计算机辅助制造(CAD / CAM)系统。

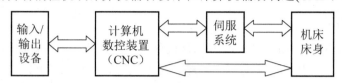

图 1.1　数控机床的组成

2. 计算机数控装置

【计算机
数控装置】

计算机数控(CNC)装置是数控设备的核心，它根据输入的程序和数据，完成数值计算、逻辑判断、速度控制、插补和输入 / 输出控制等功能。数控装置就是专用计算机或通用计算机与输入输出接口及可编程序控制器等部分组成的控制装置。

在数控装置执行的控制信息和指令中，最基本的是坐标轴的进给速度、进给方向和进给位移量指令。它经插补运算后生成，供给伺服驱动，经驱动器放大，最终控制坐标轴的位移。它直接决定了刀具或坐标轴的移动轨迹。

此外，根据系统和设备的不同，如在数控机床上，还可能有主轴的转速、转向和启、停指令；刀具的选择和交换指令；冷却、润滑装置的启、停指令；工件的松开、夹紧指令；工作台的分度等辅助指令。在基本的数控系统中，它们是通过接口，以信号的形式提供给外部辅助控制装置，由辅助控制装置对以上信号进行必要的编译和逻辑运算，放大后驱动相应的执行器件，带动机床机械部件、液压气动等辅助装置完成指令规定的动作。

3. 伺服系统

所谓伺服，是指使某一机械的某些参量(电动机的旋转速度和旋转相位、机械位置等)维持不变或按一定规律变化的自动控制系统。

数控机床中的伺服系统是接收来自数控装置的指令信息，经过功率放大后，严格按照指令信息的要求驱动机床的移动部件，以加工出符合图样要求的零件。因此，它的控制精度和动态响应性能是影响数控机床加工精度、表面质量和生产率的重要因素之一。数控机床中的伺服系统由伺服放大器(也称驱动器、伺服单元)、驱动装置(直流伺服电动机、交流伺服电动机、功率步进电动机和电液脉冲马达等)、机械传动机构和执行机构组成。在数控机床上，目前一般都采用交流伺服电动机作为驱动装置；在 20 世纪 80 年代以前生产的数控机床上，也有采用直流伺服电动机的情况；对于简易数控机床，步进电动机也可以作为执行器件。伺服放大器的形式取决于驱动装置，它必须与驱动装置配套使用。

4. 机床床身

机床床身是被控制的对象，是数控机床的主体，完成各种运动和加工的机械部分。用数控装置和伺服系统对它进行位移、角度和各种开关量的控制。在机床床身上装有检测装置，用来将位移和各种状态信号反馈给数控装置，实现闭环控制。

【机床床身】

1.2.2　数控机床的加工过程

数控机床加工时，首先要将工件的几何信息和工艺信息按规定的代码和格式编制数控加工程序，并将加工程序输入数控系统。数控系统根据输入的加工程序进行信息处理，计算出实际轨迹和运动速度(计算轨迹的过程称为插补)。最后将处理的结果输出给伺服机构，控制机床的运动部件按规定的轨迹和速度运动。

1. 加工程序编制

加工一个工件所需的数据及操作命令构成了工件的加工程序。加工前，首先要根据工件的形状、尺寸、材料及技术要求等，确定工件加工的工艺过程，工艺参数(包括加工顺序、切削用量、位移数据、速度等)，并根据编程手册中所规定的代码或依据不同数控设备说明书中所规定的格式，将这些工艺数据转换成工件程序清单。

2. 程序输入

零件加工程序可采用不同形式输入到数控装置。具有以下几种方式：

(1) 用光电读带机读入数据(早期数控机床)。读入过程分两种形式：一种是边读入边加工，另一种是一次将工件的加工程序读入数控装置内部的存储器，加工时再从存储器逐段调用。

(2) 用键盘直接将程序输入数控装置。

(3) 在通用计算机上采用 CAD / CAM 软件编程或者在专用编程器上编程，然后通过电缆输入数控装置或先存入存储介质，再将存储介质上的加工程序输入数控装置。

3. 信息处理

信息处理是数控的核心任务，它的作用是识别输入程序中每个程序段的加工数据和操作命令，并对其进行换算和插补计算。零件加工程序中只能包含各种线段轨迹的起点、终点和半径等有限数据，在加工过程中，伺服机构按零件形状和尺寸要求进行运动，即按图形轨迹移动，因而就要在各线段的起点和终点坐标值之间进行"数据点的密化"，求出一系列中间点的坐标值，并向相应坐标输出脉冲信号，这就是所谓的插补。

4. 伺服控制

伺服控制是根据不同的控制方式把来自数控装置插补输出的脉冲信号，经过功率放大，通过驱动元件(如步进电动机、交直流伺服电动机等)和机械传动机构，使数控机床的执行机构相对于工件按预定工艺路线和速度进行加工。

1.3　数控机床的特点及分类

数控机床是一种典型的机电一体化产品。它综合运用了微电子、计算机、自动控制、精密检测、伺服驱动、机械设计与制造技术方面的最新成果。与普通机床相比，数控机床能够完成平面、曲线和空间曲面的加工，加工精度和效率都比较高，因而应用日益广泛。

1.3.1 数控机床的特点

1. 精度高，质量稳定

数控机床在设计和制造时，采取了很多措施来提高加工精度。机床的传动部分一般采用滚珠丝杠，提高了传动精度。机床导轨采用滚动导轨、悬浮式导轨或采用摩擦系数很小的合成材料，因而减小了摩擦阻力，消除了低速爬行现象。闭环、半闭环伺服系统装有精度很高的位置检测元件，随时将位置误差反馈给计算机进行误差校正，使数控机床获得很高的加工精度。数控机床加工过程由程序自动完成，与普通机床相比，没有人为因素的影响，加工质量稳定，产品精度重复性好。

2. 生产效率高

数控机床具有较高的生产效率，尤其对于复杂零件的加工，生产效率可提高数十倍。效率高的主要原因如下：

(1) 具有自动变速、自动换刀和其他辅助操作自动化等功能，而且无需工序间的检验与测量，使辅助时间大为缩短。

(2) 工序集中。数控机床的轨迹运动是由程序自动控制完成的，因而在普通机床加工中分几道工序完成的工件在数控加工中可在一台机床上完成，减少了半成品的周转时间。

(3) 不同零件的加工程序存储在控制介质或内部存储器中，因而更换工件时，只需更换零件加工程序即可，从而节省了大量准备和机床调整的时间。

3. 适应性强

适应性即所谓的柔性，是指数控机床随生产对象变化而变化的适应能力。在数控机床上进行不同加工时，只要改变数控机床的输入程序，就可适应新产品的生产需要，而不需要改变机械部分和控制电路。

4. 能实现复杂的运动

普通机床很难实现或无法实现轨迹为三次以上的曲线或曲面的运动。如螺旋桨、汽轮机叶片之类的空间曲面。数控机床可以几个坐标同时联动，实现几乎任意轨迹的运动，适用于复杂异形零件的加工。

5. 减轻劳动强度，改善劳动条件

数控机床的运行是由程序控制自动完成的，能自动换刀、自动变速等，其大部分操作不需要人工干预，因而改善了劳动条件。

6. 管理水平提高

数控机床是组成综合自动化系统(如 FA、FTL、FMC、FMS、CIMS)的基本单元。数控机床具有的通信接口和标准数据格式，可实现计算机之间的连接，组成工业局部网络(LAN)，实现生产过程的计算机管理与控制。

数控机床虽然具有以上多种优点，但由于它的技术复杂、成本较高，目前较适用多品种、中小批量生产及形状比较复杂，精度要求较高的零件加工等领域。

1.3.2　数控机床的分类

数控机床品种繁多，功能各异，可以从不同角度对其进行分类。

1. 按工艺用途分类

1) 金属切削类数控机床

与传统的通用机床一样，金属切削类数控机床有数控车、铣、磨、镗及加工中心等机床。每一类又有很多品种，如数控铣床就有立铣、卧铣、工具铣及龙门铣等。数控加工中心又称多工序数控机床。在加工中心，零件一次装夹后，可进行各种工艺、多道工序的集中连续加工。这样不仅提高了生产效率，而且消除了由于重复定位而产生的误差。

【金属切削类数控机床】

2) 金属成型类数控机床

该类机床有数控折弯机、数控弯管机、数控回转头压力机、数控冲床等。

3) 数控特种加工机床

数控特种加工机床包括数控电火花加工机床、数控线切割机床、数控激光切割机等。

【金属成型类数控机床】

2. 按控制运动的方式分类

1) 点位控制数控机床

点位控制是指控制运动部件从一点移动到另一点的准确定位，在移动过程中不进行加工，两点间的移动速度和运动轨迹没有严格要求，可以各个坐标先后移动(图 1.2 中的①和②)，也可以多坐标联动(图 1.2 中的③)。

该类机床有数控钻床、数控镗床、数控冲床等。

【电火花线切割机床】

2) 直线控制数控机床

这类机床不仅要控制点的准确定位，还要控制两相关点之间的移动速度和路线(即轨迹)，如图 1.3 所示，该类机床有数控车床、数控镗床等。

3) 轮廓控制数控机床

轮廓控制如图 1.4 所示。加工中不仅要控制轨迹的起点和终点，还要控制加工过程中每一个点的位置和运动速度，使机床加工出符合图样要求的复杂形状的零件。

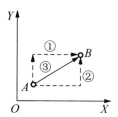

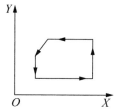

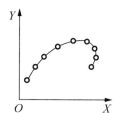

图 1.2　点位加工　　　图 1.3　直线加工　　　图 1.4　轮廓加工

【点位加工】

【直线加工】

轮廓控制数控机床有数控铣床、车床、磨床和加工中心等。

3. 按伺服系统分类

1) 开环伺服系统

开环伺服系统没有位置检测装置[图 1.5(a)]。数控装置将零件程序处理后，输出

【轮廓加工】

脉冲信号给驱动电路，驱动步进电动机带动工作台运动。

2) 闭环伺服系统

闭环伺服系统装有位置检测装置，可检测移动部件的实际距离。数控装置的指令位置值与反馈的实际位置相比较，其差值控制电动机的转速，进行误差修正，直到位置误差消除。

3) 半闭环伺服系统

该系统与闭环系统的区别在于位置检测反馈信号不是来自工作台，而是来自与电动机端或丝杠端连接的测量元件，系统的闭环回路中不包括工作台传动链，故称为半闭环系统。

半闭环、闭环伺服系统如图 1.5(b)所示。

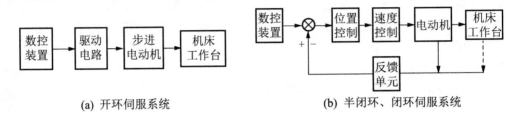

(a) 开环伺服系统　　　　　　　　　(b) 半闭环、闭环伺服系统

图 1.5　伺服驱动系统

4. 按功能水平分类

按功能水平可以将数控系统分为高、中、低(经济型)三档。随着数控技术的发展，机床的精度和功能也在不断改善和提高，因而在不同时期内同一数控机床的档次也是不一样的，依据何种性能分类目前还不统一。通常从以下几个方面对数控机床的性能进行分类。

1) 分辨率和进给速度

分辨率为 10μm，进给速度为 8～15m / min 为低档；分辨率为 1μm，进给速度为 15～20m / min 为中档；分辨率为 0.1μm，进给速度为 15～100m / min 为高档。

2) 坐标联动功能

低档数控机床最多联动轴为 2～3 轴，中、高档则为 3～5 轴及以上。

3) 伺服进给类型

低档数控机床大都采用开环步进电动机进给系统，而中高档数控机床则采用闭环、半闭环直流伺服系统或交流伺服系统。

4) 通信功能

低档数控系统一般无通信功能；中档系统通常具有 RS-232 或 DNC(直接数字控制)接口；高档系统则具有 MAP(制造自动化协议)通信接口，具有组网功能。

5) 显示功能

低档数控系统一般采用数码管显示或简单的 CRT 字符显示，而中高档数控系统则具有较齐全的 LCD 显示，可显示字符，甚至图形。高档数控系统还可有三维图形显示和模拟加工等功能。

6) 主 CPU 档次

低档数控系统一般采用 8 位、16 位 CPU；中、高档数控系统则普遍采用 16 位以上的 CPU，目前较多使用的 CPU 为 32 位和 64 位。

此外，零件程序的输入方法，进给伺服性能和 PLC(可编程逻辑控制器)功能也是衡量数控系统档次的标准。

阅读材料 1-1

数 控 车 床

数控车床是使用量最大的一种数控机床，加工的零件一般为轴套类零件和盘类零件，具有加工精度高、效率高、自动化程度高的特点。数控车床可分为卧式数控车床(图 1.6)和立式数控车床两大类。卧式数控车床又有水平导轨和倾斜导轨两种，用于轴向尺寸较大或小型盘类零件的车削加工；立式数控车床用于回转直径较大的盘类零件的车削加工。

数控车床由数控装置、床身、主轴箱、刀架进给系统、尾座、液压系统、冷却系统、润滑系统、排屑器等部分组成。

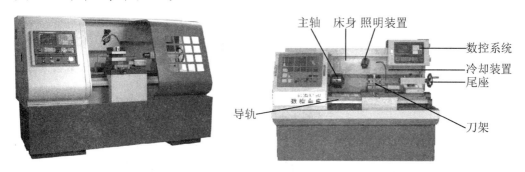

图 1.6　卧式数控车床

数 控 铣 床

数控铣床是在一般铣床的基础上发展起来的一种自动加工设备，两者的加工工艺基本相同，结构也有些相似。其中带刀库的数控铣床又称为加工中心，具有点位控制、直线控制和轮廓控制功能。点位控制主要用于工件的孔加工，如钻孔、扩孔、锪孔、铰孔和镗孔等各种孔加工的操作；直线控制和轮廓控制通过直线插补、圆弧插补或复杂的曲线插补运动，铣削加工工件的平面和曲面。

数控铣床(图 1.7)通常由床身部分、主轴(铣头)部分、工作台部分、进给部分、升降台部分、冷却部分和润滑部分组成。

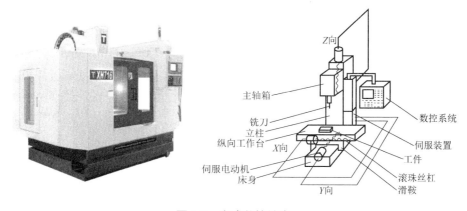

图 1.7　立式数控铣床

1.4 数控机床的发展

1. 数控机床的发展过程

【数控系统
的发展史】

利用数字技术进行机械加工，是在 20 世纪 40 年代初由美国北密支安的一个小型飞机承包商派尔逊斯公司(Parsons Corporation)实现的。他们在制造飞机框架和直升机的机翼叶片时，利用全数字电子计算机对叶片轮廓的加工路线进行了数据处理，使加工精度有了较大提高。

1952 年，美国麻省理工学院成功地研制出一台三坐标联动试验型数控铣床，被公认为是第一台数控机床，当时采用的电子元件还是电子管。

1959 年，在数控系统中采用了晶体管元件，并出现了带自动换刀的数控机床，称为"加工中心"。数控系统发展到第二代。

1965 年，出现了小规模集成电路。由于它的体积小，功耗低，使数控系统的可靠性得到进一步提高。数控系统发展到第三代。

此时，数控系统的控制逻辑，均采用由硬件电路组成的专用计算机来实现，制成后不易改变，被称为硬件逻辑数控系统，由此系统构成的机床简称为 NC 机床。

1967 年，英国首先把几台数控机床连接成具有柔性的加工系统，这就是最初的柔性制造系统(Flexible Manufacturing System，FMS)。之后不久美、日、德等国也相继进行了开发和生产。

1970 年，在美国芝加哥国际机床展览会上，首次展出了以小型计算机构成的数控系统，称为第四代数控系统。这种类型机床被称为计算机控制的数控机床(CNC 机床)。

1970 年前后，美国英特尔等公司开发和使用了微处理器。1974 年，美、日等国首先研制出以微处理器为核心的数控系统，这就是第五代数控系统(MNC)。

20 世纪 80 年代初，国际上出现了以加工中心为主体，再配上工件自动装卸和检测装置的柔性制造单元(Flexible Manufacturing Cell，FMC)等。

2. 我国数控机床发展情况

我国从 1958 年开始研究数控技术，一直到 20 世纪 60 年代中期均处于研制和开发时期，60 年代未研制成了 X53K-1G 数控铣床、CJK-18 数控系统。

20 世纪 70 年代开始，数控技术在车、铣、钻、镗、电加工等领域全面展开，数控加工中心也研制成功。但由于元器件的质量和制造工艺水平低，数控机床的可靠性、稳定性等没有得到很好解决，因此未能广泛推广。由于数控线切割机床的结构简单、使用方便及产品更新加快、模具生产的复杂性和数量相应增加等因素，该类数控机床得到了广泛应用。

20 世纪 80 年代，我国先后从日本、美国等国家引进了部分数控装置和数控技术，并进行了商品化生产。这些系统可靠性高，功能齐全，推动了我国数控机床的稳定发展，大大缩短了我国与国外数控机床在制造技术和伺服驱动技术等方面的差距。

3. 机床数控技术的发展趋势

随着机械制造技术、微电子技术、计算机技术、精密测量技术等相关技术的不断进步，当今数控机床正朝着高可靠性、高柔性化、高效率、高速度和自动化方向发展。

1) 高速度

提高生产率是数控技术追求的基本目标之一。要实现这个目标就要提高加工速度。现代数控系统尽可能快地采用新一代微处理器，并开始使用精简指令集运算芯片 RISC 作为主 CPU，进一步提高了数控系统的运算速度。

大规模、超大规模集成电路和多个微处理器的使用，以及与较强功能的可编程序控制器有机结合，使数控装置的生产效率大大提高。

精密制造技术、高性能交直流伺服电动机和脉冲宽度调制(PWM)、矢量控制等先进的伺服驱动技术使切削及主轴旋转速度得到进一步提高。

2) 高精度

为了提高加工精度，除了在优化结构设计，主轴箱、进给系统中采用低热膨胀系数材料、通入恒温油等措施外，控制系统方面还采取了如下几种措施：

(1) 提高位置检测精度，如采用高分辨率的脉冲编码器内装微处理器组成的细分电路。

(2) 为了改善伺服系统的响应特性，位置伺服系统中，采用前馈与非线性控制等方法。

(3) 消除机床动、静摩擦的非线性导致的爬行现象。除了采取措施降低静摩擦外，新型的数控伺服系统还具有自动补偿机械系统静、动摩擦非线性的控制功能。现代数控机床利用数控系统的补偿功能，对伺服系统进行多种补偿。

3) 高效率

现代数控机床上一般具有自动换刀、自动更换工件等机构，实现一次装夹，完成全部加工工序，减少了装卸刀具、工件及调整机床的辅助时间。同一台机床上不仅能实现粗加工，而且能进行精加工，提高了机床的利用效率。现代数控机床一般采用更大功率的伺服系统，并选用新型的刀具，进一步提高切削速度，缩短加工时间。

加工中心(包括车削中心、磨削中心、电加工中心等)的出现，又把车、铣、镗、钻等类的工序集中到一台机床来完成，实现一机多能。一台具有自动换刀装置、自动交换工作台和自动转换立卧主轴头的镗铣加工中心，工件一次装夹后，不仅可以完成镗、铣、钻、铰、攻螺纹和检验等工序，而且可以完成箱体件五个面粗、精加工的全部工序。

4) 高可靠性

数控机床能否发挥其高性能、高精度和高效率的作用，并获得良好的效益，关键取决于其可靠性。可靠性是数控机床质量的一项关键性指标。

提高数控机床可靠性的关键是提高数控系统的可靠性。新型的数控系统，大量采用大规模或超大规模的集成电路，采用专用芯片及混合式集成电路，提高了线路的集成度，减少了元器件的数量，降低了功耗，提高了可靠性。

现代数控机床采用 CNC 系统，只要改变软件或控制程序，就可以适应各类机床的不同要求。数控系统的硬件，制成多种功能模块，根据机床数控功能的需要，选择不同的模块，组成满意的数控系统。由于数控系统的模块化，通用化及标准化，便于组织批量生产，从而保证了产品质量，也便于用户维修和保养。

5) 良好的人机界面

大多数数控机床，都有很"友好"的人机界面，使用户在机床操作中一目了然。借助阴极射线显像管(CRT)、液晶显示器(LCD)等屏幕显示和键盘,可以实现程序的输入、编辑、修改和删除等功能。此外还具有前台操作,后台编辑的功能,并大量采用菜单选择操作方式,使操作越来越方便。

现代数控机床一般都具有软件、硬件的故障自诊断功能及保护功能,装有多种类型的监控和检测装置。例如,采用红外线、超声波、激光检测装置,对加工过程进行检测和监督。出现故障后,系统会给出故障的类型显示代码或文字说明。现代数控机床具有自动返回功能,加工过程中,如出现如刀具断裂等原因造成加工中断时,CNC 系统可以将刀具位置存储起来。更换刀具后,只要重新输入刀具的数据,刀具就能自动地回到正确位置上,继续工作,而不使工件报废。

新型的数控系统中,还装入了小型的工艺数据库。在程序编制过程中可以根据机床性能,工件的材料及零件加工要求,自动选择最佳的刀具及切削用量。

新型数控系统还具有二维图形轨迹显示,或者三维彩色动态图形显示。

6) 制造系统自动化

近年来,以数控机床为主体的加工自动化已发展到柔性制造单元、柔性制造系统和柔性制造生产线(Flexible Manufacturing Line,FML)。结合信息管理系统的自动化,逐步向自动化工厂(Factory Automation,FA)和计算机集成制造系统(Computer Integrated Manufacturing System,CIMS)方向发展。

为了适应柔性制造单元、柔性制造系统及进一步联网组成计算机集成制造系统的通信要求。现代数控系统都具有 RS232 和 RS422 串行通信接口,高档数控系统还具有直接数字控制(Direct Numerical Control,DNC)接口,可实现上级计算机对多台数控系统的直接控制。为了适应自动化规模越来越大的要求和组成工业控制网络,数控系统的各生产厂家纷纷采用制造自动化协议(Manufacturing Automation Protocol,MAP),为数控系统进入柔性制造系统及计算机集成制造系统创造条件。

 阅读材料 1-2

柔性制造系统

柔性制造系统(图 1.8)是由统一的信息控制系统、物料储运系统和一组数控加工设备组成的(图 1.9),能适应加工对象变换的自动化机械制造系统。一组按次序排列的机器,由自动装卸及传送机器连接并经计算机系统集成一体,原材料和代加工零件在零件传输系统上装卸,零件在一台机器上加工完毕后传到下一台机器,每台机器接受操作指令,自动装卸所需工具,无需人工参与。

图 1.8 柔性制造系统

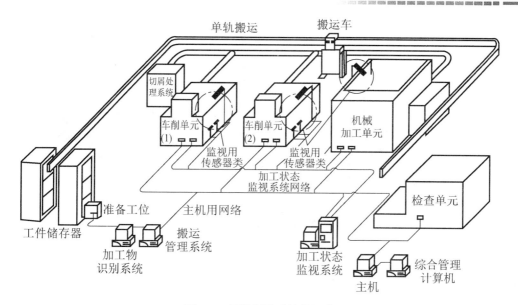

图 1.9　柔性制造系统的组成

柔性制造系统实验系统如图 1.10 所示。

图 1.10　柔性制造系统实验系统

柔性制造单元

柔性制造单元(图 1.11)是在制造单元的基础上发展起来的、具有柔性制造系统部分特点的加工单元。该单元根据需要可以自动更换刀具和夹具,加工不同的工件,通常由1～3台具有零件缓冲区、刀具更换及托板自动更换装置的数控机床或加工中心与工件储存、运输装置组成,具有适应加工多品种产品的灵活性和柔性,可以作为柔性制造系统的基本单元,也可将其视为一个规模最小的柔性制造系统,是柔性制造系统向廉价化及小型化方向发展的一种产物。

图 1.11　柔性制造单元

本 章 小 结

数控技术涉及的内容和知识比较多，本章仅对数控的基本概念，数控机床的特点、分类及其发展做了概述。

(1) 数控的基本概念：介绍了 NC、CNC、数控设备和数控机床的概念。

(2) 数控机床的组成及特点：介绍了数控机床的组成及加工特点。

(3) 数控机床的分类：介绍了数控机床按工艺用途、运动轨迹、伺服系统的类型和功能水平四方面的分类。

(4) 数控机床的发展：介绍了数控机床的产生与发展、发展趋势、在先进制造技术中的作用。

思 考 题

1. 数控机床的主要特点有哪些？
2. 简述数控机床的基本组成。各组成部分的主要作用是什么？
3. 数控机床按运动轨迹的特点可分为几类？它们的特点是什么？
4. 什么是数控机床？简述 CNC 系统的主要功能。
5. 解释下列名词术语：NC、CNC、FMC、FMS、CIMS。
6. 简述现代数控机床的发展趋势。
7. 什么是开环、闭环、半闭环伺服系统数控机床？它们之间有什么区别？
8. 请查阅资料了解数控技术的最新发展。

第 2 章
数控系统的插补原理

本章教学要点

知识要点	掌握程度	相关知识
插补	了解插补的基本作用	插补在数控机床中的作用
逐点比较法	了解逐点比较法的基本原理； 熟悉直线插补和圆弧插补的算法； 掌握插补的计算过程	逐点比较法的插补步骤； 直线插补和圆弧插补的算法； 插补的计算
数字积分法	了解数字积分法的基本原理； 熟悉直线插补和圆弧插补的算法； 掌握插补的计算过程	直线插补和圆弧插补的算法； 插补的计算
插补实现	了解逐点比较法直线插补的硬件实现； 掌握逐点比较法直线插补软件实现方法； 了解基于单片微机的逐点比较法直线插补的实现方法	比较法直线插补的硬件实现； 比较法直线插补的软件实现； 单片微机的逐点比较法直线插补的硬件及软件

插补运算是数控轨迹运动控制的关键技术之一。插补算法的运算速度直接影响系统的控制速度，而插补计算的精度又影响整个数控系统的工作精度。

(1)新华网北京 2006 年 06 月 16 日电，一款具有样条和小线段插补功能，适用于三轴、四轴、五轴联动各类加工中心的高档数控系统已在北京交通大学研制成功。研究人员解决了特有的小线段与样条相结合的智能调度插补算法、多轴联动条件下保持工件表面恒进给速度的技术和加速度钳位等技术难题，大幅度提高了零件表面的加工质量和加工效率。(http://www.sina.com.cn)。

(2) 2011 年 5 月 14 日，由东方电气集团东方汽轮机有限公司、武汉华中数控股份有限公司和华中科技大学承担的"高档数控机床及基础制造装备"国家科技重大专项课题所研制的"大型叶片型面加工六坐标联动数控砂带磨床"，通过了由中国机械工业联合会组织的科技成果鉴定。实现了三回转、三直线的六轴联动数控插补控制、小线段样条拟合、双驱同步控制和磨削压力控制，系统运行稳定可靠，满足了复杂叶片的多轴联动控制要求。(http://www.mei.net.cn)。

2.1　插补的基本概念

数控系统的核心问题，就是如何控制刀具或工件的运动。通常在零件程序中提供运动轨迹的参数有直线的起点及终点坐标，圆弧的起点坐标、终点坐标及圆弧走向(顺时针走向或逆时针走向)和圆心相对于起点的偏移量或圆弧半径。除了上述几何信息外，零件程序中还有所要求的轮廓进给速度和刀具参数等工艺信息。插补就是根据编程进给速度的要求，由数控系统实时地计算出从轮廓起点到终点的各个中间点的坐标。即需要"插入、补上"运动轨迹各个中间点的坐标，这个过程称为"插补"。插补结果输出运动轨迹的中间点坐标值，伺服系统根据此坐标值控制各坐标轴协调运动，走出预定轨迹。

插补是实时性很高的工作，中间点坐标的计算时间直接影响系统的控制速度，计算精度也会影响整个机床的精度。因此，插补算法对整个 CNC 系统的性能指标至关重要，寻求一种简便有效的插补算法一直是科研人员的努力目标。常用的插补算法可分为脉冲增量插补和数据采样插补两种。本书只介绍脉冲增量插补中的逐点比较法和数字积分法。

2.2　逐点比较法

逐点比较法的基本思想是被控制对象在按要求的轨迹运动时，每走一步都要和规定轨迹比较一下，由比较结果决定下一步移动的方向。走步方向总是向着逼近给定轨迹的方向，每次只在一个方向上进给。

逐点比较法既可以作直线插补又可以作圆弧插补。这种算法的特点是运算直观，插补误差小于一个脉冲当量，输出脉冲均匀，而且输出脉冲的速度变化小，调节方便，因此在二坐标数控机床中应用较为普遍。

图 2.1 所示的被加工零件轮廓上有一直线段 OE,利用逐点比较法对之进行插补。X 轴和 Y 轴上的每一段是伺服系统可能进给的最小距离(也即分辨率，步进电动机伺服系统中就是一个脉冲当量)。

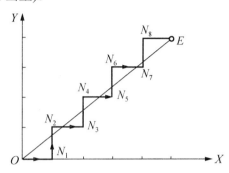

图 2.1　逐点比较法插补轨迹

起点坐标为原点，根据逐点比较法插补的原理，先在 X 方向进给一步到 N_1 点；将实际轨迹同规定的轨迹比较可见，下一步应该 Y 方向进给一步向逼近给定轨迹的方向移动，实际坐标在 N_2 点；依此方法运动直到终点坐标 E 点，坐标运动(插补)结束。

由上可见，每进给一步都要经过以下四个工作步骤：

(1) 偏差判别：判别加工点的当前位置与给定轮廓的偏离情况，决定刀具进给方向。

(2) 坐标进给：根据偏差判别结果，控制刀具相对于工件轮廓进给一步，即向给定的轮廓靠拢，减小偏差。

(3) 偏差计算：进给一步后，加工点的位置已改变，计算出新加工点的偏差，作为下次偏差判别的依据。

(4) 终点判别：进给一步后，应判别加工点是否已运动到轮廓线段的终点，若到达终点，则停止插补；若还未到达终点，再继续插补；直至到达终点。

由上述可见，当加工点不在直线上时，插补使加工点向靠近直线的方向移动，从而减小了插补误差；当加工点正好处于直线上时，插补使加工点离开直线。插补一次，加工点最多沿坐标轴走一步，所以逐点比较法插补是根据加工点与被加工轨迹之间的相对位置来确定运动方向的。

直线和圆弧是构成工件轮廓的基本线条，数控装置都具有直线和圆弧的插补功能，档次较高的数控装置还具有抛物线和螺旋线插补功能。这里只讨论直线和圆弧的插补算法.

2.2.1　直线插补

由前述可知，坐标进给取决于加工点位置与实际轮廓曲线之间偏离位置的判别，即偏差判别。偏差判别是依据偏差计算的结果进行的，因此，问题的关键是选取什么计算参数作为能反映偏离位置情况的偏差，以及如何进行偏差计算。

【直线插补】

1. 偏差判别函数

设在零件上加工一条位于 XOY 平面的第一象限内的直线 OE。起点为坐标原点，终点为 $E(X_e，Y_e)$，如图 2.2 所示。直线 OE 与 X 轴的夹角为 α，设某一时刻的动点为 $A(X_a, Y_a)$，直线起点到动点的连线 OA 与 X 轴的夹角为 β。

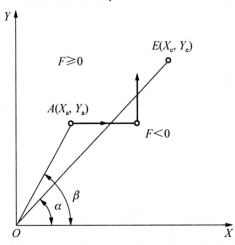

图 2.2　直线插补偏差判别区域

若动点 A 位于直线 OE 上，根据直线方程应满足关系 $Y_a / X_a = Y_e / X_e$，即 $X_eY_a - Y_eX_a = 0$。
若动点 A 位于直线 OE 上方，则应有 $\alpha < \beta$，即 $Y_a / X_a > Y_e / X_e$，也即 $X_eY_a - Y_eX_a > 0$。
若动点 A 在直线 OE 下方，则应有 $\alpha > \beta$，即 $Y_a / X_a < Y_e / X_e$，也即 $X_eY_a - Y_eX_a < 0$。
选择偏差判别函数 F 为

$$F = X_eY - Y_eX \tag{2-1}$$

其中，X，Y 为第一象限内任一动点坐标，则
　　$F = 0$ 表示加工点在直线上；
　　$F > 0$ 表示加工点位于直线上方；
　　$F < 0$ 表示加工点位于直线下方。

2. 进给方向

当 $F \neq 0$ 时，说明加工点不在规定的直线上，出现了偏差，为了消除偏差，下一步必须向逼近直线的方向进给一步。当 $F = 0$ 时，若加工还未到达终点，也应继续进给，故对于第一象限的直线插补可作如下规定：
　　当 $F \geq 0$ 时，向 X 轴正方向进给一步。
　　当 $F < 0$ 时，向 Y 轴正方向进给一步。

3. 偏差计算

插补过程中每走一步都要计算一次新的偏差，如按 $F = X_eY - Y_eX$ 直接进行计算，不仅要进行乘法运算，还要计算新的坐标值，不够简单。为了使插补计算更容易实现，可将偏差判别函数进行适当换算，将乘法化成加减法运算。为此，可采用递推法。

设经 i 次插补后，动点 $(X_i，Y_i)$ 的 F 值为 F_i。

$$F_i = X_e Y_i - Y_e X_i$$

若向+X方向进给一步，则

$$X_{i+1} = X_i + 1, \quad Y_{i+1} = Y_i$$

$$F_{i+1} = X_e Y_{i+1} - X_{i+1} Y_e = X_e Y_i - (X_i + 1) Y_e = F_i - Y_e \tag{2-2}$$

若向+Y方向进给一步，则

$$X_{i+1} = X_i, \quad Y_{i+1} = Y_i + 1$$

$$F_{i+1} = X_e Y_{i+1} - X_{i+1} Y_e = X_e (Y_i + 1) - X_i Y_e = F_i + X_e \tag{2-3}$$

式(2-2)和式(2-3)中只有加减运算，而且不必计算坐标值。由于加工起点位于坐标原点，故起点的偏差为零，即 $F_0=0$。这样，随着加工点的前进，每一新加工点的偏差 F_{i+1} 都可由前一点的偏差 F_i 和终点坐标相加或相减得到。

4. 终点判别

每进给一步都要进行终点判别，以确定是否到达终点。常采用以下两种方法：

(1) 总步长法：求出直线段在 X 和 Y 两个坐标方向应走的总步数 $\sum = |X_e| + |Y_e|$，每进给一步时均在 $\sum$ 中减 1，当减至零时，停止插补，到达终点。

(2) 终点坐标法：设置 $\sum_1$、$\sum_2$ 两个减法计数器，在加工开始前，在 $\sum_1$、$\sum_2$ 计数器中分别存入终点坐标值 X_e 和 Y_e。X 或 Y 坐标方向每进给一步时，就在相应的计数器中减去 1，直到两个计数器中的数都减为零时，停止插补，到达终点。

5. 直线插补的计算流程

逐点比较法第一象限直线插补的计算流程可归纳为如图 2.3 所示。

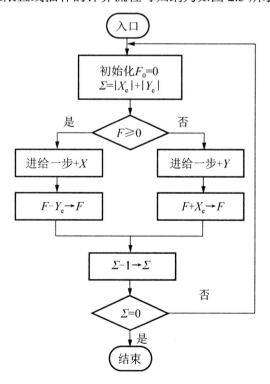

图 2.3　第一象限直线插补流程图

【**例2.1**】设欲加工第一象限直线 OE，起点坐标为原点，终点坐标为 $X_e=5$，$Y_e=3$，试进行插补计算并画出轨迹图。

解： 开始时刀具的起点坐标位于直线上，故 $F_0=0$。终点判别采用总步长法，故初始时 $\sum=|X_e|+|Y_e|=5+3=8$。

计算过程见表2-1，每进给一步 $\sum$ 减1，直到 $\sum=0$，停止插补。插补轨迹如图2.4所示。

表2-1　直线插补计算过程

步数	插补步骤			
	偏差判别	进给方向	偏差计算	终点判别
1	$F_0=0$	$+X$	$F_1=F_0-Y_e=0-3=-3$	$\sum_1=\sum_0-1=8-1=7\neq 0$
2	$F_1=-3<0$	$+Y$	$F_2=F_1+X_e=-3+5=2$	$\sum_2=\sum_1-1=7-1=6\neq 0$
3	$F_2=2>0$	$+X$	$F_3=F_2-Y_e=2-3=-1$	$\sum_3=\sum_2-1=6-1=5\neq 0$
4	$F_3=-1<0$	$+Y$	$F_4=F_3+X_e=-1+5=4$	$\sum_4=\sum_3-1=5-1=4\neq 0$
5	$F_4=4>0$	$+X$	$F_5=F_4-Y_e=4-3=1$	$\sum_5=\sum_4-1=4-1=3\neq 0$
6	$F_5=1>0$	$+X$	$F_6=F_5-Y_e=1-3=-2$	$\sum_6=\sum_5-1=3-1=2\neq 0$
7	$F_6=-2<0$	$+Y$	$F_7=F_6+X_e=-2+5=3$	$\sum_7=\sum_6-1=2-1=1\neq 0$
8	$F_7=3>0$	$+X$	$F_8=F_7-Y_e=3-3=0$	$\sum_8=\sum_7-1=1-1=0$，结束

6. 象限处理

前面讨论的为第一象限直线的插补方法。对于四个象限的直线插补，我们规定在偏差计算时，无论哪个象限的直线，都用其坐标的绝对值计算。由此，可得的偏差符号如图2.5所示。当动点位于直线上时，偏差 $F=0$；动点不在直线上且偏向 Y 轴一侧时，$F>0$，动点不在直线上且偏向 X 轴一侧时，$F<0$。当 $F\geq0$ 时应沿 X 轴走步，第一、四象限走 $+X$ 方向，第二、三象限走 $-X$ 方向；当 $F<0$ 时应沿 Y 轴走一步，第一、二象限走 $+Y$ 方向，第三、四象限走 $-Y$ 方向。终点判别也应用终点坐标的绝对值作为计数初值。

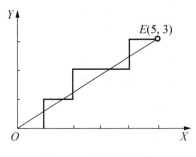

图2.4　直线插补轨迹

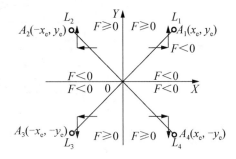

图2.5　四象限直线偏差符号和进给方向

【圆弧插补】

2.2.2 圆弧插补

1. 偏差计算公式

逐点比较插补法进行圆弧加工时，一般以圆心为原点，给出圆弧起点坐标和终点坐标。下面以第一象限逆圆为例，讨论圆弧插补的偏差计算公式。图 2.6 中，已知圆弧的起点 $A(X_a, Y_a)$，终点 $B(X_b, Y_b)$，圆弧半径为 R。

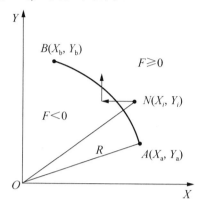

图 2.6 逆圆插补偏差判别区域

设任一动点坐标为 (X_i, Y_i)，若其位于圆弧上，则下式成立。

$$(X_i^2 + Y_i^2) - R^2 = 0$$

选择判别函数 F 为

$$F = (X^2 + Y^2) - R^2 \tag{2-4}$$

其中，X 和 Y 为第一象限内任一动点坐标。根据动点所在区域不同，有下列三种情况：

$F>0$ 表示动点在圆弧外；

$F=0$ 表示动点在圆弧上；

$F<0$ 表示动点在圆弧内。

2. 进给方向

为了使加工点逼近圆弧，对第一象限逆圆的圆弧插补进给方向规定如下：

当 $F \geqslant 0$ 时，动点在圆上或圆外，向 -X 方向进给一步。

当 $F<0$ 时，动点在圆内，向 +Y 方向进给一步。

每走一步后，计算一次判别函数，作为下一步进给的依据，就可以实现第一象限逆时针方向的圆弧插补。

由于偏差判别函数中有平方计算，采用递推方法进行简化。经第 i 次插补后动点 $N(X_i, Y_i)$ 的 F 值为 F_i，则

$$F_i = (X_i^2 + Y_i^2) - R^2$$

若 $F \geqslant 0$，应沿 -X 方向进给一步，则有

$$X_{i+1} = X_i - 1, \quad Y_{i+1} = Y_i + 1$$

$$F_{i+1} = (X_{i+1}^2 + Y_{i+1}^2) - R^2 = (X_i - 1)^2 + Y_i^2 - R^2$$

$$= F_i - 2X_i + 1 \tag{2-5}$$

若 $F<0$，应向 +Y 方向进给一步，则有

$$X_{i+1} = X_i, \quad Y_{i+1} = Y_i + 1$$

$$F_{i+1} = (X_{i+1}^2 + Y_{i+1}^2) - R^2 = X_i^2 + (Y_i + 1)^2 - R^2$$

$$= F_i + 2Y_i + 1 \tag{2-6}$$

由此可看出，新加工点的偏差可由前一点的偏差及前一点的坐标计算得到，式中只有乘 2 运算和加减运算，避免了平方运算。而起始点的坐标和加工偏差是已知的，所以新加工点的偏差总可以根据前一点计算得到。

3. 终点判别

终点判别可采用与直线插补相同的方法。

4. 插补计算过程

由上述可见，圆弧插补也存在偏差计算和偏差判别，只是其偏差计算不仅与前一点偏差有关，还与前一点的坐标值相关；故在计算偏差的同时，还应算出该点的坐标值，以便计算下一点偏差。

【例 2.2】 设 AB 为第一象限逆圆弧，起点坐标为 $A(4，3)$，终点坐标为 $B(0，5)$，用逐点比较法进行插补计算，并给出轨迹图。

解： 开始时刀具的起点坐标位于圆弧上，故 $F_0=0$。终点判别采用总步长法，故初始时 $\sum = |4-0| + |5-3| = 4 + 2 = 6$。

计算过程见表 2-2，每进给一步 $\sum$ 减 1，直到 $\sum = 0$，停止插补。插补轨迹如图 2.7 所示。

表 2-2　圆弧插补计算过程

步数	插补步骤				
	偏差判别	进给	偏差计算	坐标计算	终点判别
1	$F_0=0$	$-X$	$F_1 = F_0 - 2X_0 + 1$ $= 0 - 2 \times 4 + 1 = -7$	$X_1 = 4 - 1 = 3$ $Y_1 = 3$	$\sum_1 = \sum_0 - 1 = 6 - 1 = 5 \neq 0$
2	$F_1 = -7<0$	$+Y$	$F_2 = F_1 + 2Y_1 + 1$ $= -7 + 2 \times 3 + 1 = 0$	$X_2 = 3$ $Y_2 = 3 + 1 = 4$	$\sum_2 = \sum_1 - 1 = 5 - 1 = 4 \neq 0$
3	$F_2=0$	$-X$	$F_3 = F_2 - 2X_2 + 1$ $= 0 - 2 \times 3 + 1 = -5$	$X_3 = 3 - 1 = 2$ $Y_3 = 4$	$\sum_3 = \sum_2 - 1 = 4 - 1 = 3 \neq 0$
4	$F_3 = -5<0$	$+Y$	$F_4 = F_3 + 2Y_3 + 1$ $= -5 + 2 \times 4 + 1 = 4$	$X_4 = 2$ $Y_4 = 4 + 1 = 5$	$\sum_4 = \sum_3 - 1 = 3 - 1 = 2 \neq 0$
5	$F_4 = 4>0$	$-X$	$F_5 = F_4 - 2X_4 + 1$ $= 4 - 2 \times 2 + 1 = 1$	$X_5 = 2 - 1 = 1$ $Y_5 = 5$	$\sum_5 = \sum_4 - 1 = 2 - 1 = 1 \neq 0$
6	$F_5 = 1>0$	$-X$	$F_6 = F_5 - 2X_5 + 1$ $= 1 - 2 \times 1 + 1 = 0$	$X_6 = 1 - 1 = 0$ $Y_6 = 5$	$\sum_6 = \sum_5 - 1 = 1 - 1 = 0$

5. 象限处理

以上是第一象限逆圆弧插补的偏差计算函数和进给方向。对于不同象限及不同圆弧走向的圆弧插补，其偏差计算公式和进给方向都不同。例如，用逐点比较法对图 2.8 所示的顺时针圆弧进行插补。圆弧起点为 A，终点为 B，显然当动点在圆弧外侧时，即 $F \geqslant 0$ 应向圆内进给一步 $-Y$；若动点在圆弧内侧，则应向圆外进给一步 $+X$。故得第一象限顺时针圆弧偏差判别函数。

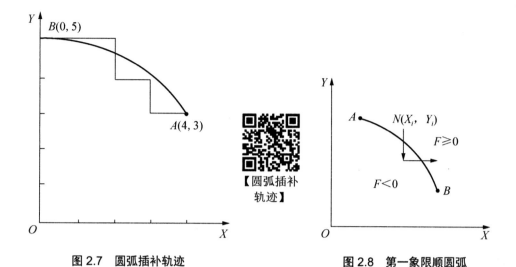

图 2.7 圆弧插补轨迹   图 2.8 第一象限顺圆弧

若 $F \geqslant 0$，进给一步 $-Y$

$$Y_{i+1} = Y_i - 1, \quad X_{i+1} = X_i$$

$$F_{i+1} = (X_{i+1}^2 + Y_{i+1}^2) - R^2 = (Y_i - 1)^2 + X_i^2 - R^2$$

$$= F_i - 2Y_i + 1 \tag{2-7}$$

若 $F < 0$，进给一步 $+X$

$$X_{i+1} = X_i + 1, \quad Y_{i+1} = Y_i$$

$$F_{i+1} = (X_{i+1}^2 + Y_{i+1}^2) - R^2 = (X_i + 1)^2 + Y_i^2 - R^2$$

$$= F_i + 2X_i + 1 \tag{2-8}$$

比较式(2-7)、式(2-8)与式(2-5)、式(2-6)可见，对于第一象限逆时针圆弧和顺时针圆弧的插补，不仅当 $F \geqslant 0$ 或 $F < 0$ 时的进给方向不同，而且插补偏差计算公式中的动点坐标也不同。

在一个坐标平面内，由于圆弧所在象限不同，顺逆不同，圆弧插补可分成 8 种情况。分别用 SR_1、SR_2、SR_3、SR_4 表示四个象限的顺圆弧，用 $NR1$、NR_2、NR_3、NR_4 表示四个象限的逆圆弧。进给方向如图 2.9 所示，偏差计算公式见表 2-3。同直线插补时一样，各象限坐标值均取绝对值。

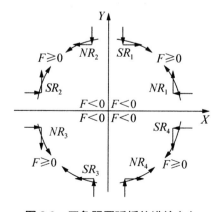

图 2.9 四象限圆弧插补进给方向

表 2-3　圆弧插补计算公式和进给方向

偏差符号 $F \geqslant 0$			偏差符号 $F < 0$		
圆弧线型	进给方向	偏差及坐标计算	圆弧线型	进给方向	偏差及坐标计算
SR_1、NR_2	$-Y$	$F_{i+1} = F_i - 2Y_i + 1$	SR_1、NR_4	$+X$	$F_{i+1} = F_i + 2X_i + 1$
SR_3、NR_4	$+Y$	$X_{i+1} = X_i, Y_{i+1} = Y_i - 1$	SR_3、NR_2	$-X$	$X_{i+1} = X_i + 1, Y_{i+1} = Y_i$
NR_1、SR_4	$-X$	$F_{i+1} = F_i - 2X_i + 1$	NR_1、SR_2	$+Y$	$F_{i+1} = F_i + 2Y_i + 1$
NR_3、SR_2	$+X$	$X_{i+1} = X_i - 1, Y_{i+1} = Y_i$	NR_3、SR_4	$-Y$	$X_{i+1} = X_i, Y_{i+1} = Y_i + 1$

2.2.3　逐点比较法的合成进给速度

从前面的讨论可知，插补器向各个坐标分配进给脉冲，这些脉冲控制坐标的移动。因此，对于某一坐标而言，进给脉冲的频率就决定了进给速度。以 X 坐标为例，设 f_X 为以"脉冲 / s"表示的脉冲频率，v_X 为以"mm / min"表示的进给速度，它们有如下的比例关系：

$$v_X = 60\delta f_X \tag{2-9}$$

式中，δ 为脉冲当量，以"mm / 脉冲"表示。

各个坐标进给速度的合成线速度称为合成进给速度或插补速度。对三坐标系统来说，合成进给速度 v 为

$$v = \sqrt{v_X^2 + v_Y^2 + v_Z^2} \tag{2-10}$$

式中，v_X、v_Y、v_Z 分别为 X，Y、Z 三个方向的进给速度。

合成进给速度直接决定了加工时的粗糙度和精度。我们希望在插补过程中，合成进给速度恒等于指令进给速度或只在允许的范围内变化。但是实际上，合成进给速度 v 与插补计算方法、脉冲源频率及程序段的形式和尺寸都有关系。也就是说，不同的脉冲分配方式，指令进给速度 F 和合成进给速度 v 之间的换算关系各不相同。

现在，我们来计算逐点比较法的合成进给速度。

我们知道，逐点比较法的特点是脉冲源每产生一个脉冲，不是发向 X 轴(ΔX)，就是发向 Y 轴(ΔY)。令 f_g 为脉冲源频率，单位为"个脉冲 / s"，则有

$$f_g = f_X + f_Y \tag{2-11}$$

从而 X 和 Y 方向的进给速度 v_X 和 v_Y(单位为 mm / min)分别为

$$v_X = 60\delta f_X, \qquad v_Y = 60\delta f_Y \tag{2-12}$$

合成进给速度 v 为

$$v = \sqrt{v_X^2 + v_Y^2} = 60\delta\sqrt{f_X^2 + f_Y^2} \tag{2-13}$$

当 $f_X = 0$(或 $f_Y = 0$)时，也就是进给脉冲按平行于坐标轴的方向分配时有最大速度，这个速度由脉冲源频率决定，所以称其为脉冲源速度 v_g(实质是指循环节拍的频率，单位为 mm / min)。

$$v_g = 60\delta f_g \tag{2-14}$$

合成进给速度 v 与 v_g 之比为

$$\frac{v}{v_g} = \frac{\sqrt{v_X^2 + v_Y^2}}{v_X + v_Y} = \frac{\sqrt{\dfrac{v_X^2}{v^2} + \dfrac{v_Y^2}{v^2}}}{\dfrac{v_X + v_Y}{v}} = \frac{1}{\sin\alpha + \cos\alpha} \tag{2-15}$$

由式(2-15)可见，程编进给速度确定脉冲源频率 f_g，合成进给速度 v 并不总等于脉冲源速度 v_g，而与角 α 有关系。插补直线时，α 为加工直线与 X 轴的夹角；插补圆弧时，为圆心与动点连线和 X 轴的夹角。如图 2.10 所示，$v/v_g=(0.707\sim1)$，最大合成进给速度与最小合成进给速度之比为 $v_{max}/v_{min}=1.414$。这样的速度变化范围，对一般机床来说已可满足要求，所以逐点比较法的进给速度是较平稳的。

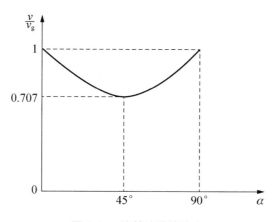

图 2.10　比较法进给速度

阅读材料 2-1

基准脉冲插补

基准脉冲插补法是数控装置在每次插补结束时向各个运动坐标轴输出一个基准脉冲序列，控制机床坐标轴做相互协调的运动，从而加工出具有一定形状的零件轮廓的算法。每个脉冲代表了刀具或工件的最小位移，脉冲的数量代表了刀具或工件移动的位移量。脉冲增量插补算法的输出是脉冲形式，并且每次仅产生一个单位的行程增量，故称为脉冲增量插补。而每个单位脉冲对应坐标轴的位移大小，称为脉冲当量。脉冲当量是脉冲分配的基本单位，也对应于内部数据处理的一个二进制位，它决定了数控机床的加工精度。基准脉冲插补算法比较简单，通常仅需几次加法和移位操作就可完成，比较容易用硬件实现，这也正是硬件数控系统较多采用这种算法的主要原因。当然，也可用软件来模拟硬件实现这类插补运算。属于这类插补算法的有数字脉冲乘法器、逐点比较法、数字积分法及一些相应的改进算法等。一般来讲，此类插补算法适合于中等精度(如 0.1mm)和中等速度(如 1～3m/min)的机床数控系统。

2.3 数字积分法

2.3.1 数字积分法的基本原理

数字积分法又称数字微分分析法(Digital Differential Analyzer，DDA)。这种插补方法可以实现一次、二次，甚至高次曲线的插补，也可以实现多坐标联动控制。只要输入不多的几个数据，就能加工出圆弧等形状较为复杂的轮廓曲线。作直线插补时，脉冲分配也较均匀。

如图 2.11 所示，设有一函数 $y=f(t)$，求此函数在 $t_0 \sim t_n$ 区间的积分，就是求出此函数曲线与横坐标 t 在区间$(t_0，t_n)$所围成的面积。

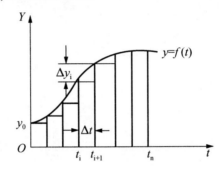

图 2.11 函数 $y=f(t)$的积分

$$S = \int_0^t y\mathrm{d}t \tag{2-16}$$

此面积可以看作许多长方形小面积之和，长方形的宽为自变量 Δt，高为纵坐标 y_i。

$$S = \int_0^t y\mathrm{d}t = \sum_{i=0}^n y_i \Delta t \tag{2-17}$$

这种近似积分法称为矩形积分法，该公式又称为矩形公式。数学运算时，如果取 $\Delta t = 1$，即一个脉冲当量，式(2-17)可以简化为

$$S = \sum_{i=0}^n y_i \tag{2-18}$$

由此，函数的积分运算变成了变量求和运算。如果所选取的脉冲当量足够小，则用求和运算来代替积分运算所引起的误差一般不会超过允许的数值。

2.3.2 DDA 直线插补

1. DDA 直线插补原理

设 XOY 平面内直线 OE，起点为$(0，0)$，终点为$(X_e，Y_e)$，如图 2.12 所示。若以匀速 v 沿 OE 位移，则 v 可分为动点在 X 轴和 Y 轴方向的两个速度 v_X、v_Y，根据前述积分原理计算公式，在 X 轴和 Y 轴方向上微小的位移增量 ΔX、ΔY 应为

$$\begin{cases} \Delta X = v_X \Delta t \\ \Delta Y = v_Y \Delta t \end{cases} \tag{2-19}$$

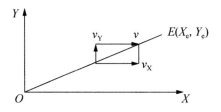

图 2.12 DDA 直线插补

对于直线函数来说，v_X、v_Y 与 v 和 L 满足下式：

$$\begin{cases} \dfrac{v_X}{v} = \dfrac{X_e}{L} \\ \dfrac{v_Y}{v} = \dfrac{Y_e}{L} \end{cases}$$

从而有

$$\begin{cases} v_X = kX_e \\ v_Y = kY_e \end{cases} \tag{2-20}$$

式中，$k = \dfrac{V}{L}$，因此沿坐标轴的位移增量为

$$\begin{cases} \Delta X = kX_e \Delta t \\ \Delta Y = kY_e \Delta t \end{cases} \tag{2-21}$$

各坐标轴的位移增量为

$$\begin{cases} X = \displaystyle\int_0^t kX_e \mathrm{d}t = k \sum_{i=1}^n X_e \Delta t \\ Y = \displaystyle\int_0^t kY_e \mathrm{d}t = k \sum_{i=1}^n Y_e \Delta t \end{cases} \tag{2-22}$$

所以，动点从原点走向终点的过程，可以看作各坐标轴每经过一个单位时间间隔 Δt，分别以增量 kX_e、kY_e 同时累加的过程。据此可以作出直线插补原理图，如图 2.13 所示。

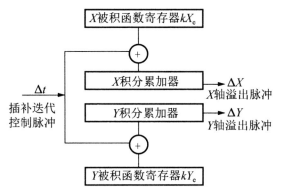

图 2.13 X、Y 平面直线插补原理图

平面直线插补器由两个数字积分器组成，每个坐标的积分器由累加器和被积函数寄存器组成。终点坐标值存在被积函数寄存器中，Δt 相当于插补控制脉冲源发出的控制信号。累加的结果有无溢出脉冲 ΔX（或 ΔY），取决于累加器的容量和 kX_e 或 kY_e 的大小。

若要产生直线 OE，其起点为坐标原点 O，终点坐标为 $E(7，4)$。设寄存器和累加器容

量为1，将$X_e=7$、$Y_e=4$分别分成8段，每一段分别为7／8、4／8，将其存入X和Y函数寄存器中。

第一个时钟脉冲来到时，累加器里的值分别为7／8、4／8，因为不大于累加器容量，所以没有溢出脉冲。

第二个时钟脉冲来到时，X累加器累加结果为7／8+7／8=1+6／8，因为累加器容量为1，满1就溢出一个脉冲，所以往X方向发出一进给脉冲，余下的6／8仍寄存在累加器(故累加器又称余数寄存器)里。Y累加器中累加为4／8+4／8，其结果等于1，Y方向也进给一步。

第三个脉冲到来时，仍继续累加，X累积器为6／8+7／8，大于1，X方向再走一步，Y累加器中为0+4／8，其结果小于1，无溢出脉冲，Y向不走步。

2. 累加次数n的取值

假设经过n次累加后(取$\Delta t=1$)，X和Y分别(或同时)到达终点(X_e，Y_e)，则式(2-23)成立，即

$$
\begin{cases}
X = \sum_{i=1}^{n} kX_e\Delta t = kX_e n = X_e \\
Y = \sum_{i=1}^{n} kY_e\Delta t = kY_e n = Y_e
\end{cases}
\tag{2-23}
$$

由此得到$nk=1$，即

$$n = \frac{1}{k}$$

式(2-23)表明，比例常数k和累加(迭代)次数n的关系，由于n必须是整数，所以k一定是小数。

k的选择主要考虑每次增量ΔX或ΔY不大于1，以保证坐标轴上每次分配的进给脉冲不超过一个，也就是说，要使式(2-24)成立，即

$$
\begin{cases}
\Delta X = kX_e < 1 \\
\Delta Y = kY_e < 1
\end{cases}
\tag{2-24}
$$

若取寄存器位数为N位，则X_e及Y_e的最大寄存器容量为(2^N-1)，故有

$$
\begin{cases}
\Delta X = kX_e = k(2^N-1) < 1 \\
\Delta Y = kY_e = k(2^N-1) < 1
\end{cases}
\tag{2-25}
$$

所以

$$k < \frac{1}{2^N-1}$$

一般取

$$k = \frac{1}{2^N}$$

可满足

$$
\begin{cases}
\Delta X = kX_e = \dfrac{2^N-1}{2^N} < 1 \\
\Delta Y = kY_e = \dfrac{2^N-1}{2^N} < 1
\end{cases}
\tag{2-26}
$$

因此，累加次数 n 为

$$n = \frac{1}{k} = 2^N$$

3．DDA 直线插补举例

【**例 2.3**】 设有一直线 OE，起点在坐标原点，终点的坐标为(4，6)。试用 DDA 直线插补此直线。

解：X、Y 被积函数寄存器 $J_{vX} = 4$，$J_{vy} = 6$，选寄存器位数 N=3，则累计次数 $n = 2^3 = 8$，运算过程见表 2-4，插补轨迹如图 2.14 所示。

表 2-4 DDA 直线插补运算过程

累加次数 n	X 积分器 $J_{Rx} + J_{vX}$	溢出 ΔX	Y 积分器 $J_{RY} + J_{vY}$	溢出 ΔY	终点判断 J_E
0	0	0	0	0	0
1	0+4=4	0	0+6=6	0	1
2	4+4=8	1	6+6=8+4	1	2
3	0+4=4	0	4+6=8+2	1	3
4	4+4=8+0	1	2+6=8+0	1	4
5	0+4=4	0	0+6=6	0	5
6	4+4=8+0	1	6+6=8+4	1	6
7	0+4=4	0	4+6=8+2	1	7
8	4+4=8+0	1	2+6=8+0	1	8

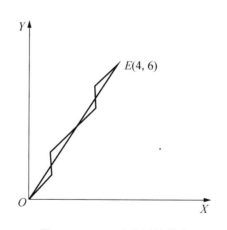

图 2.14 DDA 直线插补轨迹

2.3.3 DDA 圆弧插补

1．DDA 圆弧插补原理

从前面的叙述可知，DDA 直线插补的物理意义是使动点沿矢量的方向前进，这同样适合于圆弧插补。

以第一象限为例，设圆弧 AE，半径为 R，起点 $A(X_0, Y_0)$，终点 $E(X_e, Y_e)$，$N(X_i, Y_i)$ 为圆弧上的任意动点，动点移动速度为 v，分速度为 v_X 和 v_Y，如图 2.15 所示。

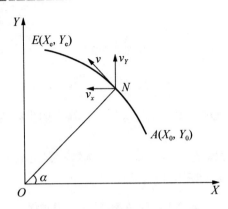

图 2.15　第一象限逆圆弧 DDA 插补

圆弧方程为

$$\begin{cases} X_i = R\cos\alpha \\ Y_i = R\sin\alpha \end{cases} \tag{2-27}$$

动点 N 的分速度为

$$\begin{cases} v_X = \dfrac{\mathrm{d}X_i}{\mathrm{d}t} = -v\sin\alpha = -v\dfrac{Y_i}{R} = -\left(\dfrac{v}{R}\right)Y_i \\[3mm] v_Y = \dfrac{\mathrm{d}Y_i}{\mathrm{d}t} = v\cos\alpha = v\dfrac{X_i}{R} = \left(\dfrac{v}{R}\right)X_i \end{cases} \tag{2-28}$$

在单位时间 Δt 内，X、Y 位移增量方程为

$$\begin{cases} \Delta X_i = v_X\Delta t = -\left(\dfrac{v}{R}\right)Y_i\Delta t \\[3mm] \Delta Y_i = v_Y\Delta t = \left(\dfrac{v}{R}\right)X_i\Delta t \end{cases} \tag{2-29}$$

当 v 恒定不变时，则有

$$\frac{v}{R} = k$$

式中，k 为比例常数。故式(2-29)可写为

$$\begin{cases} \Delta X_i = -kY_i\Delta t \\ \Delta Y_i = kX_i\Delta t \end{cases} \tag{2-30}$$

与 DDA 直线插补一样，取累加器容量为 2^N，$k=1/2^N$，N 为累加器、寄存器的位数，则各坐标的位移量为

$$\begin{cases} X = \displaystyle\int_0^t -kY\mathrm{d}t = -\dfrac{1}{2^N}\sum_{i=1}^{n} Y_i\Delta t \\[4mm] Y = \displaystyle\int_0^t kX\mathrm{d}t = \dfrac{1}{2^N}\sum_{i=1}^{n} X_i\Delta t \end{cases} \tag{2-31}$$

由此可构成图 2.16 所示的 DDA 圆弧插补原理框图。

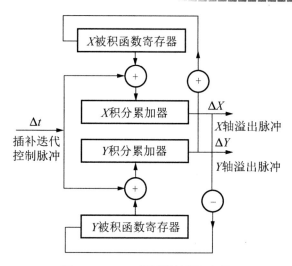

图 2.16 DDA 圆弧插补原理框图

DDA 圆弧插补与直线插补的主要区别有两点：一是坐标值 X、Y 存入被积函数寄存器 J_{vX}、J_{vY} 的对应关系与直线不同，即 X 不是存入 J_{vX} 而是存入 J_{vY}，Y 不是存入 J_{vY} 而是存入 J_{vX}；二是 J_{vX}、J_{vY} 寄存器中寄存的数值与 DDA 直线插补有本质的区别：直线插补时，J_{vX}(或 J_{vY})寄存的是终点坐标 X_e 或(Y_e)，是常数，而在 DDA 圆弧插补时寄存的是动点坐标，是变量。因此在插补过程中，必须根据动点位置的变化来改变 J_{vX} 和 J_{vY} 中的内容。在起点时，J_{vX} 和 J_{vY} 分别寄存的是起点坐标 Y_0、X_0。对于第一象限逆圆来说，在插补过程中，J_{RY} 每溢出一个 ΔY 脉冲，J_{vX} 应该加 1；J_{RX} 每溢出一个 ΔX 脉冲，J_{vY} 应减 1。对于其他各种情况的 DDA 圆弧插补，J_{vX} 和 J_{vY} 是加 1 还是减 1，取决于动点坐标所在的象限及圆弧走向。

DDA 圆弧插补时，由于 X、Y 方向到达终点的时间不同，需对 X、Y 两个坐标分别进行终点判断。实现这一点可利用两个终点计数器 J_{EX} 和 J_{EY}，把 X、Y 坐标所需输出的脉冲数 $|X_0 - X_e|$、$|Y_0 - Y_e|$ 分别存入这两个计数器中，X 和 Y 积分累加器每输出一个脉冲，相应的减法计数器减 1，当某一个坐标的计数器为零时，说明该坐标已到达终点，停止该坐标的累加运算。当两个计数器均为零时，圆弧插补结束。

2. DDA 圆弧插补举例

【例 2.4】 设有第一象限逆圆弧 AE，起点 $A(5，0)$，终点 $E(0，5)$，设寄存器位数 N 为 3，试用 DDA 圆弧插补此圆弧。

解： X、Y 被积函数寄存器 $J_{vX} = 0$，$J_{vY} = 5$，选寄存器位数 $N=3$，则累计次数 $n = 2^3 = 8$，运算过程见表 2-5，插补轨迹如图 2.17 所示。

表 2-5 DDA 圆弧插补运算过程

累加器 n	X 积分器				Y 积分器			
	J_{vX}	J_{RX}	ΔX	J_{EX}	J_{vY}	J_{RY}	ΔY	J_{EY}
0	0	0	0	5	5	0	0	5
1	0	0	0	5	5	5	0	5
2	0	0	0	5	5	8+2	1	4

续表

累加器 n	X积分器				Y积分器			
	J_{vX}	J_{RX}	ΔX	J_{EX}	J_{vY}	J_{RY}	ΔY	J_{EY}
3	1	1	0	5	5	7	0	4
4	1	2	0	5	5	8+4	1	3
5	2	4	0	5	5	8+1	1	2
6	3	7	0	5	5	6	0	2
7	3	8+2	1	4	4	8+3	1	1
8	4	6	0	4	4	7	0	1
9	4	8+2	1	3	3	8+3	1	0
10	5	7	0	3	3	停	0	0
11	5	8+4	1	2	2			
12	5	8+1	1	1	1			
13	5	6	0	1	1			
14	5	8+3	1	0	0			
15	5	停	0	0	0			

【DDA 圆弧
插补轨迹】

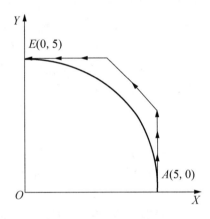

图 2.17　DDA 圆弧插补轨迹

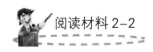
阅读材料 2-2

数据采样插补

　　数据采样插补又称为时间增量插补或数字增量插补，这类算法插补结果输出的不是脉冲，而是标准二进制数字。根据编程中的进给速度，把轮廓曲线按插补周期分割为一系列微小直线段，然后将这些微小直线段对应的位置增量数据进行输出，以控制伺服系统实现坐标轴的进给。由于这些线段是按一定的时间周期来进行分割的，所以，此插补算法也称为"时间分割法"。一般来说，分割后得到的这些小线段相对于系统精度来讲仍然是比较大的。为此，必须进一步进行数据点的密化工作。通常称微小线段的分割过程是粗插补，而后进一步密化的过程是精插补。通过两者的紧密配合即可实现高性能的轮廓插补。此插补算法主要用于交、直流伺服电动机驱动的闭环及半闭环 CNC 系统，也可用于步进电动机开环系统。

数据采样插补算法的特点如下：

(1) 插补程序以一定的时间间隔(插补周期)运行，在每个插补周期内，根据进给速度计算出各坐标轴在下一插补周期内的位移增量(数字量)。其基本思想是用直线段(内接弦线、内外均差弦线切线)来逼近曲线。

(2) 插补运算速度与进给速度无严格的关系，可达到较高进给速度。

(3) 实现算法较脉冲增量插补复杂，对计算机运算速度有一定要求。

软件／硬件相配合的两级插补法：

(1) 软件粗插补：它是在给定起点和终点的曲线之间插入若干个点，即用若干条微小直线段来逼近给定曲线，粗插补在每个插补计算周期中计算一次。

(2) 硬件精插补：它是在粗插补计算处的每一条微小直线段上再做"数据点的密化"工作，这一步相当于对直线的脉冲增量插补。

在早期的硬件数控系统中，插补过程是由一个专门完成脉冲分配计算(即插补运算)的计算装置——插补器完成的，而在计算机数控系统中，既可以全部由软件实现，也可以由软、硬件结合完成。显然，第一种方法速度快，但电路复杂，并且调整和修改都相当困难，缺乏柔性；第二种方法虽然比第一种方法速度慢，但调整方便，特别是计算机处理速度不断提高，为缓和速度矛盾创造了有利条件。插补是实时性很强的工作，每个中间点的计算时间直接影响系统的控制速度，中间点坐标的计算精度又影响到整个数控系统的精度。因此，插补算法对整个系统的指标至关重要。有关插补算法的问题，除了要保证插补计算的精度之外，还要求算法简单。所以，寻求一种简便有效的插补算法一直是科研人员努力的目标。

2.4　插补的实现

插补算法可以采用硬件逻辑电路，也可以利用软件实现，下面以第一象限直线为例说明逐点比较法直线插补的硬件和软件实现方法。

2.4.1　硬件逻辑实现直线插补

硬件插补速度快，若采用大规模集成电路制作的插补器专用芯片，可靠性高，因此一些数控系统中用硬件实现插补。

由硬件完成逐点比较法的四个节拍，至少需要四个移位寄存器参加运算，它们是：偏差寄存器 J_F，存放寄存器每次偏差的结果，即 F_i 值；坐标寄存器 J_X 和 J_Y，分别存放终点坐标 X_e 和 Y_e；终点寄存器 J_Σ，寄存 X 和 Y 所需走的总步数 $\sum$，作为终点判别值。

逐点比较法直线插补的逻辑框图如图 2.18 所示。图中的三个移位寄存器 J_X，J_Y 和 J_F 与全加器 Q 以及送数门 Y_5，Y_6 和 H_1 一起用来实现偏差运算。偏差判别由 T_F 触发器实现，产生的控制信号作为进给和计算的依据。终点减法计数器 J_Σ 对终判值减 1 计数，由终点判别触发器 T_Σ 判别是否到达终点。

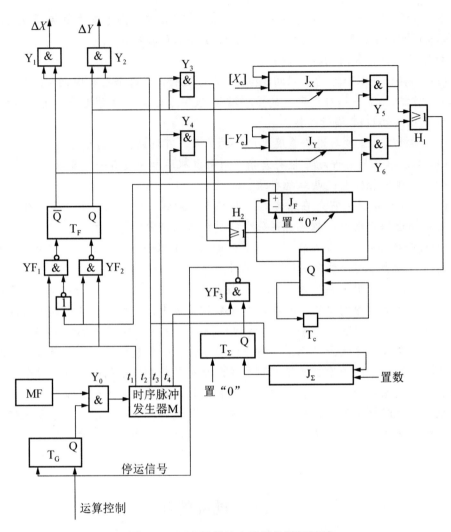

图 2.18 逐点比较法直线插补逻辑框图

四个工作节拍的先后控制顺序由时序脉冲发生器 M 对脉冲源 MF 发出的进给脉冲进行转换后实现。MF 是控制进给速度的可变脉冲发生器，坐标轴进给速度 v（mm／min)由 MF 的脉冲重复频率 f_{MF} 决定，即

$$v = 60 f_{MF} \delta$$

式中，δ 为脉冲当量。

根据加工编程速度 F 的范围调整 MF，并决定 f_{MF} 的范围，从而正确控制进给速度。

加工开始时首先将插补所需步数送进相应的寄存器中，J_X 中置入 X_e，J_Y 中置入 $-Y_e$ 的补码，J_F 清 "0"，J_Σ 中置入总步数 $\sum$。MF 每发出一个脉冲，应进行一次插补运算。插补开始的"运算控制"信号使运算开关 T_G 触发器置 1，打开了与门 Y_0。MF 发出的脉冲就到达时序脉冲发生器 M，经 M 转发为四个先后顺序的时序脉冲序列 t_1、t_2、t_3、t_4，按顺序完成一次插补运算过程的四个节拍，即分别对应于偏差判别、进给、偏差计算和终点判别。具体工作过程如下：

第一个脉冲时序 t_1：t_1 时刻完成偏差值函数 F 符号的判别，把 J_F 寄存器中 F 的符号位通过两个与非门(YF_1 或 YF_2)中的一个送到偏差符号触发器 T_F 中，从而根据 T_F 的状态判别出 F 的符号，作为后续的进给和偏差计算的依据。具体工作原理是：当 $F \geq 0$ 时，其符号位为"0"，YF_1 输出为 1，YF_2 输出为 0，给 T_F 置"0"，打开与门 Y_1；反之，若 $F<0$，则 T_F 置"1"，打开 Y_2。

第二个时序脉冲 t_2：t_2 时刻根据 t_1 时刻的判别结果发出相应的进给脉冲。具体是，当 $F \geq 0$ 时，通过打开的 Y_1 门向 X 坐标方向发一个脉冲 ΔX；当 $F<0$ 时，通过打开的 Y_2 门向 Y 坐标方向发一个脉冲 ΔY。在 t_2 时刻还对终值进行减 1 运算。

第三个时序脉冲 t_3：t_3 是一个移位脉冲序列，进行偏差计算，其脉冲数目取决于参与运算的寄存器位数。当 $F \geq 0$ 时，T_F 的 $\bar{Q}=1$，将与门 Y_4 打开，使 t_3 送往 J_Y 寄存器，同时也打开了送数门 Y_6，在移位脉冲的推动下，J_Y 和 J_F 中的内容逐位进入全加器 Q 中相加，结果送回偏差寄存器 J_F 中，同时从 J_Y 中移出的 $-Y_e$ 的补码值经自循环线仍回到 J_Y 中，完成 $J_F+J_Y \to J_F$(即 $F-Y_e$)的运算。同理，$F<0$ 时，则 T_F 的 $Q=1$，将与门 Y_3 和 Y_5 打开，在移位脉冲 t_3 的推动下，J_X 和 J_F 中的内容逐位进入全加器 Q 中相加，结果送回偏差寄存器 J_F，J_X 中移出的内容 X_e 经自循环再回到 J_X 中，完成 $J_F+J_X \to J_F$(即 $F+X_e$)的运算。

第四个时序脉冲 t_4：在 t_4 时刻进行终点判别，终点判别值 $\sum$ 寄存在 J_Σ 中，每发一个进给脉冲(不论是 ΔX 还是 ΔY)，在 t_2 时刻已使 J_Σ 减 1，当 J_Σ 中存数为零时便插补到终点。J_Σ 中的"0"使终点触发器置 T_Σ"1"，待 t_4 到来时即发出触发完成信号，通过与非门 YF_3 使运算开关 T_G 触发器翻转为"0"状态，关闭时序脉冲，插补运算停止。如果未到终点，T_Σ 没有响应，t_4 不起作用，待到下一个 MF 的进给脉冲到来。

 阅读材料 2-3

步进电动机

步进电动机是将电脉冲信号转变为角位移或线位移的开环控制元件。电动机的转速、停止的位置只取决于脉冲信号的频率和脉冲数，即给电动机加一个脉冲信号，电动机则转过一个步距角。这一线性关系的存在，加上步进电动机只有周期性的误差而无累积误差等特点，使得其在速度、位置等领域的控制变得非常简单。下面以三相励磁绕组，转子为四个齿的步进电动机结构简述其工作原理(图 2.19)。

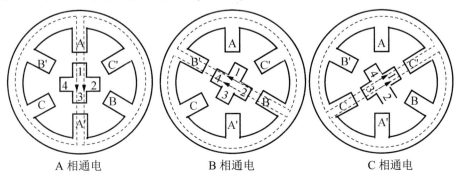

A 相通电   B 相通电   C 相通电

图 2.19 三相步进电动机

A 相通电，转子 1、3 齿和 AA′对齐；同理，B 相通电，转子 2、4 齿和 B 相轴线对齐，相对 A 相通电位置转了 30°；C 相通电再转 30°。步进电动机的工作方式可分为：三相单三拍(正转：A→B→C→A，反转：A→C→B→A)、三相单双六拍(正转：A→AB→B→BC→C→CA→A，反转：A→AC→C→CB→B→BA→A)、三相双三拍(正转：AB→BC→CA→AB，反转：AC→CB→BA→AC)等。"单"是指三相绕组中每次只有一相通电。"拍"是指从一种通电状态转换为另一种通电状态，如从 A 相通电转为 B 相通电称为一拍。

图 2.20 为步进电动机控制系统框图。

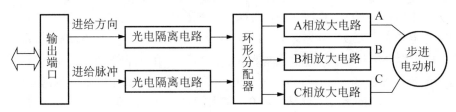

图 2.20　步进电动机控制系统框图

2.4.2　软件实现直线插补

软件实现插补，灵活方便，但相比硬件插补速度较慢。下面根据第一象限直线插补的计算框图(图 2.3)分析插补程序。

程序以 MCS-51 单片机汇编语言编写，插补用到的各寄存器在内部 RAM 中的分配如下：4FH50H——终判值，4DH4EH——X_e，4BH4CH——Y_e，49H4AH——偏差值 F，47H——Y 电动机状态字，48H——X 电动机状态字。其中，终判值为绝对值，X_e、Y_e 和 F 为二进制补码，以大地址格式(低字节地址单元存放高位数据)存放各种数据。

插补程序如下：

【指令格式和寻址方式】

【数据传送类指令】

【运算类指令】

【控制转移类指令】

```
LP: MOV  SP, #60H          ;定义堆栈指针
    MOV  4AH, #00H          ;偏差单元清零
    MOV  49H, #00H
    MOV  48H, #01H          ;初始化 XY 电动机
    MOV  47H, #02H
    MOV  A, 4EH             ;计算终点判别，Xe+Ye 的低位
    ADD  A, 4CH
    MOV  50H, A
    MOV  A, 4DH             ;Xe+Ye 的高位
    ADDC A, 4BH             ;低位相加，可能产生进位
    MOV  4FH, A
    MOV  A, #03H            ;XY 电动机上电
    MOV  DPTR, #0030H
    MOVX @DPTR, A
LP2: ACALL DL0              ;延时子程序
    MOV  A, 49H             ;取偏差 F 的高 8 位
    JB   ACC. 7, LP4        ;偏差 F<0, 去 LP4
    ACALL XMP               ;F≥0, 调 X 电动机正转子程序
    CLR  C                  ;计算新偏差 F 值，F=F - Ye
    MOV  A, 4AH
    SUBB A, 4CH             ;可向高位字节借位
```

```
         MOV   4AH，A
         MOV   A，49H
         SUBB  A，4BH
         MOV   49H，A
   LP3: CLR   C                     ;终判值减 1
         MOV   A，50H
         SUBB  A，#01H               ;可向高位字节借位
         MOV   50H，A
         MOV   A，4FH
         SUBB  A，#00H               ;考虑低位字节借位
         MOV   4FH，A                ;终判值判零
         ORL   A，50H
         JNZ   LP2                   ;终判值不为零，去 LP2，
         LJMP  0000H                 ;插补结束返回
   LP4: ACALL YMP                    ;Y 电动机正转子程序
         MOV   A，4AH                 ;算新偏差 F 值，F=F+X_e
         ADD   A，4EH
         MOV   4AH，A
         MOV   A，49H
         ADDC  A，4DH
         MOV   49H，A
         SJMP  LP3
```

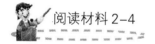

阅读材料 2-4

软件环形分配器(X 电动机正转)

口地址 0030H 与 XY 三相步进电动机相线关系见表 2-6。

表 2-6　口地址与 XY 三相步进电动机相线关系

P7	P6	P5	P4	P3	P2	P1	P0
Yc	Xc		Yb	Xb		Ya	Xa

X 电动机正转程序如下。

```
   XMP:  MOV   A，48H          ;取 X 电动机当前状态字(0000 0001B)
         CLR   C                ;0→(CY)
         RRC   A                :带进位右移，(CY)和(A)中数据为(1 0000 0000)
         RRC   A                ;(CY)和(A)中数据为(0 1000 0000)
         RRC   A                ;(CY)和(A)中数据为(0 0100 0000)
   XMP2: CPL   A                ;(A)取反，数据为(1011 1111)
         ANL   A，#49H           ;(1011 1111 和 0100 1001 相与为(0000 1001)
         MOV   48H，A            ;保存 X 电动机状态字，作为下次转动的基准
   XMP4: MOV   DPTR，#0030H
         MOVX  @DPTR，A
         RET
   XMM:  MOV   A，48H
         CLR
         RLC   A
```

【累加器循环
移位指令】

```
RLC   A
RLC   A
SJMP  XMP2
```

Y 电动机正转程序 YMP 可参照以上程序编写。

2.4.3 基于单片机的直线插补控制系统

1. 系统框图

MCS-51 可以和 8255 直接连接而不需要任何外加逻辑器件,接口示意图如图 2.21 所示。因为 8255 的 B 口和 C 口具有驱动达林顿管的能力,所以采用 B 口和 C 口输出驱动信号。

因为 8255 的片选信号 $\overline{CS}$ 接单片机的地址线 P2.7,A1、A0 通过地址锁存器接到了 8051 单片机的地址线 P0.1 和 P0.0,由硬件接线图可以清楚地知道,8255 的各口地址为

A 口地址:7FFCH(0111 1111 1111 1100B)

B 口地址:7FFDH(0111 1111 1111 1101B)

C 口地址:7FFEH(0111 1111 1111   1110B)

控制口地址:7FFFH(0111 1111 1111 1111B)

同时,B 口和 C 口都作为输出口,8255 工作在方式"0"。

下面以 8255 的 B 口输出端 PB0 为例说明其控制的工作原理。若 PB0 输出"0",经反相器 74LS04 后变为高电平,发光二极管正向导通发光。在光线的驱动下,光敏晶体管导通,+5V 的电压经晶体管引入地线而不驱动达林顿管。因而,达林顿管截止,X 轴上步进电动机的 C 相不通电。

若 PB0 输出"1",反相后变为低电平,发光二极管不导通。从而光敏晶体管截止,+5V 电压直接驱动达林顿管导通,X 轴上步进电动机的 C 相有从电源流向地线的电流回路,即 C 相得电。

2. 步进电动机工作方式

步进电动机有三相、四相、五相、六相等多种,本设计采用三相步进电动机的三相六拍工作方式,其通电顺序为 A → AB → B → BC → C → CA → A → ……

当步进电动机的相数和控制方式确定之后,PB0—PB2 和 PC0—PC2 输出数据变化的规律就确定了,这种输出数据变化规律可用输出字来描述。为了便于寻找,输出字以表的形式存放在计算机指定的存储区域。表 2-7 给出了三相六拍控制方式的输出字。

表 2-7 三相六拍控制方式输出字

步序	控制位			工作状态	控制字表
	C 相	B 相	A 相		
1	0	0	1	A	01H
2	0	1	1	AB	03H
3	0	1	0	B	02H
4	1	1	0	BC	06H
5	1	0	0	C	04H
6	1	0	1	CA	05H

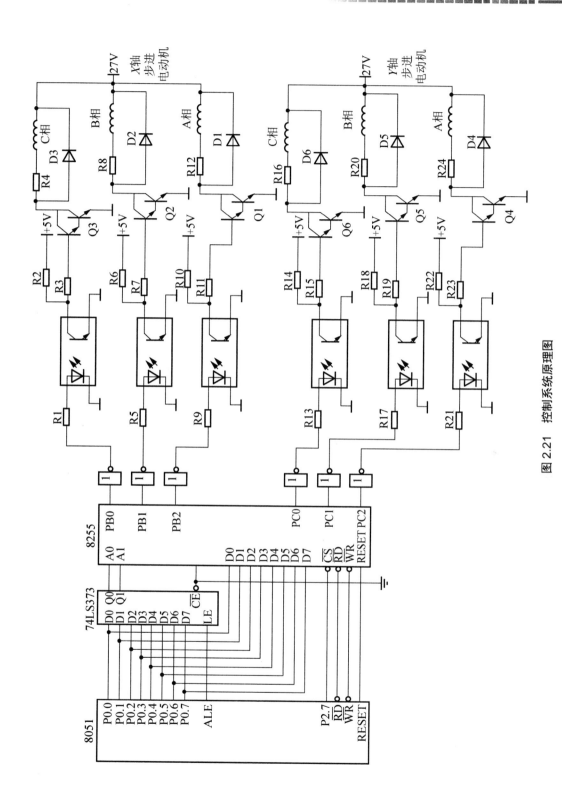

图 2.21 控制系统原理图

【8255芯片】

3. 8255 的初始化编程

由前面的分析知道，8255 工作在方式"0"，控制口地址为 7FFFH，控制字为 90H。所以，8255 的初始化编程如下。图 2.22 为程序流程图。

```
MOV    DPTR, #7FFFH              ;控制口地址送 DPTR
MOV    A, #90H                   ;控制字送寄存器 A
MOVX   @DPTR, A                  ;将控制字写入控制口
```

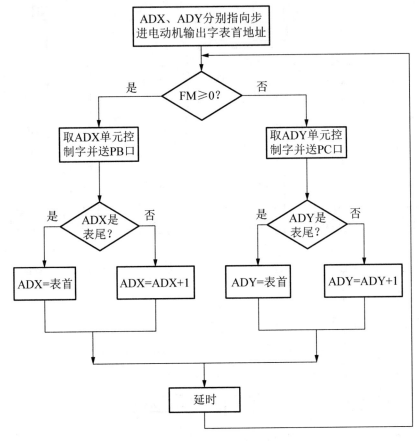

图 2.22 程序流程图

4. 汇编程序代码

以下为 X 轴上电动机的步进控制算法，Y 轴上步进电动机的步进控制算法类似。

```
XCOTROL:  MOV    DPTR, #ADX        ;将控制字表地址赋给 DPTR
          MOV    A, R2             ;表首偏移量送 A
          MOVC   A, @A+DPTR        ;读取当前步进电动机的控制字
          MOV    DPTR, #7FFDH      ;PB 口地址送 DPTR
          MOVX   @DPTR, A          ;将步进电动机的控制字传送到 PB 口
          CJNE   A, #05H, LOOP3    ;未到表尾，转 LOOP3
          MOV    R2, #00H          ;偏移量清零，回到表首
          SJMP   DELAY1
LOOP3:    INC    R2                ;未到表尾，偏移量加 1
```

```
           SJMP    DELAY1
DELAY1:    MOV     R0, #FFH                    ;延时
           DJNZ    DELAY1
            RET                                ;返回
```

5. 主程序

1) 主程序流程图

主程序流程图如图 2.23 所示。

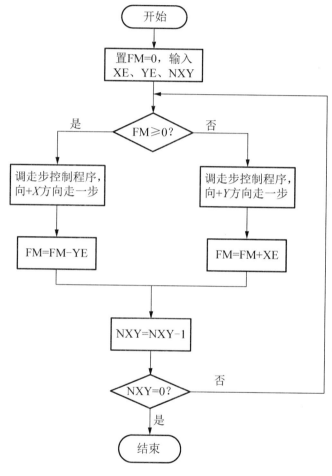

图 2.23　主程序流程图

2) 源程序代码

首先分配各变量的地址为，NXY：4FH，50H；XE：4DH，4EH；YE：4BH，4CH；FM：49H，4AH，低字节地址单元存放高位数据。

其次编写程序，X 方向控制程序如下：

```
      ORG   0000H
      AJMP  MAIN
      ORG   0100H
MAIN: MOV   DPTR, #7FFFH                      ;控制口地址送 DPTR
```

```
        MOV   A, #90H              ;控制字送寄存器 A
        MOVX  @DPTR, A             ;将控制字写入控制口, 初始化 8255
        MOV   4EH, ?               ;XE 的低 8 位存入 4EH
        MOV   4DH, ?               ;XE 的高 8 位存入 4DH
        MOV   4CH, ?               ;YE 的低 8 位存入 4CH
        MOV   4BH, ?               ;YE 的高 8 位存入 4BH
        MOV   A, 4EH
        ADD   A, 4CH               ;XE 与 YE 低 8 位相加
        MOV   50H, A               ;低位之和存入 NXY 低 8 位
        MOV   A, 4DH
        ADDC  A, 4BH               ;XE 与 YE 的高 8 位带进位相加
        MOV   4FH, A               ;和存入 NXY 高 8 位
        MOV   4AH, #00H            ;将 FM 置零
        MOV   49H, #00H
        CLR   R2                   ;表 ADX 偏移量清零
        CLR   R3                   ;表 ADY 偏移量清零
LOOP1:  MOV   A, 49H               ;取偏差的高 8 位
        JB    ACC.7, YCONTROL      ;若 FM<0, 转到 YCONTROL
        ACALL XCONTROL             ;否则, 调 XCONTROL
        CLR   C                    ;进位寄存器清零
        MOV   A, 4AH
        SUBB  A, 4CH               ;FM 与 YE 的低 8 位相减
        MOV   4AH, A               ;结果存入 FM 低 8 位
        MOV   A, 49H
        SUBB  A, 4BH               ;FM 与 YE 的高 8 位相减
        MOV   49H, A               ;结果存入 FM 高 8 位
LOOP2:  CLR   C
        MOV   A, 50H
        SUBB  A, #01H             ;NXY 低位值减 1
        MOV   50H, A              ;结果存入 NXY 的低位
        MOV   A, 4FH
        SUBB  A, #00H             ;考虑低位字节借位
        MOV   4FH, A             ;减去借位后存入 NXY 的高位
        ORL   A, 50H             ;判断 NXY 是否为零
        JNZ   LOOP1              ;不为零则转到 LOOP1
        LJMP  2000H
XCOTROL: MOV  DPTR, #ADX         ;将控制字表地址赋给 DPTR
        MOV   A, R2              ;表首偏移量送 A
        MOVC  A, @A+DPTR        ;读取当前步进电动机的控制字
        MOV   DPTR, #7FFDH       ;PB 口地址送 DPTR
        MOVX  @DPTR, A          ;将步进电动机的控制字传送到 PB 口
        CJNE  A, #05H, LOOP3    ;未到表尾, 转 LOOP3
        MOV   R2, #00H          ;偏移量清零, 回到表首
        SJMP  DELAY1
LOOP3:  INC   R2               ;未到表尾, 偏移量加 1
        SJMP  DELAY1
DELAY1: MOV   R0, #FFH          ;延时
        DJNZ  DELAY1
        RET                     ;返回
ADX:    DB    01H, 03H, 02H, 06H, 04H, 05H   ;X 轴步进电动机控制字表
```

Y 方向控制程序参考以上编写。

本 章 小 结

本章关于数控系统的插补原理中，介绍了逐点比较法和数字积分插补算法的基本理论，以及逐点比较法直线插补的实现方法。

(1) 插补：介绍了插补的概念。

(2) 逐点比较法插补：主要介绍了逐点比较法插补算法的基本概念，插补的四个节拍，直线和圆弧插补的基本原理及计算过程。

(3) 数字积分法插补：简述了数字积分法的基本概念，主要介绍了直线插补和圆弧插补的基本原理及计算过程。

(4) 数控插补的实现：主要介绍了逐点比较法直线插补的硬件实现和软件实现方法，并简述了基于单片机的简易步进电动机数控系统直线插补的实现原理。

思 考 题

1. 何谓插补？有哪两类插补算法？

2. 逐点比较法插补包括哪几个步骤？

3. 欲加工第一象限直线 OE，起点为原点，终点坐标为(5,7)，用逐点比较法进行插补计算，并画出轨迹图。

4. 欲加工第一象限逆时针圆弧 AB，已知起点 A(4,0)，终点 B(0,4)，用逐点比较法进行插补计算，并画出轨迹图。

5. 用所熟悉的计算机语言编写第一象限逐点比较法直线插补程序。

6. 试述 DDA 插补的原理。

7. 设有一直线 OA，起点在坐标原点，终点 A 的坐标为(3,5)，试用 DDA 法插补此直线。

8. 欲加工第一象限逆时针圆弧 AE，起点 A(7,0)，终点 E(0,7)，设寄存器位数为 4，用 DDA 法插补。

9. 根据阅读材料 2-4 插补方法，编写 Y 方向电动机脉冲软件环形分配的程序。

10. 参考 2.4.3 主程序中 X 方向电动机控制程序，编写 Y 方向控制程序。

第**3**章
计算机数控装置

 本章教学要点

知识要点	掌握程度	相关知识
CNC 组成及工作过程	了解 CNC 的组成； 掌握 CNC 的工作过程	CNC 的组成； CNC 系统的功能； CNC 系统的工作过程
CNC 硬件结构	了解 CNC 硬件结构； 掌握单微处理器结构和多微处理器结构的组成与特点； 了解开放式数控系统	CNC 硬件结构； 单微处理器结构的特点； 多微处理器结构的特点； 开放式数控系统的类型及特点
CNC 软件结构	了解 CNC 软硬件界面； 熟悉 CNC 软件结构特点； 掌握 CNC 软件结构模式； 掌握 CNC 软件工作过程	CNC 软硬件界面； 多任务与并行处理； 前后台型结构模式； CNC 软件工作过程
数控装置接口	掌握西门子 802C 数控系统接口定义及作用； 掌握华中 HNC-21 数控系统接口定义及作用	802C 数控系统与外部设备的连接，接口种类与信号定义； HNC 21 数控系统与外部设备的连接，接口种类与信号定义

《〈中国制造2025〉重点领域技术路线图(2015版)》近日发布。路线图围绕经济社会发展和国家安全重大需求，选择十大战略产业实现重点突破，力争到2025年处于国际领先地位或国际先进水平。作为十大领域之一，高档数控机床和机器人的发展目标、方向及重点领域明晰。

在高档数控系统方面，重点开发多轴、多通道、高精度插补、动态补偿和智能化编程、具有自监控、维护、优化、重组等功能的智能型数控系统；提供标准化基础平台，允许开发商、不同软硬件模块介入，具有标准接口、模块化、可移植性、可扩展性及可互换性等功能的开放型数控系统。

国内企业机器人控制器产品已经较为成熟，控制系统的开发涉及较多的核心技术，包括硬件设计、底层软件技术、上层功能应用软件等，随着技术和应用经验的积累，国内机器人控制器所采用的硬件平台和国外产品相比，差距主要体现在控制算法和二次开发平台的易用性方面。

图3.01所示为武汉华中数控股份有限公司生产的产品。

图3.01 华中数控产品

3.1 数控系统的组成及工作过程

3.1.1 数控系统的组成

计算机数控系统(简称CNC系统)是用计算机通过执行其存储器内的程序来完成数控要求的部分或全部功能，并配有接口电路、伺服驱动的一种专用计算机系统。它根据输入的加工程序(或指令)，由计算机进行插补运算，形成理想的运动轨迹。插补计算出的位置和运行速度数据输出到伺服单元，控制电动机带动执行机构，加工出所需要的零件。

　　计算机数控是在硬件数控的基础上发展起来的，部分或全部控制功能是通过软件实现的，只需更改相应的控制程序，即可改变其控制功能，而无需改变硬件电路。因而，CNC系统有很好的通用性和灵活性，即所谓的"柔性"。

　　CNC系统通常由操作面板、输入／输出设备、计算机数字控制装置(CNC装置)、可编程控制器(PLC)、主轴驱动和进给驱动装置等组成，如图3.1所示。

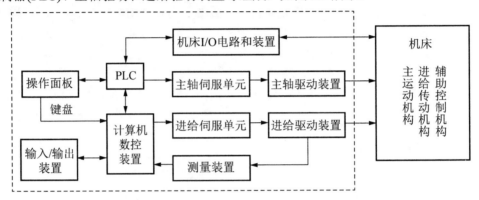

图3.1　数控系统的组成框图

1. 操作面板

　　操作面板是操作人员与机床数控系统进行信息交流的工具，由按钮、状态灯、按键阵列(功能与计算机键盘类似)和显示器组成。数控系统一般采用集成式操作面板，分为三大区域：显示区、NC键盘区和机床控制面板(MCP)区，如图3.2所示。

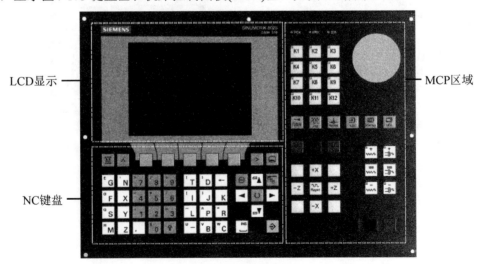

图3.2　数控系统面板图

　　显示器一般位于操作面板的左上部，用于菜单、系统状态、故障报警的显示和加工轨迹的图形仿真。较简单的显示器只有若干个数码管，显示信息也很有限，较高级的系统一般配有LCD显示器或点阵式液晶显示器，显示的信息较丰富。经济型和普及型的数控系统的显示器只能显示字符，高性能的数控系统的显示器能显示图形。

NC 键盘包括标准化的字母数字式 MDI 键盘和一些功能键，用于零件程序的编制、参数输入、手动数据输入和系统管理操作等。

2. 输入/输出装置

CNC 系统对机床进行自动控制所需的各种外部控制信息及加工数据都是通过输入设备送入 CNC 装置的存储器中，作为控制的依据。输入 CNC 装置的信息有零件加工程序、控制参数及补偿数据等。目前常用的输入方式有键盘输入和接口输入。CNC 装置的加工参数、零件程序和机床执行状态等控制信息通过输出设备打印和显示。常用的输出方式有数码管、CRT、液晶单元和打印机等。CNC 系统还可以用通信的方式进行信息的交换，这是实现 CAD/CAM 集成、柔性制造系统和计算机集成制造系统的基本技术。

通常采用的通信方式如下。

(1) 串行通信(RS-232 等串行通信接口)。

(2) 自动控制专用接口和规范(DNC 和 MAP 等)。

(3) 网络技术(Internet 和 LAN 等)。

3. 数控机床用可编程控制器

数控机床的控制在数控侧(即 NC 侧)有各坐标轴的运动控制和机床侧(即 MT 侧)各种执行机构的逻辑顺序控制。可编程序控制器处于 NC 和 MT 之间，对 NC 和 MT 的输入、输出信息进行处理，用软件实现机床侧的控制逻辑。即用 PLC 程序代替以往用继电器实现 M、S、T 功能的控制及译码。采用 PLC 提高了 CNC 系统的灵活性、可靠性和利用率，并使结构更加紧凑。

4. 伺服单元

伺服单元分为主轴伺服和进给伺服，分别用来控制主轴电动机和进给电动机。伺服单元接收来自 CNC 装置的进给指令，这些指令经变换和放大后通过驱动装置转变成执行部件进给的速度、方向和位移。因此，伺服单元是 CNC 装置与机床本体的联系环节，它把来自 CNC 装置的微弱指令信号放大成控制驱动装置的大功率信号。根据接收指令的不同，伺服单元有脉冲单元和模拟单元之分。伺服单元就其系统而言又有开环系统、半闭环系统和闭环系统之分，其工作原理也有差别。

5. 驱动装置

驱动装置将伺服单元的输出变为机械运动，它和伺服单元是数控装置和机床传动部件间的联系环节，它们有的带动工作台，有的带动刀具，通过几个轴的联动，使刀具相对于工件产生各种复杂的机械运动，加工出形状、尺寸与精度符合要求的零件。与伺服单元相对应，驱动装置有步进电动机、直流伺服电动机和交流伺服电动机等。伺服单元和进给驱动装置合称为进给伺服驱动系统，它是数控机床的重要组成部分，

6. CNC 装置

CNC 装置由硬件和软件组成。硬件由微处理器、存储器、位置控制、输入/输出接口

组成。软件则由系统软件和应用软件组成。软件在硬件的支持下运行，离开软件，硬件便无法工作。在系统软件的控制下，CNC 装置对输入的加工程序自动进行处理并发出相应的控制指令及驱动控制信号。

3.1.2 数控系统的功能和工作过程

1. CNC 系统的功能

CNC 系统由于现在普遍采用了微处理器，通过软件可以实现很多功能。不同厂家生产及用在不同设备中的 CNC 系统，功能各异。CNC 系统的功能通常包括基本功能和选择功能。基本功能是 CNC 系统必备的功能，选择功能是供用户根据机床特点和用途进行选择的功能。CNC 系统的功能主要有 G 功能(G 指令代码)和 M 功能(M 指令代码)。根据 CNC 系统的类型、用途、档次的不同，系统的功能有很大的差别，下面介绍其主要功能。

1) 控制功能

CNC 系统能控制的轴数和能同时控制(联动)的轴数是其主要性能之一。控制轴有移动轴和回转轴。通过轴的联动可以完成轮廓轨迹的加工。一般情况下，数控车床只需二轴控制，二轴联动；数控铣床需要三轴控制、三轴联动或二轴半联动；而加工中心一般为多轴控制，三轴联动。控制轴数越多，特别是同时控制的轴数越多，要求 CNC 系统的功能就越强，同时 CNC 系统就越复杂，编制程序也越困难。

2) G 功能

G 功能也称 G 指令代码，它用来指定机床的运动方式，包括基本移动、平面选择、坐标设定、刀具补偿、固定循环等指令。对于点位式的数控机床，如数控钻床、数控冲床等，需要点位移动控制系统。对于轮廓控制的数控机床，如数控车床、数控铣床、加工中心等，需要控制系统有两个或两个以上的进给坐标具有联动功能。

3) 插补功能

CNC 系统是通过软件插补来实现刀具运动轨迹控制的。由于轮廓控制的实时性很强，软件插补的计算速度难以满足数控机床对进给速度和分辨率的要求，同时由于 CNC 系统不断扩展其他方面的功能也要求减少插补计算占用 CPU 的时间。因此，CNC 系统的插补功能实际上被分为粗插补和精插补，插补软件每次插补一个轮廓步长的数据为粗插补，伺服系统根据粗插补的结果，将轮廓步长分成单个脉冲的输出称为精插补。有的数控机床采用硬件进行精插补。

4) 进给功能

根据加工工艺要求，CNC 系统的进给功能用 F 指令代码直接指定数控机床加工的进给速度。

(1) 切削进给速度。切削进给速度指刀具每分钟进给的距离(毫米)，如 100mm / min。对于回转轴，以每分钟旋转的角度指定刀具的进给速度。

(2) 同步进给速度。同步进给速度指刀具主轴每转进给的距离(毫米)，如 0.02mm / r。只有主轴上装有位置编码器的数控机床才能指定同步进给速度，用于切削螺纹的编程。

(3) 进给倍率。操作面板上设置了进给倍率开关，倍率可以在 0～200%之间变化，每挡间隔为 10%。使用倍率开关不用修改程序就可以改变进给速度，并可以在加工工件时随时改变进给速度或在发生意外时随时停止进给。

5) 主轴功能

主轴功能就是指定主轴转速的功能。

(1) 转速的编码方式。一般用 S 指令代码指定，用地址符 S 后加两位或四位数字表示，单位分别为 r / min 和 mm / min。

(2) 指定恒线速。该功能可以保证车床和磨床加工工件端面的质量和在加工不同直径外圆时具有相同的切削速度。

(3) 主轴定向准停。该功能使主轴在径向的某一位置准确停止，有自动换刀功能的机床必须选取有这一功能的 CNC 装置。

6) M 功能

M 功能用来指定主轴的启、停和转向；切削液的开和关；刀库的启和停等，属开关量的控制。它用 M 指令代码表示。现代数控机床一般用 PLC 控制。各种型号的数控装置具有的 M 功能差别很大，而且有许多是自定义的。

7) 刀具功能

刀具功能用来选择所需的刀具，刀具功能字以地址符 T 为首，后面跟两位或四位数字，代表刀具的编号。

8) 补偿功能

补偿功能通过输入到 CNC 系统存储器的补偿量，根据编程轨迹重新计算刀具的运动轨迹和坐标尺寸，从而加工出符合要求的工件。补偿功能主要有以下几种。

(1) 刀具的尺寸补偿。如刀具长度补偿、刀具半径补偿和刀尖圆弧半径补偿。这些功能可以补偿刀具磨损量，以便换刀时对准正确位置，简化编程。

(2) 丝杠的螺距误差补偿、反向间隙补偿和热变形补偿。通过事先检测出丝杠螺距误差和反向间隙，并输入到 CNC 系统中，在实际加工中进行补偿，从而提高数控机床的加工精度。

9)字符、图形显示功能

CNC 控制器可以配置数码管(LED)显示器、单色或彩色阴极射线管(CRT)显示器或液晶(LCD)显示器，通过软件和硬件接口实现字符和图形的显示。通常可以显示程序、参数、各种补偿量、坐标位置、故障信息、人机对话编程菜单、零件图形及刀具实际运动轨迹的坐标等。

10) 自诊断功能

为了防止故障的发生或在发生故障后可以迅速查明故障的类型和部位，以减少停机时间，CNC 系统中设置了各种诊断程序。不同的 CNC 系统设置的诊断程序是不同的，诊断的水平也不同。诊断程序一般可以包含在系统程序中，在系统运行过程中进行检查和诊断；也可以作为服务性程序，在系统运行前或故障停机后进行诊断，查找故障的部位。有的 CNC 系统可以进行远程通信诊断。

11) 通信功能

为了适应柔性制造系统和计算机集成制造系统的需求，CNC 装置通常具有 RS232C 通信接口，有的还备有 DNC 接口。也有的 CNC 装置可以通过制造自动化协议(MAP)接入工厂的通信网络。

12) 人机交互图形编程功能

为了进一步提高数控机床的编程效率，尤其是利用图形进行自动编程，以提高编程效率，一般要求现代 CNC 系统具有人机交互图形编程功能。有这种功能的 CNC 系统可以根据零件图直接编制程序，即编程人员只需输入图样上简单表示的几何尺寸就能自动地计算出全部交点、切点和圆心坐标，生成加工程序。

2. CNC 系统的一般工作过程

1) 输入

输入 CNC 控制器的通常有零件加工程序、机床参数和刀具补偿参数。机床参数一般在机床出厂时或在用户安装调试时已经设定好，所以输入 CNC 系统的主要是零件加工程序和刀具补偿参数。CNC 系统输入工作方式有存储方式和数控方式。存储方式是将整个零件程序一次全部输入到 CNC 系统内部存储器中，加工时再从存储器中把一个一个程序调出，该方式应用较多。数控方式是 CNC 系统一边输入一边加工的方式，即在前一程序段加工时，输入后一个程序段的内容。

2) 译码

译码以零件程序的一个程序段为单位进行处理，把其中零件的轮廓信息(起点、终点、直线或圆弧等)，F、S、T、M 等信息按一定的语法规则解释(编译)成计算机能够识别的数据形式，并以一定的数据格式存放在指定的内存专用区域。编译过程中还要进行语法检查，发现错误立即报警。

3) 刀具补偿

刀具补偿包括刀具半径补偿和刀具长度补偿。为了方便编程人员编制零件加工程序，编程时零件程序是以零件轮廓轨迹来编程的，与刀具尺寸无关。程序输入和刀具参数输入分别进行。刀具补偿的作用是把零件轮廓轨迹按系统存储的刀具尺寸数据自动转换成刀具中心(刀位点)相对于工件的移动轨迹。

刀具补偿包括 B 机能和 C 机能刀具补偿功能。在较高档次的 CNC 系统中一般应用 C 机能刀具补偿，C 机能刀具补偿能够实现程序段之间的自动转接和过切削判断等功能。

4) 进给速度处理

数控加工程序给定的刀具相对于工件的移动速度是在各个坐标合成运动方向上的速度，即 F 代码的指令值。速度处理首先要进行的工作是将各坐标合成运动方向上的速度分解成各进给运动坐标方向的分速度，为插补时计算各进给坐标的行程做准备；另外对于机床允许的最低速度和最高速度限制也在这里处理。有的数控机床的 CNC 系统软件的自动加速和减速也放在这里。

5) 插补

零件加工程序段中的指令行程信息是有限的。如对于加工直线的程序段仅给定起点、终点坐标；对于加工圆弧的程序段除了给定其起点、终点坐标外，还给定其圆心坐标或圆弧半径。要进行轨迹加工，CNC 系统必须从一条已知起点和终点的曲线上自动进行"数据点密化"的工作，这就是插补。

6) 位置控制

位置控制装置位于伺服系统的位置环上，它的主要工作是在每个采样周期内，将插补计算出的理论位置值与实际反馈位置值进行比较，用其差值控制进给电动机。位置控制可由软件完成，也可由硬件完成。

7) I / O 处理

CNC 系统的 I / O 处理是 CNC 系统与机床之间的信息传递和变换的通道。其作用一方面是将机床运动过程中的有关参数输入 CNC 系统中；另一方面是将 CNC 系统的输出命令(如换刀、主轴变速换挡、加切削液等)变为执行机构的控制信号，实现对机床的控制。

8) 显示

CNC 系统的显示主要是为操作者提供方便，显示装置有 LED 显示器、CRT 显示器和 LCD 显示器，一般位于机床的控制面板上。通常有零件程序的显示、参数的显示、刀具位置显示、机床状态显示、报警信息显示等。有的 CNC 装置中还有刀具加工轨迹的静态和动态模拟加工图形显示。

上述 CNC 系统的工作流程如图 3.3 所示。

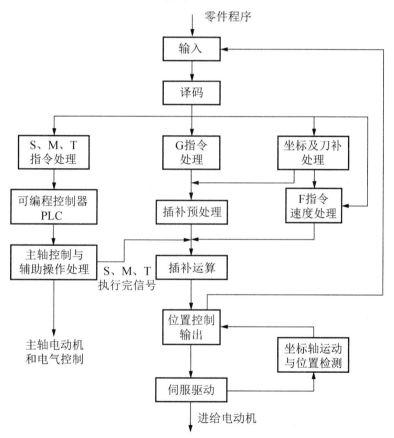

图 3.3　CNC 系统的工作过程

3.2　CNC 装置的硬件结构

CNC 装置的硬件结构一般分为单微处理器结构和多微处理器结构两大类。

从硬件结构上看，最初的 CNC 装置和某些经济型 CNC 装置采用单微处理器系统，随着微机技术的飞速发展，现在所生产的标准型数控系统几乎全是多微处理器系统。这是因为机械制造技术的发展，对数控机床提出了复杂功能、高进给速度和高加工精度的要求，以及要适应柔性制造系统、计算机集成制造系统等更高层次的要求，单微处理器系统很难满足这样高的要求。因此，多微处理器结构得到迅速发展，是当今数控系统的主流。

3.2.1　单微处理器数控系统的结构

单微处理器数控系统的特点：以一个微处理器(CPU)为核心，CPU 通过总线与存储器及各种接口相连接，采取集中控制，分时处理的工作方式，完成数控加工中各个任务。某些 CNC 装置虽然有两个以上的微处理器(如做浮点运算的协处理器，以及管理键盘的 CPU 等)，但只有一个微处理器能控制总线，其他的 CPU 只是附属的专用智能部件，不能控制总线和访问主存储器，它们组成主从结构，仍被归类为单微处理器结构。

单微处理器数控系统具有结构简单，易于实现的特点；但由于只有一个 CPU 控制，功能受字长、数据宽度、寻址能力和运算速度等因素的限制。

单微处理器结构的 CNC 装置由计算机部分、位置控制部分、数据的输入／输出及各种接口和外围设备等组成。微型计算机系统的基本结构包括微处理器、总线、I／O 接口、存储器、串行接口等。微处理器通过 I／O 接口和各个功能模块相连。此外数控系统还必须有控制单元部件和接口电路，如位置控制单元、可编程控制器、主轴控制单元、MDI(手动数据输入)和 CRT 控制接口，以及其他部件接口等。图 3.4 为单微处理器结构的 CNC 装置框图。

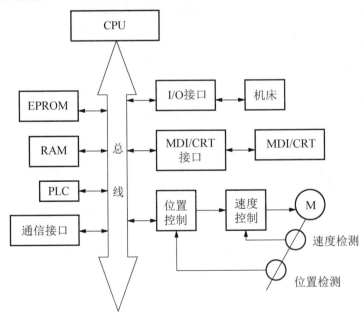

图 3.4　单微处理器结构的 CNC 装置框图

3.2.2　多微处理器数控系统的结构

多微处理器结构的 CNC 系统是把数字控制的任务划分为多个子任务。在硬件方面以多个微处理器配以机床的接口，形成多个子系统，把划分的子任务分配给不同的子系统，由各子系统协调完成数控任务。应注意的是，有的 CNC 系统虽然有两个以上的 CPU，但只有一个 CPU 具有总线控制权，而其他的 CPU 不能控制总线，也不能访问主存储器，它们组成了主从结构。

多微处理器 CNC 装置中，由两个或两个以上的微处理器来构成处理部件和功能模块。处理部件、功能模块之间有紧耦合和松耦合两种方式。采用紧耦合方式，各微处理器构成的处理部件和功能模块有集中的操作系统，资源共享；采用松耦合方式，功能模块间有多重操作系统，能有效地实现并行处理。

1. 多微处理器结构 CNC 系统的基本功能模块

所有主、从模块都插在配有总线的插座上，系统结构设计常采用模块化技术，可根据具体情况合理划分功能模块，一般包括以下几种模块：

1) CNC 管理模块

CNC 管理模块是执行管理和组织整个 CNC 系统工作的功能模块。如系统的初始化、中断管理、总线裁决、系统出错的识别和处理、系统软硬件诊断等。

2) CNC 插补模块

CNC 插补模块完成零件程序译码、刀具半径补偿、坐标位移量计算和进给速度处理等插补前的预处理，然后进行插补计算，为各坐标轴提供位置给定值。

3) 位置控制模块

位置控制模块对插补后的坐标位置给定值与位置检测元件测量的实际值进行比较，并进行自动加减速和回基准点等处理，最后得到速度控制的模拟电压，去驱动进给电动机。

4) PLC 模块

PLC 模块对零件程序中的开关功能和来自于机床的信号进行逻辑处理，实现各功能和操作方式之间的联锁，如机床电气设备的启、停，刀具交换，转台分度，工件数量和运转时间的计数等。

5) 人机接口模块

人机接口模块包括零件程序、参数和数据，各种操作命令的输入/输出，打印、显示所需要的各种接口电路。

6) 存储器模块

存储器模块是指程序和数据的主存储器，或功能模块间数据传送的共享存储器。

2. 多微处理器 CNC 系统的典型结构

CNC 系统的多微处理器结构方案多种多样，随计算机系统结构的发展而变化。多微处理器互连方式有共享总线、共享存储器等。在多 CPU 组成的 CNC 系统中，可以根据具体情况合理划分其功能模块，这些模块之间的通信有共享总线和共享存储器两种结构。

1) 共享总线结构

以系统总线为中心的多 CPU CNC 系统，把组成 CNC 系统的各个功能部分划分为带 CPU 或 DMA 器件的主模块和不带 CPU 或 DMA 器件的从模块(如各种 RAM 模块、ROM 模块、I/O 等)两大类。所有主、从模块都插在配有总线的插座上，共享系统总线。系统总线的作用是把各个模块有效地连接在一起，构成完整的系统，实现 CNC 系统的各种功能。多 CPU 共享总线 CNC 装置结构框图如图 3.5 所示。

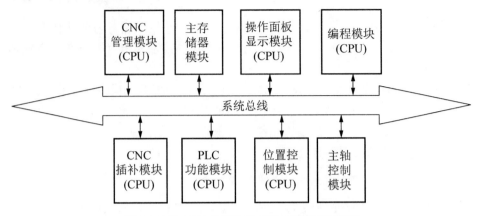

图 3.5 多 CPU 共享总线 CNC 装置结构框图

这种结构中只有主模块有权控制使用系统总线，由于有多个主模块，系统设有总线仲裁电路来裁决多个主模块同时请求使用总线而造成的竞争，以便解决某一时刻只能由一个主模块占有总线的矛盾。每个主模块按其负担任务的重要程度，已经预先安排好优先级别的顺序。

总线仲裁电路的目的，就是在它们争用总线时，判别处理各模块优先级的高低。这种结构中的各 CPU 模块共享总线时，会引起"竞争"，使信息传输效率降低，总线一旦出现故障，会影响全局。但由于结构简单，系统配置灵活，实现容易，无源总线造价低等优点而被广泛运用。

2) 共享存储器结构

在实现这种结构中，通常采用多端口存储器来实现各 CPU 之间的互连和通信，每个端口都配有一套数据、地址、控制线，以解决端口访问。由多端控制逻辑电路解决访问冲突。共享存储器结构如图 3.6 所示。

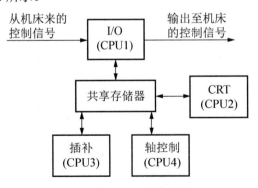

图 3.6 共享存储器结构

当 CNC 系统功能复杂，要求 CPU 多时，会因争用共享存储器而造成传输阻塞，降低了系统的运行效率，且功能复杂，扩展功能较为困难。

3.2.3 开放式数控系统的结构

传统的数控系统在过去的几十年里已取得了很大的发展，对制造系统自动化发挥了巨大的作用。但是，传统的数控系统采用了专用的计算机系统，各个厂家的产品互不兼容，这样，构成系统的软硬件对用户来说都是封闭的。因此，就形成了数控系统维修、升级困难，维护费用高昂，使用操作培训要求高等缺点。这些严重地制约着数控技术的发展，基于上述问题，在 20 世纪 90 年代，人们提出了开放式的数控系统的概念，以解决传统数控系统所出现的问题。由于开放式数控系统所牵涉的面比较广，因此仅介绍一些开放式数控系统的结构特点。

1. 开放式数控系统

从图 3.7 可见，开放式数控系统结构是面向软件配置的，可以由用户自行定义接口和软件平台，不断将功能集成到控制系统中。

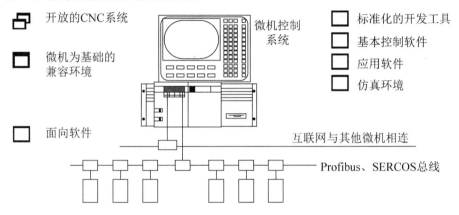

图 3.7 开放式数控系统

初期的开放式数控系统，大部分是基于微机的总线开放的系统，但系统结构仍然是面向装置、硬件和软件的，就如当前的工控系统一样，并没有很好地考虑系统的开放性。虽然采用微机的中央处理器和母板，但仍与系统软件、应用软件和硬件紧密相关，复杂又不灵活，如图 3.8 所示。

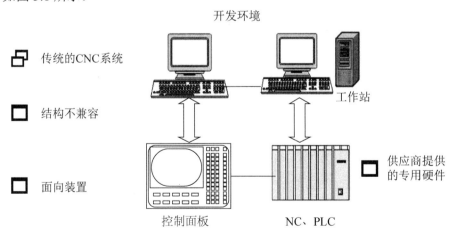

图 3.8 传统的开放式数控系统

为了使开放式数控系统完全遵守 IEEE 定义的标准，须将整个系统建立在"供应商中立结构"(Vendor-Neutral Open Control System)基础上。在供应商中立的开放式数控系统结构后面的核心思想是模块化(图 3.9)。

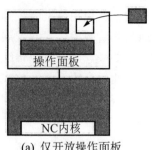
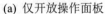
(a) 仅开放操作面板

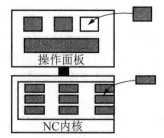
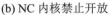
(b) NC 内核禁止开放

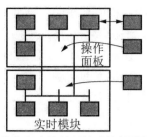
(c) 供应商中性的开放式控制系统

图 3.9　数控系统的开放分类

模块化是用来把复杂系统(包括硬件和软件)分割成更小的可管理的单元，这些单元的特点是模块的接口需要以无二性的定义，以便来自不同的供应商的模块可以组合在一起完成一个规定的任务，模块之间的数据交换用开放的通信接口来处理。基于这种结构的开放式的数控系统具有可移植性、互操作性、可扩展形、可比例换算、重用性好的特点，而且机床制造厂能够为其数控机床优化选配组件。

2. 开放的程度

数控系统的开放程度可以从以下四个方面加以评价：

(1) 可移植性。系统的应用模块无需经过任何改变就可以用于另一平台，仍然保持其原有性能。

(2) 可扩展性。不同应用模块可在同一平台上运行，相互不发生冲突。

(3) 可协同性。不同应用模块能够协同工作，并以确定的方式交换数据。

(4) 规模可变。应用模块的功能和性能及硬件的规模可按照需要调整。

一般的数控系统的开放程度可划分为以下三种：

(1) 开放的人机界面。这种开放就是现在的数控系统，对用户是封闭的，仅限于开放数控系统的非实时部分，以及对面向用户的应用作些调整，如 PLC 的编程窗口、键盘的开放等。

(2) 数控系统的核心(数控和 PLC)有限度开放。虽然控制核心的拓扑结构是固定的，但可以嵌入包括实时功能的用户专用滤波器等。

(3) 开放控制系统。控制核心的拓扑结构取决于过程，内部可相互交换，规模可变，可移植和协调工作。

实际上，现在有商品化的开放数控系统，大多数是属于固定软件的拓扑结构，仍然不符合"供应商中性"的原则，不能通过应用程序接口使第三方软件嵌入数控系统的核心部分，不是完全的开放式数控系统。完整的开放式数控系统还要与上层和下层进行连接，如图 3.10 所示。

3. 控制系统的接口

机床的数控系统是一个高实时性和可靠性要求较高的系统。为了能够控制这种复杂的系统，硬件和软件的接口具有非常重要的意义。开放式的数控系统的接口分为外部接口和内部接口。

外部接口的作用是将控制系统与上层和下层装置及用户连接，可分为编程接口和通信接口。NC、PLC 编程接口是标准化的，如采用 EIA RS—232 等。通信接口遵守有关标准，例如,现场总线系统可采用 PROFIBUS 等用于各种装置和 I / O 的接口,局域网通常是采用互联网和 TCP / IP 协议作为与上层系统的接口。

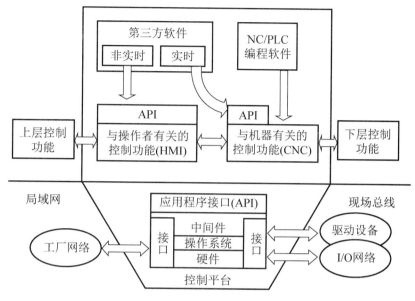

图 3.10　完整的开放式控制系统

为了达到可重构和适应性控制,这种控制系统的内部构造是建立在平台的概念上。其主要目的是将与硬件有关的细节隐藏起来,以便于软件的开发,以建立确定的,且在软件模块之间通信的灵活系统。

4. 控制系统的模块化

开放式数控系统的特点是应用软件模块化,首先将传统的"暗箱"转变成逻辑分解的功能模块。在一个系统中将不同的模块以"混合匹配"的方式协调工作,需要一系列应用程序接口。为了实现供应商中性化的目标,接口需要标准统一。由于模块化的复杂性,首先应该定义系统的结构,即所谓"系统平台",如图 3.11 所示。

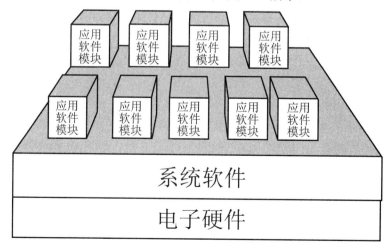

图 3.11　模块化开放式数控系统平台

从图 3.11 可以看出，这种模块化系统与计算机硬件、操作系统和通信方式的专有特征无关，以计算机硬件和系统软件作为平台，利用中间系统设备，可以将不同的应用软件模块组合在一起，在分布式的环境中协调工作。

5. 开放式数控系统的应用

开放式数控系统具有以下优势：①具有强大的适应性和灵活配置能力，能适应各种设备，可灵活配置，随意集成；②控制软件具有及时扩展和连接功能，可以顺应新技术的发展，加入各种新功能；③不仅能适应计算机技术和信息技术的快速发展和更新换代，而且能有效保护用户原有投资；④操作简单，维护方便；⑤遵循统一的标准体系结构规范，模块之间具有兼容性，部件具有互换性和互操作性。

阅读材料 3-1

运动控制卡

运动控制卡通常是采用专业的运动控制芯片或高速数字信号处理(DSP)来满足一系列运动控制需求的控制单元，其可通过 PCI、PC104 等总线接口安装到 PC 和工业 PC 上，可与步进和伺服驱动器连接，驱动步进和伺服电动机完成各种运动(单轴运动、多轴联动、多轴插补等)。它接收各种输入信号，可输出控制继电器、电磁阀、气缸等元件。用户可使用 VC、VB 等开发工具，调用运动控制卡函数库，快速开发出软件。运动控制卡因其性价比好、功能强大、开发便利等优势已经广泛运用切割机、点胶机、激光打标机、电路板钻／铣机、超声波焊机、丝印机、激光焊接机、雕刻机、喷绘机、快速成型机等测量与自动化设备领域。

伺服电动机既可以选择交流伺服电动机也可以选择直流伺服电动机。控制伺服电动机时，通过选择不同的驱动器模式，运动控制器既可以输出+／-10V 模拟电压控制信号也可以输出脉冲控制信号。选用伺服电动机时，应选配与其相应的伺服驱动器及配件。对于控制步进电动机，运动控制器提供两种不同的控制信号：正脉冲／负脉冲、脉冲／方向。这样，控制器可以与目前任何类型的步进电动机驱动器配套使用。在控制步进电动机时，控制模式为开环控制，不需要编码器。图 3.12 所示为一种运动控制卡的系统组成方案。

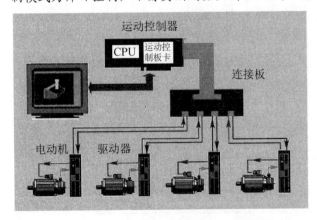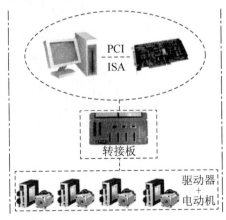

图 3.12　一种运动控制卡的系统组成方案

伴随着计算机软件取得的重大成果，开放式数控系统产生了三种结构类型：

(1)专用 CNC+PC 型：在传统的专机数控系统中简单地嵌入 PC 技术，使得整个系统可以共享一些计算机的软、硬件资源，计算机主要起到辅助编程、分析、监控、指挥生产、编排工艺等工作。这种数控系统由于其开放性只在 PC 部分，其专业的数控部分仍处于瓶颈结构。

(2) 运动控制器+PC 型：完全采用以 PC 为硬件平台的数控系统。近年来这种系统的提法比较多，主要有基于 PC 或 PC Base 等，其中最主要的部件是计算机和控制运动的控制器。控制器本身具有 CPU，同时开放包括通信端口、结构在内的大部分地址空间，辅以通用的 DLL 同 PC 结合得更为紧密。这种系统的特点是灵活性好、功能稳定、可共享计算机的所有资料，目前已达到远程控制等先进水平。

(3) 纯 PC 型：完全采用 PC 的全软件形式的数控系统，但由于在操作系统的实时性、标准统一性及系统稳定性等方面存在问题，这种系统目前正处于探求阶段，还没有大规模投入实际的应用。

总体而言，基于 PC 和多轴运动控制器的开放式数控系统，是当前最为理想的开放式数控系统。PC 处理非实时部分，实时控制由插入 PC 的多轴运动控制器来承担。

3.3 CNC 装置的软件结构

CNC 系统的软件是为完成 CNC 系统的各项功能而专门设计和编制的，是数控加工系统的一种专用软件，称为系统软件。CNC 系统软件的管理作用类似于计算机操作系统的功能。不同的 CNC 装置，其功能和控制方案也不同，因而各厂家的软件互不兼也不同。现代数控机床的功能大都采用软件实现，所以，CNC 系统软件的设计及功能是 CNC 系统的关键。

系统软件由管理软件和控制软件两部分组成(图 3.13)。管理软件一般又称为监控软件，其作用是进行系统状态监测，并提供基本操作管理；控制软件的作用是根据用户编制的加工程序，控制机床运行。

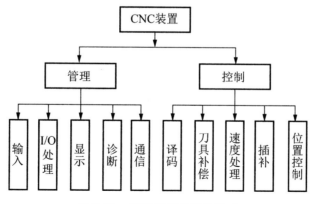

图 3.13 CNC 装置软件的组成

3.3.1 CNC 装置软硬件界面

CNC 装置由硬件和软件组成，它们共同完成机床加工中所要求的各项功能。系统硬件是软件运行的基础，是必不可少的，应尽可能适应控制软件运行的需要。数控系统中的"软件、硬件界面"中的软件是指控制功能由计算机执行程序完成，而硬件是指控制功能由外围控制线路完成。在数字信号处理方面，软件和硬件在逻辑上是等价的，由硬件能完成的工作，原则上也可以由软件完成。硬件处理速度快，但造价高，线路复杂，实现复杂控制功能困难；软件设计灵活，适应性强，但处理速度相对较慢。因此在 CNC 系统中，软硬件的分工由性能价格比决定。

早期的 NC 装置中，数控系统的全部工作都是由硬件来完成。随着数控系统中使用了计算机，构成了 CNC 系统，软件完成了许多数控功能。随着微机性能价格比的进一步提高，微机成为数控系统中信息处理的主角。

合理确定软硬件的功能分担是 CNC 装置结构设计的重要任务。这就是所谓软件和硬件的功能界面划分的概念。划分准则是系统的性价比。

CNC 系统中实时性要求最高的任务就是插补和位控，即在一个采样周期中必须完成控制策略的计算，而且还要留有一定的时间去做其他的事。CNC 系统的插补器既可面向软件也可面向硬件。归结起来，主要有以下三种类型：

(1) 不用软件插补器，插补完全由硬件完成的 CNC 系统。

(2) 由软件插补器完成粗插补，由硬件插补器完成精插补的 CNC 系统。

(3) 带有完全用软件实施的插补器的 CNC 系统。

图 3.14 所示为三种典型 CNC 系统的软硬件界面关系。第一种情况是由软件完成输入及插补前的准备，硬件完成插补和位置控制；第三种情况由软件负责输入、插补前的准备及插补，硬件完成位置控制；第三种情况则是由软件完成输入、插补准备、插补及位控的全部工作。

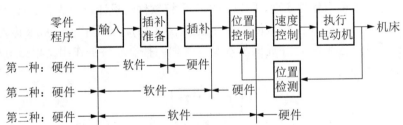

图 3.14　三种典型 CNC 系统的软硬件界面关系

3.3.2　CNC 系统的软件结构特点

CNC 系统是一个专用的实时多任务计算机系统，在它的控制软件中融合了当今计算机软件技术中的许多先进技术，其中最突出的是多任务并行处理和多重实时中断。

1. CNC 系统的多任务性

CNC 系统通常作为一个独立的过程控制单元用于工业自动化生产中，因此它的系统软件必须完成管理和控制两大任务。系统的管理部分包括输入、I/O 处理、显示和诊断。系统的控制部分包括译码、刀具补偿、速度处理、插补和位置控制等程序，如图 3.13 所示。

在许多情况下，管理和控制的某些工作又必须同时进行。例如，当 CNC 系统工作在加工控制状态时，为了使操作人员能及时地了解 CNC 系统的工作状态，管理软件中的显示模块必须与控制软件同时运行。当 CNC 系统工作在 NC 加工方式时，管理软件中的零件程序输入模块必须与控制软件同时运行。而当控制软件运行时，其本身的一些处理模块也必须同时运行。例如，为了保证加工过程的连续性，即刀具在各程序段之间不停刀，译码、刀具补偿和速度处理模块必须与插补模块同时运行，而插补又必须与位置控制同时进行。CNC系统的任务及其并行处理关系如图 3.15 所示。图 3.15 中，双向箭头表示两个模块之间有并行处理关系。

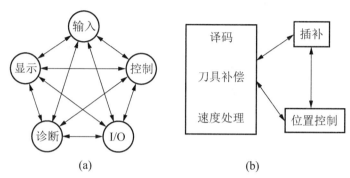

(a)   (b)

图 3.15 CNC 系统任务与并行处理的关系

2. 并行处理

并行处理是指计算机在同一时刻或同一时间间隔内完成两种或两种以上性质相同或不相同的工作。并行处理最显著的优点是提高了运算速度。拿 n 位串行运算和 n 位并行运算来比较，在元件处理速度相同的情况下，后者运算速度几乎提高为前者的 n 倍。这是一种资源重复的并行处理方法，它是根据"以数量取胜"的原则大幅度提高运算速度的。但是并行处理还不止于设备的简单重复，它还有更多的含义。如时间重叠和资源共享，所谓时间重叠是根据流水线处理技术，使多个处理过程在时间上相互错开，轮流使用同一套设备的几个部分。而资源共享则是根据"分时共享"的原则，使多个用户按时间顺序使用同一套设备。目前在 CNC 系统的硬件设计中，已广泛使用资源重复的并行处理方法，如采用多CPU 的系统体系结构来提高系统的速度。而在 CNC 系统的软件设计中则主要采用资源分时共享和资源重叠的流水线处理技术。

1) 资源分时共享的并行处理方法

在单 CPU 的 CNC 系统中，主要采用 CPU 分时共享的原则来解决多任务的同时运行。在使用分时共享并行处理的计算机系统中，首先要解决的问题是各任务占用 CPU 时间的分配原则，这里面有两方面的含义：其一是各任务何时占用 CPU；其二是允许各任务占用 CPU的时间长短。在 CNC 系统中，对各任务使用 CPU 是用循环轮流和中断优先相结合的方法来解决。图 3.16 是一个典型 CNC 系统各任务分时共享 CPU 的并行处理模式。

系统在完成初始化以后自动进入时间分配环中，在环中依次轮流处理各任务。而对于系统中一些实时性很强的任务则按优先级排队，分别放在不同中断优先级上，环外的任务可以随时中断环内各任务的执行。每个任务允许占有 CPU 的时间受到一定限制，通常是这样处理的，对于某些占有 CPU 时间比较多的任务，如插补准备，可以在其中的某些地方设置断点，当程序运行到断点处时，自动让出 CPU，待到下一个运行时间里自动跳到断点处继续执行。

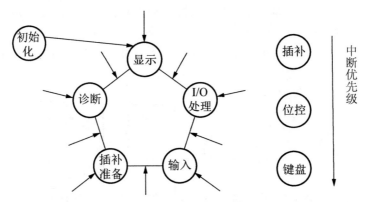

图 3.16　CPU 分时共享的并行处理时间分配

2) 时间重叠流水处理并行处理方法

当 CNC 系统处在 NC 工作方式时，其数据的转换过程将由零件程序输入、插补准备(包括译码、刀具补偿和速度处理)、插补、位置控制 4 个子过程组成。如果每个子过程的处理时间分别为 Δt_1、Δt_2、Δt_3、Δt_4，那么一个零件程序段的数据转换时间将是 $t=\Delta t_1 +\Delta t_2$、Δt_3、Δt_4。如果以顺序方式处理每个零件程序段，即第一个零件程序段处理完以后再处理第二个程序段，依此类推，这种顺序处理时的时间空间关系如图 3.17(a)所示。从图上可以看出，如果等到第一个程序段处理完之后才开始对第二个程序段进行处理，那么在两个程序段的输出之间将有一个时间长度为 t 的间隔。同样在第二个程序段与第三个程序段的输出之间也会有时间间隔，依此类推。这种时间间隔反映在电动机上就是电动机的时转时停，反映在刀具上就是刀具的时走时停。消除这种间隔的方法是用流水处理技术。采用流水处理后的时间空间关系如图 3.17(b)所示。

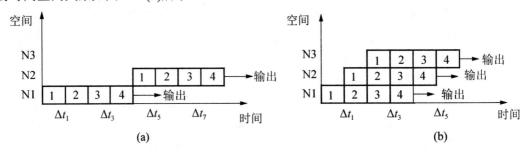

图 3.17　时间重叠流水并行处理

流水处理的关键是时间重叠，即在一段时间间隔内不是处理一个子过程，而是处理两个或更多的子过程。从图 3.17(b)可以看出，经过流水处理后从时间 Δt_4 开始，每个程序段的输出之间不再有间隔，从而保证了电动机转动和刀具移动的连续性。从图 3.17(b)中可以看出，流水处理每一个处理子程序的运算时间相等。而在 CNC 系统中每一个子程序所需的处理时间都是不相等的，解决的办法是取最长的子程序处理时间为处理时间间隔。这样当处理时间较短的子程序时，处理完成之后就进入等待状态。

时间重叠流水处理在单 CPU 的 CNC 装置中，流水处理的时间重叠只有宏观的意义，即在一段时间内，CPU 处理多个子程序，但从微观上看，各子程序分时占用 CPU 时间。

3. 实时中断处理

CNC 系统控制软件的另一个重要特征是实时中断处理。CNC 系统的多任务性和实时性决定了系统中断成为整个系统必不可少的重要组成部分。CNC 系统的中断管理主要靠硬件完成，而系统的中断结构决定了系统软件的结构。其中断类型有外部中断、内部定时中断、硬件故障中断及程序性中断等。

(1) 外部中断：主要有外部监控中断(如紧急停、量仪到位等)、键盘和操作面板输入中断。外部监控中断的实时性要求很高，通常把其放在较高的优先级上，而键盘和操作面板输入中断则放在较低的中断优先级上。

(2) 内部定时中断：主要有插补周期定时中断和位置采样定时中断。在有些系统中，这两种定时中断合二为一。但在处理时，总是先处理位置控制，然后处理插补运算。

(3) 硬件故障中断：它是各种硬件故障检测装置发出的中断，如存储器出错、定时器出错、插补运算超时等。

(4) 程序性中断：它是程序中出现的各种异常情况的报警中断，如各种溢出、清零等。

3.3.3　CNC 装置软件结构模式

结构模式是软件的组织管理方式，即任务的划分方式、任务调度机制、任务间的信息交换机制、系统集成方法。它要解决的问题是如何协调各任务的执行，以满足一定的时序配合要求和逻辑关系，满足 CNC 装置的各种控制要求。

1. 前后台型结构

在前后台型结构的 CNC 装置中，整个系统分为两大部分，即前台程序和后台程序。前台程序是一个实时中断服务程序，几乎承担了全部的实时功能(如插补、位置控制、机床相关逻辑和监控等)，实现与机床动作直接相关的功能。后台程序是一个循环执行程序，一些实时性要求不高的功能，如输入译码、数据处理等插补准备工作和管理程序等均由后台程序承担，后台程序又称背景程序。

在后台程序循环运行的过程中，前台的实时中断程序不断插入，二者密切配合，共同完成零件加工程序。如图 3.18 所示，程序一经启动，经过初始化程序后，便进入后台程序循环，依次轮流处理各项任务。对于系统中一些实时性很强的任务则按优先级排队，分别放在不同中断优先级上，环外的任务可以随时中断环内各任务的执行。执行完一次实时中断服务程序后返回后台程序，如此循环往复，共同完成数控的全部功能。

前后台型软件结构中的信息流动过程如图 3.19 所示。零件程序段进入系统后，经过图中的流动处理，输出运动轨迹信息和辅助信息。

背景程序的主要功能是进行插补前的准备和任务的管理调度。加工工作方式在背景程序中处于主导地位。在操作前的准备工作(如由键盘方式调零件程序、由手动方式使刀架回到机床原点)完成后，一般便进入加工方式。在加工工作方式下，背景程序要完成程序段的读入、译码和数据处理(如刀具补偿)等插补前的准备工作，如此逐个程序段地进行处理，直到整个零件程序执行完毕为止。

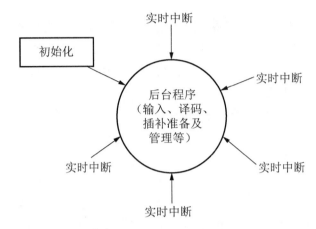

图 3.18　前后台型软件结构

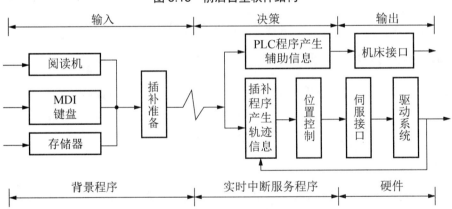

图 3.19　前后台型软件结构中的信息流动过程

　　实时中断服务程序是系统的核心。实时控制的任务包括位置伺服、面板扫描、PLC 控制、实时诊断和插补。在实时中断服务程序中，各种程序按优先级排队，按时间先后顺序执行。

　　2. 中断型结构模式

　　中断型结构的系统软件除初始化程序外，将 CNC 系统的各种功能模块分别安排在不同级别的中断服务程序中，然后由中断管理系统(由软件和硬件组成)对各级中断服务程序实施调度管理。也就是说，所有功能子程序均安排成级别不同的中断程序，整个软件就是一个大的中断系统，其管理功能通过各级中断程序之间的相互通信来解决。

各中断服务程序的优先级别与其作用和执行时间密切相关。级别高的中断程序可以打断级别低的中断程序。

3.3.4 CNC 系统软件的工作过程

系统软件一般由输入、译码、数据预处理(预计算)、插补运算、速度控制、输出控制、管理程序及诊断程序等部分构成。下面分别进行介绍。

1. 输入

CNC 系统中一般通过键盘输入零件程序,而且其输入大都采用中断方式。在系统程序中有相应的中断服务程序。当每按一个键则表示向主机申请一次中断,调出一次键盘服务程序,对相应的键盘命令进行处理。

从键盘输入的零件程序,一般是经过缓冲器以后,才进入零件程序存储器的。零件程序存储器的规模由系统设计员确定。一般有几千字节,可以存放许多零件程序。键盘中断服务程序负责将键盘上打入的字符存入 MDI 缓冲器,按一下键就是向主机申请一次中断。其框图如图 3.20 所示。

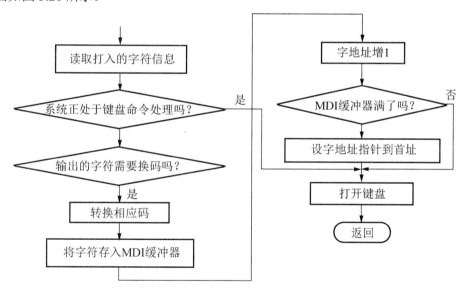

图 3.20 键盘中断服务程序

2. 译码

经过输入系统的工作,已将数据段送入零件程序存储器。下一步就是由译码程序将输入的零件程序数据段翻译成本系统能识别的语言。一个数据段从输入到传送至插补工作寄存器需经过以下几个环节,如图 3.21 所示。

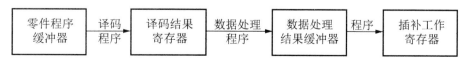

图 3.21 一个数据段经历的过程

译码程序按次序将一个个字符和相应的数字进行比较,若相等,则说明已输入了该字符。它就像在硬件译码线路中,一个代码输入时只打开相应的某一个与门一样。所不同的是译码程序是串行工作的,即一个一个地比较,一直到相等为止。而硬件译码线路则是并行工作的,因而速度较快。以 ISO 码为例,M 为$(01001101)_2$,即 M 为八进制的$(115)_8$,S 为$(123)_8$,T 为$(124)_8$,F 为$(106)_8$,……,因此,在判定数据段中是否已编入 M、S、T 或 F 字时,就可以将输入的字符和这些八进制数相比较,若相等,则说明相应的字符已输入,立即设立相应的标志。

译码的结果存放在规定的存储区内,存放译码结果的地方叫作译码结果存储器。译码结果存储器以规定的次序存放各代码的值(二进制),并且包括一个程序格式标志单元,在该格式标志单元中某一位为 1,即表示指定的代码(如 F、S、M…)已经被编入。为了使用方便,有时对 G 码、M 码的每一个值或几个值单独建立标志字。例如,对关于插补方式的 G00、G01、G02、G03 建立一个标志字,该标志字为 0 时代表已编入了 G00,为 1 时代表编入了 G01……

3. 数据预处理(预计算)

为了减轻插补工作的负担,提高系统的实时处理能力,常常在插补运算前先进行数据的预处理,例如,确定圆弧平面、刀具半径补偿的计算等。当采用数字积分法时,可预先进行左移规格化的处理和积分次数的计算等,这样,可把最直接、最方便形式的数据提供给插补运算。

数据预处理即预计算,通常包括刀具长度补偿计算、刀具半径补偿计算、象限及进给方向判断、进给速度换算和机床辅助功能判断等。

进给速度的控制方法与系统采用的插补算法有关,也因不同的伺服系统而有所不同。在开环系统中,常常采用基准脉冲插补法,其坐标轴的运动速度控制是通过控制插补运算的频率,进而控制向步进电动机输出脉冲的频率来实现的,速度计算的方法是根据编程 F 值来确定这个频率值的。

4. 插补运算

插补计算是 CNC 系统中最重要的计算工作之一。在传统的数控装置中,采用硬件电路(插补器)来实现各种轨迹的插补。为了在软件系统中计算所需的插补轨迹,这些数字电路必须由计算机的程序来模拟。利用软件来模拟硬件电路的问题在于:三轴或三轴以上的联动系统具有三个或三个以上的硬件电路(如每轴一个数字积分器),计算机是用若干条指令来实现插补工作的。但是计算机执行每条指令都须花费一定的时间,而当前有的小型或微型计算机的计算速度难以满足数控机床对进给速度和分频率的要求。因此,在实际的 CNC 系统中,常常采用粗、精插补相结合的方法,即把插补分为软件插补和硬件插补两部分,计算机控制软件把刀具轨迹分为若干段,而硬件电路再在段的起点和终点之间进行数据的"密化",使刀具轨迹在允许的误差之内,即软件实现粗插补,硬件实现精插补。

5. 输出

输出程序的功能如下：

(1) 进行伺服控制。

(2) 当进给脉冲改变方向时，要进行反向间隙补偿处理。若某一轴由正向变成负向运动，则在反向前输出 Q 个正向脉冲；反之，若由负向变成正向运动，则在反向前输出 Q 个负向脉冲(Q 为反向间隙值，可由程序预置)。

(3) 进行丝杠螺距补偿。当系统具有绝对零点时，软件可显示刀具在任意位置上的绝对坐标值。若预先对机床各点精度进行测量，作出其误差曲线，随后将各点修正量制成表格存入数控系统的存储器中。数控系统运行中就可对各点坐标位置自动进行补偿，从而提高了机床的精度。

(4) M、S、T 等辅助功能的输出。在某些程序段中须启动机床主轴、改变主轴速度、换刀等，因此要输出 M、S、T 代码，这些代码大多数是开、关控制，由机床强电执行。

6. 管理与诊断软件

一般 CNC(MNC)系统中的管理软件只涉及两项，即 CPU 管理和外部设备管理。在实际系统中，通常多是采用一个主程序将整个加工过程串起来，主控程序对输入的数据分析判断后，转入相应的子程序处理，处理完毕后再返回对数据的分析、判断、运算……。在主控程序空闲时(如延时)，可以安排 CPU 执行预防性诊断程序，或对尚未执行程序段的输入数据进行预处理等。

在 CNC 系统中，中断处理部分是重点，工作量也比较大。因为大部分实时性较强的控制步骤如插补运算、速度控制、故障处理等都要由中断处理来完成。有的机床将行程超程和报警、插补等分为多级中断，根据其优先级决定响应的次序。有的机床则只设一级中断，只是在中断请求同时存在时，才用硬件排队或软件询问的方法来定一个顺序。

能够方便地设置各种诊断程序也是 CNC 系统和 MNC 系统的特点之一。有了较完善的诊断程序可以防止故障的发生或扩大。在故障出现后可以迅速查明故障的类型和部位，减少故障停机时间。各种 CNC(MNC)系统设置诊断程序的情况差别很大。诊断程序可以包括在系统运行过程中进行检查和诊断；也可以作为服务性程序，在系统运行前或故障停机后进行诊断，查找故障的部位。

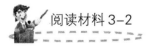

阅读材料 3-2

SINUMERIK 802D 数控系统

SINUMERIK 802D 是基于 PROFIBUS 总线的数控系统。输入输出信号是通过 PROFIBUS 传送的，位置调节(速度给定和位置反馈信号)也是通过 PROFIBUS 完成的。PCU 为 PROFIBUS 的主设备，每个 PROFIBUS 从设备(如 PP72 / 48、611UE)都具有自己的总线地址，因而从设备在 PROFIBUS 总线上的排列次序是任意的。西门子公司的 CNC 产品主要有 810、820、850、880、805、802、840 系列。图 3.22 所示为 802D 数控系统的组成框图。

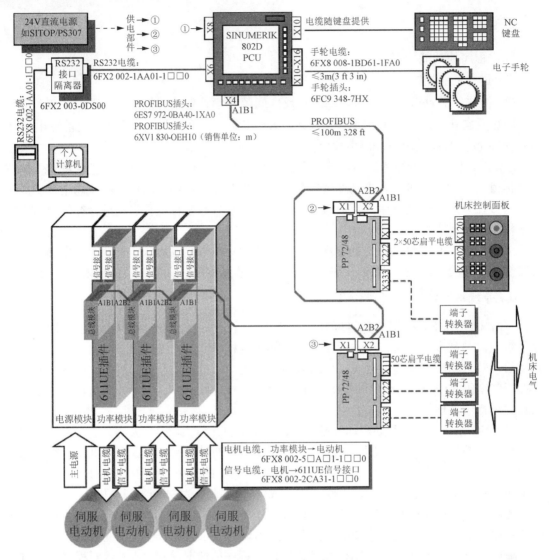

图 3.22　802D 数控系统的组成框图

3.4　数控系统的接口与连接

CNC 系统的接口是 CNC 装置与 CNC 系统的功能部件(主轴模块、进给伺服模块、PLC 模块等)和机床进行信息传递、交换和控制的端口。

接口电路的作用如下：

(1) 电平转换和功率放大。CNC 装置的信号是 TTL 逻辑电路产生的电平，而控制机床的信号则不一定是 TTL 电平，并且负载较大，因此，要进行必要的信号电平转换和功率放大。

(2) 提高数控装置的抗干扰性能，防止外界的电磁干扰噪声而引起误动作。

接口包括输入接口和输出接口。输入接口接收机床操作面板的各开关信号及

【数控系统
接口】

CNC 系统各个功能模块的运行状态信号；输出接口是将各种机床工作状态灯的信息送至机床操作面板上显示，将控制机床辅助动作信号送至电气控制柜，从而控制机床主轴单元、刀库单元、液压及气动单元、冷却单元等部件的继电器和接触器。

本节重点介绍西门子 802C base line 和华中世纪星 HNC-21 数控装置的接口定义及数控装置与外部部件的连线等内容，使读者了解数控机床控制系统的基本构成。

3.4.1 西门子 802C base line 数控系统

SINUMERIK 802C base line 数控系统是西门子公司专为简易数控机床开发的集CNC、PLC 于一体的经济型控制系统。近年来在国产经济型、普及型数控机床上得到使用。西门子 802 系列数控系统的共同特点是结构简单、体积小、可靠性高，可以进行三轴控制 / 三轴联动；系统带有 ±10V 的主轴模拟量输出接口，可以连接具有模拟量输入功能的主轴驱动系统。802S 系列采用步进电动机驱动，802C 系列采用交流伺服电动机驱动。

【802 系列数控系统】

802S / C base line 数控系统由 LCD 显示单元、NC 键盘、机床操作面板单元(MCP)、NC 控制单元、DI / O(PLC 输入 / 输出单元)及驱动系统等部分组成。

1. 西门子 SINUMERIK 802C 数控系统连接

图 3.23 为 SINUMERIK 802C base line CNC 控制器与伺服驱动 SIMODRIVE 611U 和 1FK7 伺服电动机的连接框图。

X1 为电源接口(DC 24V)，X2 为 RS232 接口，X3～X6 为编码器接口，X7 为驱动器接口(AXIS)，X10 为手轮接口(MPG)，X100～X105 连接数字输入，X200、X201 连接数字输出。

2. 西门子 SINUMERIK 802C base line 数控系统的接口

西门子 SINUMERIK 802C base line 数控系统的接口布置参见图 3.24 所示。

(1) X1：电源接口(DC24V)。3 芯螺钉端子块，用于连接 24V 负载电源。

(2) X2：RS232 接口。9 芯 D 型插座。

数据通信(使用 WINPCIN 软件)或编写 PLC 程序时，使用 RS232 接口(图 3.25)。

(3) 编码器接口 X3～X6。四个 15 芯 D 型孔插座，用于连接增量式编码器。X3～X5 仅用于 SINUMERIK 802C base line 编码器接口；X6 在 802C base line 中作为编码器 4 接口，在 802S base Line 中作为主轴编码器接口使用，见表 3-1。

表 3-1 编码器接口 X3 引脚分配(X4 / X5 / X6 相同)

引脚	信号	说明	引脚	信号	说明
1	n.c.		9	M	电压输出
2	n.c.		10	Z	输入信号
3	n.c.		11	Z_N	输入信号
4	P5EXT	电压输出	12	B_N	输入信号
5	n.c.		13	B	输入信号
6	P5EXT	电压输出	14	A_N	输入信号
7	M	电压输出	15	A	输入信号
8	n.c.				

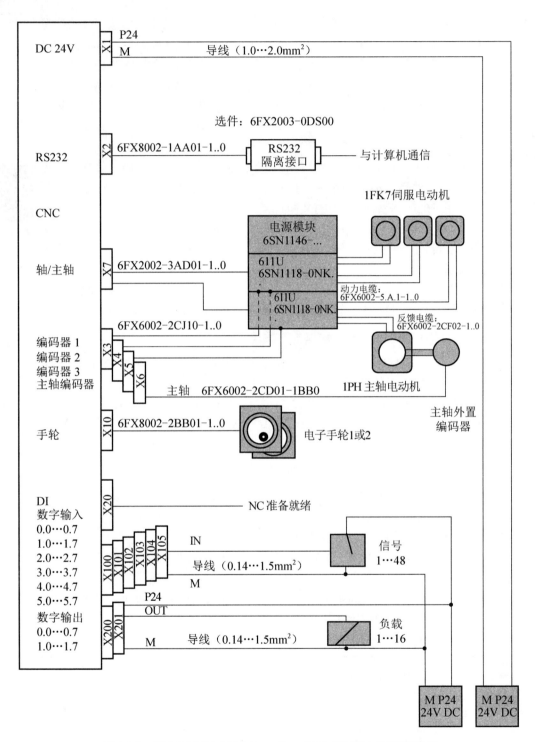

图 3.23　SINUMERIK 802C Base line CNC 控制器与伺服驱动器
SIMODRIVE 611 和 1FK7 伺服电动机的连接

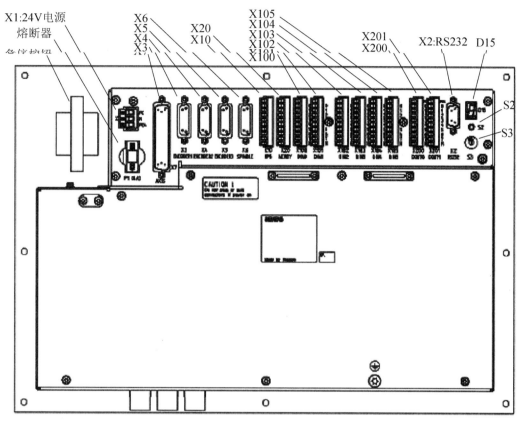

图 3.24　SINUMERIK 802C base line 数控系统接口示意图

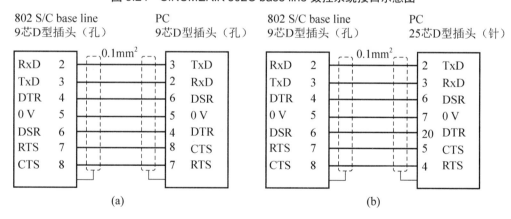

图 3.25　通信接口 X2

(4) X10：手轮接口(MPG)。10 芯插头，用于连接手轮。表 3-2 列出了接口 X10 引脚分配。

(5) X7：驱动器接口(AXIS)。50 芯 D 型针插座，用于连接具有包括主轴在内最多 4 个模拟驱动的功率模块。X7 在 802S base line 与 802C base line 系统中的引脚分配不一样，表 3-3 所列为 802C 系列 X7 引脚分配。

表 3-2　手轮接口 X10 引脚分配

引脚	信号	说明	引脚	信号	说明
1	A1+	手轮 1　A 相+	6	GND	接地
2	A1−	手轮 1　A 相−	7	A2+	手轮 2　A 相+
3	B1+	手轮 1　B 相+	8	A2−	手轮 2　B 相−
4	B1−	手轮 1　B 相−	9	B2+	手轮 2　B 相+
5	P5V	+5V DC	10	B2−	手轮 2　B 相−

表 3-3　802C base line 驱动器接口 X7 引脚分配

引脚	信号	说明	引脚	信号	说明	引脚	信号	说明
1	AO1	AO	18	n.c.		34	AGND1	AO
2	AGND2	AO	19	n.c.		35	AO2	AO
3	AO3	AO	20	n.c.		36	AGND3	AO
4	AGND4	AO	21	n.c.		37	AO4	AO
5	n.c.		22	M	VO	38	n.c.	
6	n.c.		23	M	VO	39	n.c.	
7	n.c.		24	M	VO	40	n.c.	
8	n.c.		25	M	VO	41	n.c.	
9	n.c.		26	n.c.		42	n.c.	
10	n.c.		27	n.c.		43	n.c.	
11	n.c.		28	n.c.		44	n.c.	
12	n.c.		29	n.c.		45	n.c.	
13	n.c.		30	n.c.		46	n.c.	
14	SE1.1*	K	31	n.c.		47	SE1.2*	K
15	SE2.1*	K	32	n.c.		48	SE2.2*	K
16	SE3.1*	K	33	n.c.		49	SE3.2*	K
17	SE4.1*	K				50	SE4.2*	K

注：*SE1.1 / 1.2～SE3.1 / 3.2 表示伺服轴 *X*、*Y*、*Z* 使能；SE4.1 / 4.2 表示伺服主轴使能。

(6) X20：数字输入(DI)。10 芯插头，通过 X20 可以连接 3 个接近开关，仅用于 802S Base Line 中。

(7) X100～X105：10 芯插头，用于连接数字输入，共有 48 个数字输入接线端子。表 3-4 所列为数字输入接口 X100～X105 引脚分配。

表 3-4　数字输入接口 X100～X105 引脚分配

引脚	信号	X100	X101	X102	X103	X104	X105
1	空						
2	输入	I0.0	I1.0	I2.0	I3.0	I4.0	I5.0
3	输入	I0.1	I1.1	I2.1	I3.1	I4.1	I5.1

续表

引脚	信号	X100	X101	X102	X103	X104	X105
4	输入	I0.2	I1.2	I2.2	I3.2	I4.2	I5.2
5	输入	I0.3	I1.3	I2.3	I3.3	I4.3	I5.3
6	输入	I0.4	I1.4	I2.4	I3.4	I4.4	I5.4
7	输入	I0.5	I1.5	I2.5	I3.5	I4.5	I5.5
8	输入	I0.6	I1.6	I2.6	I3.6	I4.6	I5.6
9	输入	I0.7	I1.7	I2.7	I3.7	I4.7	I5.7
10	M24						

(8) X200、X201：10 芯插头，用于连接数字输出，共有 16 个数字输出接线端子。表 3-5 所列为数字输出接口 X200、X201 引脚分配。

表 3-5　数字输出接口 X200、201 引脚分配

引脚序号	信号说明	X200	X201
1	L+		
2	输出	Q0.0	Q1.0
3	输出	Q0.1	Q1.1
4	输出	Q0.2	Q1.2
5	输出	Q0.3	Q1.3
6	输出	Q0.4	Q1.4
7	输出	Q0.5	Q1.5
8	输出	Q0.6	Q1.6
9	输出	Q0.7	Q1.7
10	M24		

3.4.2　华中世纪星 HNC-21 数控系统

华中 HNC-21 系列数控单元内置嵌入式工业 PC，配置彩色液晶显示屏和通用工程面板，集成进给轴接口、主轴接口、手持单元接口、内嵌式 PLC 接口于一体，支持硬盘、电子盘等程序存储方式及 DNC、互联网等程序交换功能，主要应用于车、铣和小型加工中心等设备。

1. 华中 HNC-21 数控系统的连接

图 3.26 所示为华中 HNC-21 数控系统连接示例，图 3.27 为其组成框图。

2. 华中 HNC-21 数控系统的接口

(1) XS1：电源接口，其引脚如图 3.28 所示，引脚分配见表 3-6。

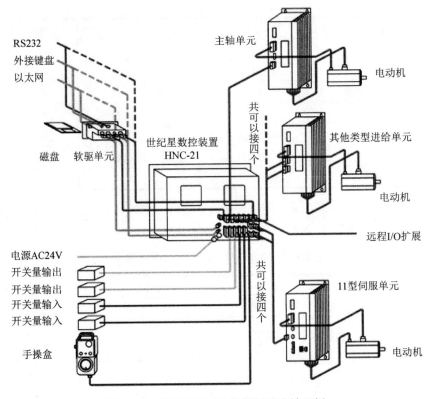

图 3.26 华中 HNC-21 数控系统连接示例

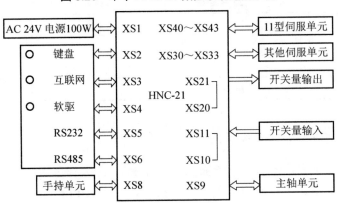

图 3.27 HNC-21 数控装置组成框图

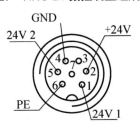

图 3.28 XS1 引脚图

1—AC 24V 1；2—DC 24V；3、7—空；4—DC 24V 地；5—AC 24V 2；6—PE

表 3-6　XS1 引脚分配

引脚号	信号名	说　　明
1、5	AC 24V 1 / 2	交流 24V 电源
2	DC 24V	直流 24V 电源
3	空	
4	DC 24V	接地
6	PE	接地
7	空	

(2) XS2：PC 键盘接口，其引脚如图 3.29 所示，引脚分配见表 3-7。

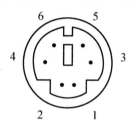

图 3.29　XS2 引脚图

1—DATA；2、6—空；3—GND；4—VCC；5—CLOCK

表 3-7　XS2 引脚分配

引脚号	信号名	说　　明
1	DATA	数据
2	空	
3	GND	电源地
4	VCC	电源
5	CLOCK	时钟
6	空	

(3) XS3：互联网接口，其引脚如图 3.30 所示，引脚分配见表 3-8。

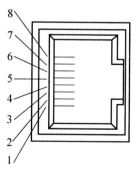

图 3.30　XS3 引脚图

1—TX_D1+；2—TX_D1−；3—RX_D2+；4—BI_D3+；

5—BI_D3−；6—RX_D2−；7—BI_D4+；8—BI_D4−

表 3-8　XS3 引脚分配

引脚号	信号名	说　明
1	TX_D1+	发送数据
2	TX_D1−	发送数据
3	RX_D2+	接收数据
4	BI_D3+	空置
5	BI_D3−	空置
6	RX_D2−	接收数据
7	BI_D4+	空置
8	BI_D4−	空置

(4) XS4：软驱接口，其引脚如图 3.31 所示，引脚分配见表 3-9。

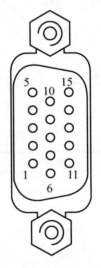

图 3.31　XS4 引脚图

1—L1；2—L2；3—L3；4—L4；5—+5V；6—L5；7—L6；8—L7；
9—L8；10—GND；11—L9；12—L10；13—L11；14—L12；15—L13

表 3-9　XS4 引脚分配

引脚号	信号名	说　明
1	L1	减小写电流
2	L2	驱动器选择 A
3	L3	写数据
4	L4	写保护
5	+5V	驱动器电源
6	L5	驱动器 A 允许
7	L6	步进
8	L7	0 磁道
9	L8	盘面选择

引脚号	信号名	说　明
10	GND	驱动器电源地、信号地
11	L9	索引
12	L10	方向
13	L11	写允许
14	L12	读数据
15	L13	更换磁盘

(5) XS5：RS232 接口，其引脚如图 3.32 所示，引脚分配见表 3-10。

表 3-10　XS5 引脚分配

引脚号	信号名	说　明
1	-DCD	载波检测
2	RXD	接收数据
3	TXD	发送数据
4	-DTR	数据终端准备好
5	GND	信号地
6	-DSR	数据装置准备好
7	-RTS	请求发送
8	-CTS	准许发送
9	-R1	振零指示

(6) XS6：远程 I／O 接口，其引脚如图 3.33 所示，引脚分配见表 3-11。

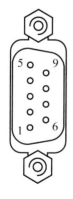

图 3.32　XS5 引脚图

1——DCD；2——RXD；3——TXD；4——DTR；
5——GND；6——DSR；7——RTS；8——CTS；9——R1

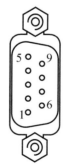

图 3.33　XS6 引脚图

1——EN+；2——SCK+；3——DOUT+；
4——DIN+；5——GND；6——EN-；
7——SCK-；8——DOUT-；9——DIN-

表 3-11　XS6 引脚分配

引脚号	信号名	说　明
1	EN+	使能
2	SCK+	时钟
3	DOUT+	数据输出
4	DIN+	数据输入
5	GND	地
6	EN−	使能
7	SCK−	时钟
8	DOUT−	数据输出
9	DIN−	数据输入

（7）XS8：手持单元接口，其引脚如图 3.34 所示，引脚分配见表 3-12。

【XS8 手持
单元接口】

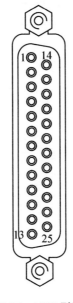

图 3.34　XS8 引脚图

1—24V G；2—24V G；3—24V；4—ESTOP2；5—空；6—I38；7—I36；8—I34；9—I32；10—O30；
11—O28；12—HB；13—5V G；14—24V G；15—24V G；16—24V；17—ESTOP3；
18—I39；19—I37；20—I35；21—I33；22—O31；23—O29；24—HA；25—+5V

表 3-12　XS8 引脚分配

信号名	说　明
24V、24V G	DC 24V 电源输出
ESTOP2、ESTOP3	手持单元急停按钮
I32～I39	手持单元输入开关量
O28～O31	手持单元输出开关量
HA	手摇 A 相
HB	手摇 B 相
+5V、5V G	手摇 DC 5V 电源

(8) XS9：主轴控制接口，其引脚如图 3.35 所示，引脚分配见表 3-13。

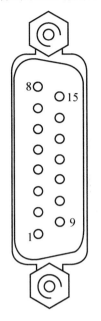

【XS9 主轴
控制接口】

【HNC-21 数
控装置与交
流变频主轴
连接实例】

图 3.35 XS9 引脚图

1—SA+；2—SB+；3—SZ+；4—+5V；5—GND；6—AOUT1；7—GND；8—GND；
9—SA−；10—SB−；11—SZ−；12—+5V；13—GND；14—AOUT2；15—GND

表 3-13 XS9 引脚分配

信号名	说　明
SA+、SA−	主轴码盘 A 相位反馈信号
SB+、SB−	主轴码盘 B 相位反馈信号
SZ+、SZ−	主轴码盘 Z 脉冲反馈
+5V、GND	DC 5V 电源
AOUT1、AOUT2	主轴模拟量指令输出
GND	模拟量输出地

(9) XS10、XS11：开关量输入接口，其引脚如图 3.36 所示，其引脚分配及 I／O 地址定义见表 3-14。

表 3-14 XS10、XS11 引脚分配及 I／O 地址定义

信号名	说　明	地址定义
24V G	DC 24V 电源地	
I0～I7	输入开关量	X0.0～X0.7
I8～I15		X1.0～X1.7
I16～I23		X2.0～X2.7
I24～I31		X3.0～X3.7
I32～I39		X4.0～X4.7

【XS10 开关量
输入接口】

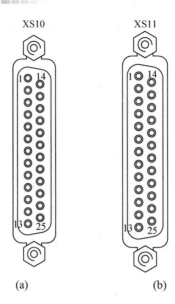

(a)　　　　　　　　　(b)

图 3.36　XS10、XS11 引脚图

XS10：1 —24V G；2 —24V G；3 —空；4 —I18；5—I16；6—I14；7—I12；8—I10；9—I8；10—I6；11—I4；12—I2；13—I0；14—24V G；15—24V G；16—I19；17—I17；18—I15；19—I13；20—I11；21—I9；22—I7；23—I5；24—I3；25—I1；XS11：1 —24V G；2—24V G；3—空；4—I38；5—I36；6—I34；7—I32；8—I30；9—I28；10—I26；11—I24；12—I22；13—I20；14—24VG；15—24VG；16—I39；17—I37；18—I35；19—I33；20—I31；21—I29；22—I27；23—I25；24—I23；25—I21；

(10) XS20、XS21：开关量输出接口，其引脚如图 3.37 所示，其引脚分配及 I / O 地址定义见表 3-15。

【XS20 开关量
输出接口】

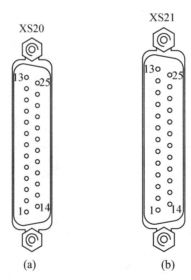

(a)　　　　　　　　　(b)

图 3.37　XS20 / XS21 引脚图

XS20：1—24VG；2—24VG；3—OTBS1；4—ESTOP1；5—空；6—O14；7—O12；8—O10；9—O8；10—O6；11—O4；12—O2；13—O0；14—24VG；15—24VG；16—OTBS2；17—ESTOP3；18—O15；19—O13；20—O11；21—O9；22—O7；23—O5；24—O3；25—O1；XS21：1—24VG；2—24VG；3—空；4—空；5—空；6—O30；7—O28；8—O26；9—O24；10—O22；11—O20；12—O18；13—O16；14—24VG；15—24VG；16—空；17—空；18—O31；19—O29；20—O27；21—O25；22—O23；23—O21；24—O19；25—O17

表 3-15 XS20、XS21 引脚分配及 I／O 地址定义

信号名	说　　明	地址定义
24V G	DC24V 电源地	
O0～O7		Y0.0～Y0.7
O8～O15	输入开关量	Y1.0～Y1.7
O16～O23		Y2.0～Y2.7
O24～O31		Y3.0～Y3.7
ESTOP1，ESTOP3	急停按钮	
OTBS1，OTBS2	超程解除按钮	

(11) XS30～XS33：进给轴控制接口，模拟式、脉冲式伺服和步进电动机驱动单元控制接口，其引脚如图 3.38 所示，引脚分配见表 3-16。

XS30～XS33

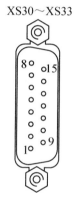

图 3.38　XS30～XS33 引脚图

1—A+；2—B+；3—Z+；4、12—+5V；5、13—GND；6—OUTA；7—CP−；
8—DIR−；9—A−；10—B−；11—Z−；12—+5V；13—GND；14—CP+；15—DIR+

表 3-16 XS30-XS33 引脚分配

信号名	说　　明
A+、A−	码盘 A 相位反馈信号
B+、B−	码盘 B 相位反馈信号
Z+、Z−	码盘 Z 脉冲反馈信号
+5V，GND	DC 5V 电源
OUTA	模拟电压输出
CP+、CP−	输出指令脉冲
DIR+、DIR−	输出指令方向(+)

(12) XS40～XS43：11 型(HSV-11D)伺服控制接口(RS232 串口)，其引脚如图 3.39 所示，引脚分配见表 3-17。

XS40～XS43

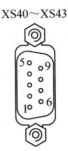

图 3.39　XS40～XS43 引脚图

1、4、6～9—空；2—RXD；3—TXD；5—GND

表 3-17　XS40～XS43 引脚分配

信号名	说　明
TXD	数据发送
RXD	数据接收
GND	信号地

本 章 小 结

数字控制机床是采用数字控制技术对机床的加工过程进行自动控制的机床，数控系统是实现数字控制的装置，计算机数控系统(简称 CNC 系统)是用计算机通过执行其存储器内的程序来完成数控要求的部分或全部功能，并配有接口电路、伺服驱动的一种专用计算机系统。CNC 系统由硬件和软件构成。

本章重点介绍了数控系统的组成及工作过程、软硬件结构、典型系统的接口定义等内容。

(1) CNC 系统的组成及工作过程：CNC 系统的组成、CNC 系统的功能及工作过程。

(2) CNC 装置的硬件结构：单微处理器、多微处理器、开放式数控系统的结构及特点。

(3) CNC 装置的软件结构：软硬件界面、软件结构特点、软件结构模式和 CNC 系统软件的工作过程。

(4) 数控系统的接口与连接：西门子 802C 数控系统的接口定义、华中 HNC-21 数控系统的接口定义等内容。

思 考 题

1．简述数控系统的组成及其作用。

2．CNC 装置的主要功能有哪些？

3．单 CPU 结构和多 CPU 结构各有何特点？

4．简述开放式数控系统的结构及特点。

5．常规的 CNC 系统软件有哪几种结构模式？

6．数控系统 I／O 接口电路的作用是什么？

7．简述西门子 802C 接数控系统的接口 X7 的主要作用。

8．简述华中 HNC-21 数控系统的接口 XS30 的主要作用。

第 **4** 章
数控机床的伺服系统

 本章教学要点

知识要点	掌握程度	相关知识
伺服系统	了解伺服系统的基本作用; 熟悉数控机床伺服系统的分类	伺服系统在数控机床中的作用;数控机床伺服系统的分类
步进电动机驱动系统	熟悉步进电动机绕组的通电方式; 熟悉步进电动机伺服系统脉冲分配; 掌握功率放大电路的工作原理	步进电动机的工作原理及运行特性; 软件脉冲分配方式; 单电压、双电压和恒流斩波功率放大电路
直流伺服电动机驱动系统	了解晶闸管调速的基本原理; 熟悉 PWM 的工作原理	晶闸管调速; PWM、三角波发生器、比较放大器、开关功率放大器
交流伺服电动机驱动系统	了解 SPWM 的基本原理; 了解交-直-交变频器主电路的基本原理; 了解 SPWM 调速系统的工作原理	SPWM 的基本原理; 交-直-交变频器主电路的分析; 典型 SPWM 调速系统的分析
进给驱动器	了解进给驱动器的作用; 熟悉进给驱动器的接口; 掌握进给驱动器与 CNC 装置的连接	电源接口、指令接口、控制接口、反馈接口等; 脉冲指令的三种类型; 与 CNC 装置的连接
主轴变频器	了解主轴变频器的基本接口; 掌握变频器与 CNC 装置的连接	主轴变频器的基本接口; 变频器与 802C 和 HNC-21 CNC 装置的连接

济南二机床集团有限公司自主研制的国产首条全伺服高速自动冲压线(图4.01)日前在上汽通用汽车武汉基地全线贯通、正式交付使用。该伺服冲压线由一台2000t多连杆伺服压力机、三台1000t多连杆伺服压力机及线首自动上料装置、双臂送料装置、线尾自动出料装置等组成，应用了伺服驱动、数控液压、同步控制等多项核心技术。与传统全自动冲压线相比，全伺服线生产节拍达到每分钟18次，效率提高20%，生产柔性也更加优越，可实现"绿色、智能、融合"的全伺服高速冲压生产。全伺服高速自动冲压线的贯通为促进我国冲压产业结构升级起到了示范作用，为社会带来了显著的经济效益，是"中国制造2025"的成功实践。济南二机床集团有限公司以"打造国际一流机床制造企业，塑造世界知名品牌"为目标，凭借科技进步改写了中国不能制造全自动汽车冲压线的历史。(http://scitech.people.com.cn)

图4.01 济南二机床全伺服高速自动冲压线

4.1 概　述

4.1.1 伺服系统的概念

伺服系统是数控机床的重要组成部分。它接收计算机发出的命令，完成机床运动部件(如工作台、主轴或刀具进给等)的位置和速度控制。伺服系统的性能直接影响数控机床的精度和工作台的速度等技术指标。数控机床伺服系统主要有两种：一种是位置伺服系统，它控制机床各坐标轴的切削进给运动，以直线运动为主；另一种是主轴伺服系统，它控制主轴的切削运动，以旋转运动为主。这里只介绍位置伺服系统。

【进给运动】

CNC装置是数控机床发布命令的"大脑"，而伺服驱动及位置控制则为数控机床的"四肢"，是一种"执行机构"，它能够准确地执行来自CNC装置的指令。伺服系统由驱动部件、速度控制单元和位置控制单元组成。驱动部件由执行电动机、位置检测元件(如旋转变压器、感应同步器、光栅等)及机械传动部件(滚珠丝杠副、齿轮副及工作台等)组成。

伺服系统有开环系统、半闭环系统和闭环系统之分。开环系统通常使用步进电动机进行驱动，半闭环、闭环系统通常使用直流伺服电动机或交流伺服电动机进行驱动。

4.1.2　开环、闭环、半闭环伺服系统

1. 开环伺服系统

开环系统框图如图 4.1 所示。系统中无位置检测元件，驱动装置通常为步进电动机。CNC 装置发出一个指令脉冲，经驱动电路功率放大后，驱动步进电动机旋转一个角度(步距角)，并使工作台移动一个距离(脉冲当量)。旋转速度由脉冲频率控制，旋转角度正比于脉冲个数。加工时刀具相对于工件移动的距离等于脉冲当量乘以指令脉冲数。

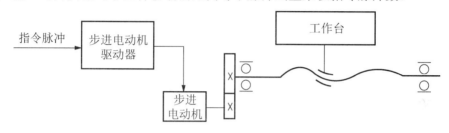

图 4.1　开环伺服系统

开环伺服系统的特点是结构简单、成本较低、技术容易掌握，但由于没有位置检测装置，机械传动件的间隙及运动件之间的阻力变化造成实际移动距离与指令脉冲存在误差，这个误差无法检测和消除，故一般适用于中、小型经济型数控机床。

2. 半闭环伺服系统

半闭环伺服系统框图如图 4.2 所示。这类控制系统与闭环控制系统的区别在于采用角位移检测元件，并将其安装在电动机的轴上，通过测量电动机的转动圈数，而间接测量位移。由于从电动机到工作台还要经过齿轮和滚珠丝杠副传动，它们所产生的误差不能消除，因而半闭环伺服系统控制精度不如闭环伺服系统。

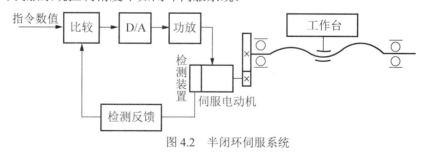

图 4.2　半闭环伺服系统

3. 闭环伺服系统

闭环伺服系统框图如图 4.3 所示。这类控制系统带有直线位移检测装置，直接对工作台的实际位移量进行检测。伺服驱动装置通常采用直流伺服电动机或交流伺服电动机。指令值使伺服电动机转动，位置检测元件将移动件的实际位移反馈到 CNC 装置中，同位移指令值进行比较，用比较的差值进行位置控制，直至差值为零时止。该系统可以消除包括驱动电路、工作台传动链在内的系统误差，因而定位精度高。

闭环伺服系统的特点是定位精度高，但调试和维修都较困难、系统复杂、成本高，一般适用于精度要求较高的数控设备。

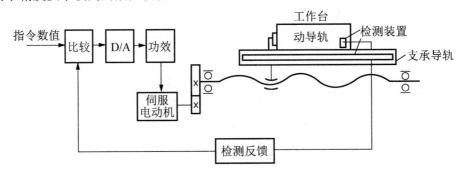

图 4.3　闭环伺服系统

4.1.3　数控机床对伺服系统的基本要求

数控机床对位置伺服系统的要求可概括为以下几点：

1.　精度高

伺服系统的精度是指输出量能复现输入量的精确程度。它直接影响机床的定位精度和重复定位精度，因而对零件的加工精度影响很大。随着数控机床的发展，其定位和轮廓切削精度越来越高。对位置伺服系统一般要求定位精度为 0.01～0.001mm；高档设备的定位精度要求达到 0.1μm 以上。

2.　调速范围宽

为保证一定的加工精度，伺服系统应具有较宽的调速范围，并且能够均匀、稳定、无爬行地工作。对一般的数控机床而言，调速范围是 0～30m／min。

3.　响应快

快速响应是伺服系统的动态性能，反映了系统的跟踪精度。为了保证轮廓切削形状精度和加工表面粗糙度，除了保证较高的定位精度外，还要求跟踪指令信号响应快，一般在几十毫秒以内，同时要求很小的超调量。

4.　低速大转矩

机床在低速切削时，切削量和进给量都较大，对伺服系统要求低速大转矩，要求主轴电动机输出较大的转矩。具有这一特性的系统，可以简化传动链，使机械部分结构得到简化、刚性增加，使传动装置的动态性能和传动精度得到提高。

5.　高性能的伺服电动机

伺服电动机是伺服系统的重要驱动元件。为满足上述要求，对伺服电动机的要求是从最低速度到最高速度能平滑运转，具有大的、较长时间的过载能力，响应快，还能承受频繁的起动、制动和反转。

进给驱动用的伺服电动机主要有步进电动机、直流伺服电动机和交流伺服电动机。随着电力电子技术及交流调速技术的发展，交流调速电动机在数控机床进给驱动中得到了迅速的发展。可以预见，交流调速电动机将是最有发展前途的进给驱动装置。

4.2 步进电动机驱动系统

步进电动机驱动系统常用开环伺服系统。步进电动机将进给脉冲转换为一定方向、大小和速度的机械角位移，并由传动丝杠带动工作台移动。由于系统中无位置和速度检测环节，其精度主要取决于步进电动机和与之相联的丝杠等传动机构，速度也受到步进电动机性能的限制。但其控制结构简单、调整容易，在速度和精度要求不太高的场合有一定的使用价值。步进电动机细分技术的应用，使系统的定位精度明显提高，降低了步进电动机的低速振动，使步进电动机在中低速场合的开环伺服系统中得到更广泛的应用。

步进电动机驱动系统由控制电路、驱动电路、步进电动机及电源系统四部分组成，如图 4.4 所示。控制电路产生控制信号，经驱动电路变换、放大后驱动步进电动机。

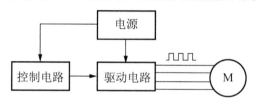

图 4.4 步进电动机驱动系统

4.2.1 步进电动机的工作原理与运行特性

1. 概述

步进电动机又称脉冲电动机，它能将输入的脉冲信号变成电动机轴的步进转动，每输入一个脉冲信号步进电动机就转动一步。例如，每一转为 200 个脉冲的步进电动机，每输入一个脉冲就转动 $360°/200=1.8°$。对步进电动机的每一相来讲，输入的是一个脉冲列，改变此脉冲信号的频率及脉冲的宽度(或脉冲的幅值)，即可调节步进电动机的转速与转矩的大小。步进电动机易于实现数字控制和微机控制，并且进行开环控制就能实现精确的转速控制或定位控制。当然，现代步进电动机控制技术已发展到采用失步检测系统，构成闭环控制方式。

【步进电动机】

2. 步进电动机的工作原理

图 4.5 是一台三相反应式(VR 型)步进电动机及其原理接线图。定子上均匀地分布六个磁极，磁极上绕有绕组。相对的磁极组成一相，绕组的联法如图 4.5 所示。假定转子具有均匀分布的四个齿。根据各相绕组通电顺序(励磁方式)的不同，具有如下三种通电方式。

1) 单三拍

最简单的运行方式为三相单三拍，简称三相三拍。"三相"是指定子三相绕组 A、B、C；"单"是指每次只有一相绕组通电；"拍"是指从一种通电状态转变为另一种通电状态，比如从 A 相通电切换到 B 相通电为一拍；经过三次切换，控制绕组的通电状态经过一个循环，接着重复第一拍的通电情况被称为"三拍"。

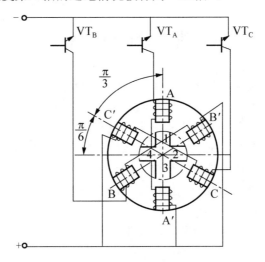

图 4.5 三相反应式步进电动机

设 A 相首先通电(B、C 两相不通电)，产生 A-A′ 轴线方向的磁通，磁场对 1-3 齿产生磁拉力，使转子齿 1-3 和定子 A-A′ 轴线对齐[图 4.6(a)]。当 B 相通电时(A、C 两相不通电)，以 B-B′ 为轴线的磁场使转子 2-4 齿与定子 B-B′ 轴线对齐，转子逆时针转过 30°角[图 4.6(b)]。当 C 相通电时(A、B 两相不通电)，以 C-C′ 为轴线的磁场使转子 1-3 齿和定子 C-C′ 轴线对齐[图 4.6(c)]。如此按 A—B—C—A 的顺序通电，转子就会不断地按逆时针方向转动。每一步的转角为 30°(称为步距角)，电流切换三次，磁场旋转一周(电角度为 2π)，转子前进一个齿距角θ_t(θ_t=360° / 转子齿数，此处为 90°)。若按 A—C—B—A 的顺序通电，电动机就会顺时针方向转动，这种通电方式称为单三拍方式。图 4.5 中，开关器件 VT_A、VT_C、VT_B 按以上顺序导通和关断，转子每次就转过一个步距角。

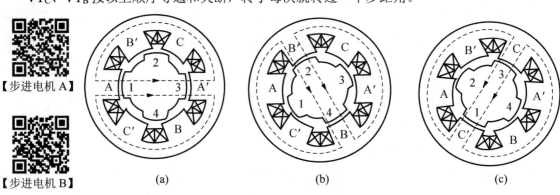

【步进电机 A】

【步进电机 B】

(a) (b) (c)

图 4.6 步进电动机原理示意图

单三拍通电方式中，由于单一控制绕组通电吸引转子，容易使转子在平衡位置附近产生振动，因而稳定性不好，实际中很少采用。

2) 六拍

设 A 相首先通电，转子齿和定子 A-A′ 极对齐[图 4.7(a)]。然后在 A 相继续通电的情况下接通 B 相。定子 B-B′ 极对转子齿 2-4 有磁拉力，使转子逆时针方向转动，但是 A-A′ 极继续拉住转子齿 1-3。因此，转子转到两个磁拉力平衡时为止。这时转子的位置如图 4.7(b) 所示，即转子从图 4.7(a) 的位置顺时针方向转过了 15°。接着 A 相断电，B 相继续通电。这时转子齿 2-4 和定子 B-B′ 极对齐[图 4.7(c) 所示]，转子从图 4.7(b) 的位置又转过了 15°。而后接通 C 相，B 相继续通电，这时转子又转过了 15°，其位置如图 4.7(d) 所示。这样，如果按 A—AB—B—BC—C—CA—A 的顺序通电，转子顺时针方向一步一步地转动，步距角为 15°。经过六次切换完成一个循环，因而称为六拍；在一个循环之内既有一相绕组通电，又有两相绕组同时通电，因此称为"单、双六拍"。

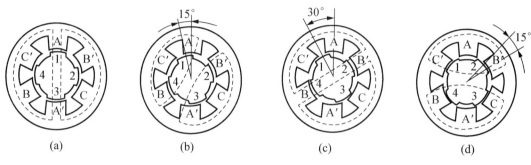

图 4.7　三相六拍运行方式

　　步进电动机还可用双三拍通电方式，导通的顺序依次为 AB—BC—CA—AB，每拍都由两相导通。它与单、双拍通电方式时两个绕组通电的情况相同，如图 4.7(b) 及图 4.7(d) 所示。

　　步距角可用式(4-1)计算：

$$\theta = \frac{360°}{KZ_\mathrm{r}m} \tag{4-1}$$

式中，Z_r 为转子齿数；m 为步进电动机的相数；K 为通电方式，单相或双相通电方式，$K=1$，单双相轮流通电方式，$K=2$。

　　由式(4-1)可知，转子齿数越多，步进电动机的步距角越小，位置精度就越高。

3．步进电动机的运行特性

　　步进电动机的运行特性有静态矩角特性、步进矩角特性、连续运行时的动态特性及步进响应特性等。通过讨论这些特性可以提出对输入脉冲频率的要求与限制。

1) 静态运行特性

　　静态运行特性是指步进电动机不改变通电的状态，步进电动机转矩与转角之间的关系，也称矩角特性，数学形式表示为 $T=f(\theta)$。步进电动机的转矩就是电磁转矩，转角(也叫失调角)就是通电相的定转子齿中心线间用电角度表示的夹角 θ。

　　图 4.8 表示在绕组通电后，步进电动机的转矩随转角的变化情况。在转子不受外力作用时，转子齿与通电相定子齿对准，这个位置叫作步进电动机的初始平衡位置[图 4.8(a)]。转子受外力作用后，偏离初始平衡位置，定转子之间产生的电磁转矩用以克服负载转矩，直到相互平衡，转子齿偏离初始位置一失调角 θ，偏离角度的大小与转矩的变化如图 4.8(b)～图 4.8(d) 所示。实践经验证明，反应式步进电动机的矩角特性接近正弦曲线，数

学关系式为

$$T = -T_{\max}\sin\theta \tag{4-2}$$

当$\theta = \pm\pi/2$时，产生最大静转矩，表示步进电动机所能承受的最大静态转矩。步进电动机的静态特性如图4.9所示。

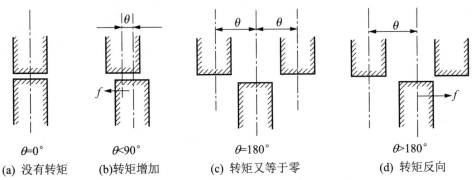

(a) 没有转矩   (b)转矩增加   (c) 转矩又等于零   (d) 转矩反向

图 4.8　步进电动机的转矩与转角的关系

2) 步进运行特性

输入脉冲的频率很低，转子走完一步停止以后，再输入下一个脉冲，这种运行状态称为步进运行。步进运行特性也称步进矩角特性。图 4.10 表示第一步 A 相通电、第二步 B 相通电时的情况。显然，步进运行所能带动的最大负载取决于静态特性曲线 A 与 B 的交点所对应的转矩 T_s。只有负载转矩 $T_L < T_s$，电动机才能带动负载步进运行，因而 T_s 被称为步进转矩或起动转矩。它代表步进电动机单相励磁时所能带动的极限负载。步距角θ_s越小，则 T_s 越接近 $T_{\max}$，即步进运行能带动的负载越大。

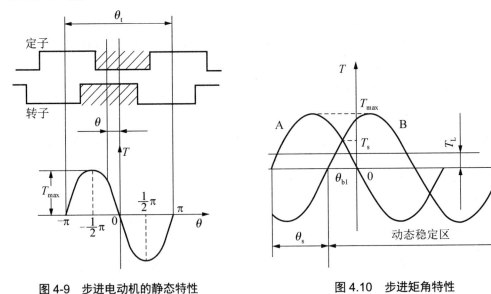

图 4-9　步进电动机的静态特性   **图 4.10　步进矩角特性**

3) 起动频率

空载时，步进电动机由静止状态突然起动，并进入不丢步的正常运行的最高频率称为起动频率。加给步进电动机的指令脉冲频率如大于起动频率，就不能正常工作。在有负载的情况下，不失步起动所允许的最高频率将大大降低。

4) 连续运行频率

步进电动机带负载起动后，连续缓慢提高脉冲频率到不丢步运行的最高频率称为连续运行频率，它比起动频率大得多。它随电动机所带负载的性质和大小而异，与驱动电源也有很大的关系。步进电动机采用升降速控制，起停时频率降低；正常运行时，频率升高。

4.2.2 步进电动机的驱动

1. 脉冲分配

由步进电动机的工作原理可知，要使电动机正常的一步一步地运行，控制脉冲必须按一定的顺序分别供给电动机各相。给三相绕组轮流供电称为脉冲分配，也叫环形脉冲分配。实现脉冲分配的方法有硬件法和软件法两种。硬件分配法由环形脉冲分配器来实现，软件脉冲分配由程序从计算机接口直接控制输出脉冲的速度和顺序。

【步进电动机及驱动器应用】

1) 脉冲分配器

目前多使用专用集成电路来实现环形脉冲分配。已经有很多可靠性高、尺寸小、使用方便的集成脉冲分配器供选择。按其电路结构不同可分为 TTL 集成电路和 CMOS 集成电路。使用时只要按照一定的要求与电动机绕组和控制信号相连即可。除此之外，目前在数控机床中还使用带脉冲分配和驱动功能的可编程序控制器，作为步进电动机的控制器，使数控机床的系统结构越来越紧凑。

2) 软件脉冲分配

CNC 装置中常采用软件的方法实现环形脉冲分配。图 4.11 为单片机控制的三相步进电动机单极驱动电路原理图。采用脉冲驱动型控制方式，即由控制电路向驱动电路发出脉冲。采用单双拍的通电方式，即正转时为 A—AB—B—BC—C—CA—A，反转时为 CA—C— BC—B—AB—A—CA。环形脉冲分配见表 4-1。

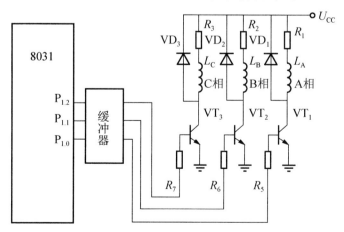

图 4.11 单片机控制三相步进电动机单极驱动电路原理图

表 4-1　三相六拍环型分配表

方向		导电相	工作状态			二进制数	十六进制数	数据表
正转	反转		C	B	A			DATA
		A	0	0	1	00000001	01H	$DATA_0$ DB01H
由	由	A、B	0	1	1	00000011	03H	DB03H
上	下	B	0	1	0	00000010	02H	DB02H
向	向	B、C	1	1	0	00000110	06H	DB06H
下	上	C	1	0	0	00000100	04H	DB04H
		C、A	1	0	1	00000101	05H	$DATA_5$ DB05H

　　软件实现脉冲分配常采用软件查表法，即将与通电方式相对应的控制状态字，按顺序存入内存中形成控制表。工作时，按顺序从内存控制表首址(表 4-1 中 $DATA_0$)开始取出状态字，通过输出端口(图 4.11 中的 P1 口)输出脉冲，步进电动机就能一步一步地转动。当送完控制表末址(表 4-1 中的 $DATA_5$)的状态字时，再由程序控制返回到控制表首址。如此一直循环，步进电动机就能均匀地转动。如若反转，只需按相反顺序取出控制表中的状态字即可。图 4.12 是实现环型脉冲分配子程序的框图。

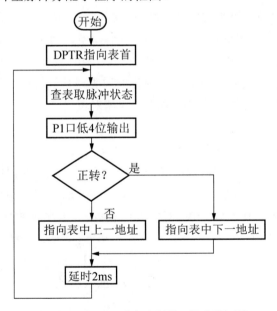

图 4.12　实现环型脉冲分配子程序的框图

　　其源程序如下：

```
START:  MOV   DPTR,#DATA        ;取数据表首址
        MOV   R2,#00H
LOOP:   MOV   A,R2
        MOVC  A,@A+DPTR         ;读表首数据
        MOV   P1,A              ;输出
        ACALL DY2               ;调延时子程序
        JB    P3.0,ZZ           ;正转,转 ZZ
        CJNE  R2,#00H,L1        ;未到表首转 L1
```

```
        MOV     R2,#05H              ;回到表尾
        AJMP    LOOP
L1:     DEC     R2                   ;指针减 1
        AJMP    LOOP
ZZ:     CJNE    R2,#05H,L2           ;未到表尾转 L2
        MOV     R2,#00H              ;回到表首
        AJMP    LOOP
L2:     INC     R2                   ;指针加 1
        AJMP    LOOP
DY2:    MOV     R6,#03H
DY1:    MOV     R5,#166
DY2:    DJNZ    R5,DY2
        DJNZ    R6,DY1
        RET
        ORG     8100H
DATA:   DB      01H,03H,02H,06H,04H,05H
```

2. 功率放大电路

步进脉冲必须经过功率放大才能驱动步进电动机。功率放大驱动部件由功率晶体管为核心的放大电路组成。

1) 单电压功率放大电路

图 4.11 所示为一基本的单电压功率放大电路。以 A 相绕组为例，电路中 VT_1 是晶体管。L_A 是步进电动机绕组，R_1 是外接限流电阻，VD_1 是续流二极管。

$P_{1.0}$ 端输出的脉冲信号经缓冲器(实际电路中有光电耦合器)，驱动 VT_1 导通，L_A 上有电流流过，电动机转动一步。当 VT_1、VT_2、VT_3 轮流导通时，三相绕组有电流通过，使步进电动机一步步转动。

由于电动机绕组呈电感性，故流经绕组的电流不能迅速上升到额定值。电流按指数规律上升，并将电源的部分能量转化成了磁能储存在绕组中。同样，当绕组断电时，存于绕组中的磁能将通过放电回路释放，绕组中的电流也将按指数规律下降。电动机绕组中的电流只能缓慢地增加和下降，即电流波形有不太陡的前沿和后沿。当脉冲频率较低时，每相绕组通电和断电的周期 T 较长，绕组电流能上升到稳定值和降低到最小值(零值)，如图 4.13(a)所示。当频率升高后，周期 T 缩短，电流 i 来不及上升到稳定值就开始下降，电流的幅值降低，各相绕组电流几乎同时存在，如图 4.13(b)所示，致使负载能力下降和失步，严重时不能起动。

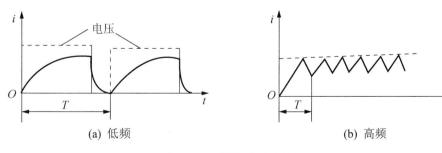

图 4.13　不同频率的电流波形

图 4.14 中，串联电阻 R_C，充电时间常数将减小，使电流上升的时间减小，步进电动机能得到较高的转换速度。但电阻 R_C 消耗了一部分功率，在电阻 R_C 两端并联电容 C，由于电容端电压不能突变，绕组通电瞬间，电源电压全部加在绕组上。VD 及 R_D 形成放电回路，保护晶体管 VT。这种驱动电路结构简单，功放元件少，成本低，但功耗大，只适用于驱动小功率的步进电动机。

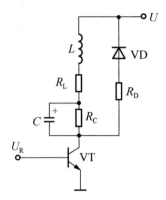

图 4.14　单电压功率放大电路

2) 双电压功率放大电路

双电压功率放大电路就是采用两组高低压电源的驱动电路。图 4.15 为双电压功率放大电路的原理图和波形图。当输入控制信号，高压和低压控制回路分别产生与控制信号同步的脉冲信号 V_H 和 V_L，使 VT_1 和 VT_2 同时导通，二极管 VD_1 承受反向电压而截止，绕组由高压电源 U_1 供电，使绕组上的电流快速达到额定值。当绕组电流达到额定值后，V_H 转为低电平，VT_1 关断，低压电源 U_2 经二极管 VD_1 向绕组供电，保持额定电流，直到控制脉冲消失。通常高压为 80V，低压为几伏到十几伏。

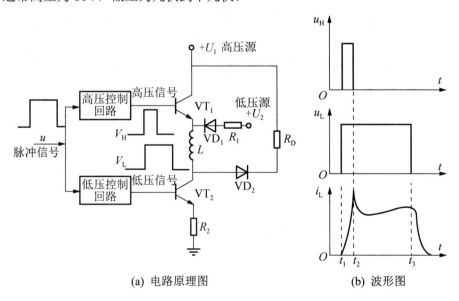

(a) 电路原理图　　　　　(b) 波形图

图 4.15　双电压功率放大电路

由于采用高压驱动,使电流增长加快,脉冲前沿变陡,电动机的转矩、起动及运行频率得到提高。额定电流由低电压维持,只需阻值较小的限流电阻,所以功放效率有所提高,该电路多用于中功率和大功率步进电动机中。虽然高低压方式改善了脉冲前沿,但在高低压连接处出现较大的电流波动,引起转矩波动。

3) 恒流斩波功放电路

恒流斩波型功放电路可克服双电压功率放大电路在高低电源连接处出现的电流波动这一缺点,并可提高步进电动机的效率和转矩。

图 4.16 为一种恒流斩波功率放大电路的原理图和波形图。控制脉冲信号 U_{in} 为 "0" 电平时,与门 N_2 输出 "0" 电平,功放管 VT 截止,绕组 L 上无电流,采样电阻 R_3 上无反馈电压,N_1 放大器输出 "1" 电平;U_{in} 变为 "1" 电平后,N_2 输出 "1" 电平,功放管 VT 导通,绕组 L 上有电流,并在采样电阻 R_3 上产生反馈电压 U_f。当 $U_f < U_{ref}$ 时,N_1 和 N_2 维持 "1" 电平,功放管 VT 维持导通;当 $U_f > U_{ref}$ 时,N_1 输出 "0" 电平,N_2 的输出端也变为 "0" 电平,功放管 VT 截止,绕组上为释放电流;当电阻 R_3 上电流减小到出现 $U_f < U_{ref}$ 时,N_1 又输出 "1" 电平,N_2 也输出 "1" 电平,功放管 VT 又导通,如此往复。在一个控制脉冲内,功放管多次通断,使绕组电流在设定值上下波动。这种方法无需外接电阻来限定额定电流和减少时间常数,提高了工作效率和电源效率。但电流的锯齿波形会产生较大的电磁噪声。

除了以上介绍的几种驱动电路外,还有很多驱动电源形式,在此不再叙述。

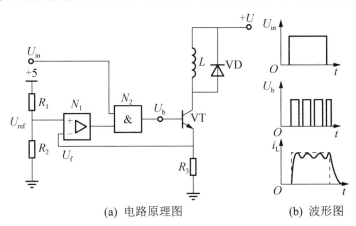

(a) 电路原理图　　　　　(b) 波形图

图 4.16　恒流斩波功率放大电路

4.3　直流伺服电动机驱动系统

步进电动机驱动系统多用于开环系统,系统精度较低。对于高精度的数控机床,必须采用闭环伺服驱动系统。目前,数控机床闭环伺服驱动大都采用直流伺服电动机或交流伺服电动机驱动。直流伺服系统就是控制直流电动机的系统。直流电动机以其灵活、方便、性能稳定等特点曾是数控机床的主要驱动执行元件。但由于其换向器和电刷较容易发生故障,体积较大,维修不便等因素,目前正越来越多地被交流伺服系统代替。

4.3.1 常用的直流伺服电动机

直流电机是伺服机构中常用的驱动元件,但一般的直流电机不能满足数控机床的要求,近年来,开发了多种大功率直流伺服电动机。

1. 小惯量直流电动机

小惯量直流电动机是由一般直流电动机发展而来的。这类电动机又分为无槽圆柱体电枢结构和带印制绕组的盘形电枢结构两种。小惯量电动机转子长而细,最大限度地减少了电枢转动惯量,所以能获得最好的快速性;由于转子无槽,结构均衡性好,低速时稳定而均匀运转,无爬行现象。此外还具有换向性能好,过载能力强等特点。

2. 调速直流电动机

小惯量直流电动机是通过减少电动机转动惯量来改善工作特性的,但由于其惯量小,转速高,而机床惯量大,必须经过齿轮传动,而且电刷磨损较快。而宽调速直流电动机则是用提高转矩的方法来改善其性能的,使之在闭环伺服系统中得到较为广泛的应用。

宽调速直流电动机按励磁方式分为电励磁和永久磁铁励磁两种。前者励磁大小易于调整,便于安排补偿绕组和换向器,所以电动机换向性能好,成本低,可在较宽的范围内实现恒转矩调速。后者一般无换向极和补偿绕组,其换向性能受到一定限制,但不消耗励磁功率,因此效率较高,低速时输出转矩大、温升低、尺寸小,因而此种结构用得较多。

宽调速直流电动机具有如下特点:

(1) 输出转矩大。低速时能输出较大的转矩,使电动机可以不经减速齿轮而直接驱动丝杠,从而避免了齿轮传动中的间隙所引起的噪声、振动,以及齿轮间隙造成的误差。同时,也改善了电动机的加速性能和响应特性。

(2) 过载能力强。由于转子热容量大,因此热时间常数大,又采用了耐高压的绝缘材料,所以允许过载转矩 5~10 倍。

(3) 动态响应好。电动机定子采用高矫顽力的电磁材料,电动机的抗去磁能力大大提高,起动时能产生 5~10 倍的瞬时转矩,而不出现退磁现象,从而使动态响应性能大大改善。

(4) 调速范围宽。由于电动机具有线性的机械特性和调节性能,因此低速时能输出较大的转矩,调速范围宽,运转平稳。

3. 无刷直流电动机

无刷直流电动机又叫无整流子电动机。它没有换向器,由同步电动机和逆变器组成。逆变器由装在转子上的转子位置传感器控制,因此它实质上是交流调速电动机的一种。由于这种电动机的性能达到直流电动机的水平,又取消了换向器及电刷部件,使电动机寿命提高了一个数量级,因此引起了人们很大的兴趣。

4.3.2 直流电动机的调速

速度控制单元的任务就是控制电动机的转速。对于他励直流电动机,其转速表达式为

$$n = \frac{U_a - I_a \sum R_a}{C_e \Phi} \tag{4-1}$$

式中，U_a 为外加电压；R_a 为电枢回路电阻；I_a 为电枢电流；Φ 为气隙磁通量；C_e 为电动势常数。

由式(4-1)可知，直流电动机调速的方法有：①改变电枢回路电阻 R_a；②改变气隙磁通量(Φ)；③改变外加电压 U_a。前两种方法的调速特性不能满足数控机床的要求。对于永磁式宽调速直流电动机，其磁场磁通是恒定的，只能按照第三种方法调速。

电压控制调速的机械特性如图 4.17 所示。这种调速方法具有恒转矩的调速特性，机械特性好。而且，因为它是用减小输入功率来减小输出功率的，所以经济性能好。

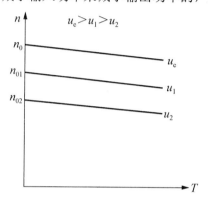

图 4.17　不同电压时的机械特性

对于电压控制方式调速，常用如下两种驱动方式：一种是晶闸管(SCR)驱动方式，另一种是晶体管脉宽调制方式(PWM)。

1. 晶闸管调速系统

1) 系统的组成

图 4.18 为晶闸管双闭环调速系统框图。该系统由内环—电流环、外环—速度环和晶闸管(Silicon Controlled Rectifier，SCR)整流电路等组成。图中 U_s 为设定参考电流的参考值，来自速度调节器的输出。U_i 为电枢电流的反馈值，由电流传感器取自晶闸管整流的主回路，即电动机的电枢回路。U_r 为来自数控装置经 D / A 转换后的模拟量参考值，该值也就是速度的指令信号，一般取 0～10V 直流。U_f 为反映电动机速度的反馈值。速度调节器和电流调节器都是由线性运算放大器和阻容元件组成的校正网络构成。

功率放大由晶闸管整流电路完成。它一方面将电网的交流变为直流；另一方面通过触发脉冲调节器产生合适的触发脉冲，将输入的速度控制信号进行功率放大；对于可逆调速系统，电动机制动时，将电动机运转的惯性能转变为电能并回馈电网。

2) 系统的工作原理

图 4.18 中，就速度调节器而言，当指令信号 U_r 增大时，偏差信号 E_s 也将增大，从而使电流调节器的输出电压随之加大，触发器的触发脉冲前移(即减小 α 角)，晶闸管输出电压提高，电动机转速相应上升。同时，测速发电动机输出电压也逐渐增加，并不断与给定信号进行比较，当它等于或接近给定值时，系统达到新的动态平衡，电动机以要求的较高转

速稳定旋转。如果系统受到外界干扰，如负载增加，转速就要下降。此时，测速发电机输出电压下降，偏差信号 E_s 增大，导致 U_s 和 U_k 增加，触发脉冲前移，晶闸管整流器输出电压升高，电动机转速上升直至恢复到外界干扰前的转速值。电流调节器的作用是对电动机电枢回路引起滞后作用的某些时间常数进行补偿，使动态电流按所需的规律变化。电流调节器有两个输入信号：一个是由速度调节器输出的反映偏差大小的控制信号 U_s；另一个是反映主回路电流的反馈信号 U_i。如当电网电压突然降低时，整流器输出电压也随之降低。在电动机转速由于惯性尚未变化之前，首先引起主回路电流减小，从而立即使电流调节器输出电压增加，触发脉冲前移，使整流器输出电压增加，主回路电流恢复到原来的值，因而抑制了主回路电流的变化。当速度给定信号是阶跃函数时，电流调节器有一个很大的输入值，但其输出值已整定在最大的饱和值。此时的电枢电流也在最大值(一般取额定值的 $2\sim4$ 倍)，从而使电动机在加速过程中始终保持在最大转矩和最大加速度状态，以使起动、制动过程最短。

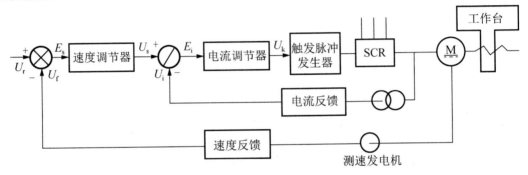

图 4.18　晶闸管双闭环调速系统框图

具有速度外环、电流内环的双环调速系统具有良好的静态、动态指标，其起动过程很快，可最大限度地利用电动机的过载能力，使过渡过程最短。但在低速轻载时，存在电枢电流出现断续、机械特性变软，整流装置的外特性变陡、总放大倍数下降等缺点。

3) 主回路构成

晶闸管整流电路具有多种形式，如单向半控桥、单向全控桥、三相半波、三相半控桥、三相全控桥等。虽然单向半控桥及单向全控桥电路简单，但其输出波形差、容量有限，故较少采用。数控机床中，多采用三相全控桥反并联可逆整流电路，如图 4.19 所示。图中晶闸管分成两组(Ⅰ 和 Ⅱ)，每组按三相桥式连接，两组反并联，分别实现正转和反转。

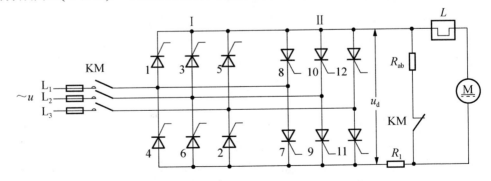

图 4.19　三相全控桥式反并联可逆整流电路

2. 晶体管脉宽调制调速系统

随着大功率晶体管制造工艺上的成熟和微电子技术的发展及高开关频率、高反压大电流功率晶体管模块的商品化，晶体管脉冲宽度调制型(Pulse Width Modulation，PWM)直流伺服驱动系统得到了广泛应用。与晶闸管相比，大功率晶体管控制简单，开关特性好，克服了晶闸管调速系统的波形脉动，特别是轻载低速调速特性差的问题。

所谓脉宽调速，就是使功率放大器中的晶体管工作在开关状态下，通过控制晶体管的导通时间，将直流电压转变成某一频率的电压脉冲，加到电动机的电枢两端。脉宽的连续变化，使电枢电压的平均值也连续变化，因而使电动机的转速连续调整。

1) 概述

图 4.20 为 PWM 斩波器的原理电路及输出电压波形。图 4.20(a)中，假定晶体管 VT 先导通 T_1 秒(忽略 VT 的管压降，电源电压全部加到电枢上)，然后关断 T_2 秒(电枢端电压为零)。如此反复，则电枢端电压波形如图 4.20(b)所示。

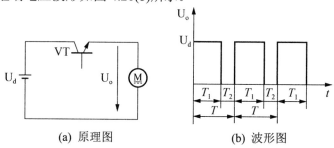

(a) 原理图　　　　　　(b) 波形图

图 4.20　PWM 斩波器原理电路及输出电压波形

电枢端电压 U_o 的平均值为

$$U_o = \frac{T_1}{T_1 + T_2}U_d = \frac{T_1}{T}U_d = \alpha U_d \tag{4-2}$$

式中

$$\alpha = \frac{T_1}{T_1 + T_2} = \frac{T_1}{T}$$

α 为一个周期 T 中，晶体管 VT 导通时间的比率，称为负载率或占空比。α 的变化范围为 $0 \leqslant \alpha \leqslant 1$，因而电枢电压平均值 U_o 的调节范围为 $0 \sim U_d$。由此可见，改变晶体管开关的通断时间，即可实现对电动机转速的调节，这就是脉宽调制调速的基本原理。

2) 晶体管脉宽调制系统的构成及工作原理

图 4.21 为脉宽调制调速系统组成原理框图。该系统由控制部分、晶体管开关式放大器和功率整流三部分组成。控制部分包括速度调节器、电流调节器、固定频率振荡器、三角波发生器、脉宽调制器和基极驱动电路等。其中速度调节器和电流调节器与晶闸管直流调速系统一样，同样采用双环控制。与晶闸管调速系统不同的部分，一是脉宽调制器，它是脉宽调速系统的核心；二是主回路，即脉宽调制式的开关放大器。

(1) 脉宽调制器。脉宽调制器的作用是将电流调节器输出的直流电压与振荡器产生的确定频率三角波叠加，形成宽度可变的矩形脉冲。数控系统中，电流调节器输出的直流电压量，是由插补器输出的速度指令转化而来的信号，经过脉宽调制器变为周期固定但脉冲宽度可调的脉冲信号，脉冲宽度随速度指令信号而变化。

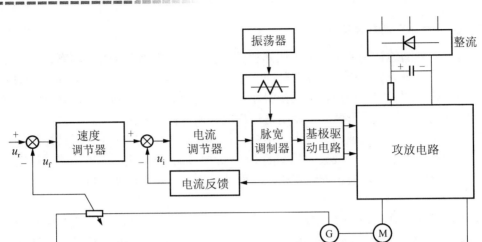

图 4-21　脉宽调制调速系统组成原理框图

脉宽调制器的种类很多，但从其构成看，都是由调制信号发生器和比较放大器组成的。调制信号发生器都是采用三角波发生器或锯齿波发生器。

① 三角波发生器。图 4.22(a)所示为一种三角波发生器电路。放大器 N_1 构成方波发生器，即多谐振荡器，输出端接上一个由运算放大器 N_2 构成的反相积分器，共同组成正反馈电路，形成自激振荡。

工作过程：设在电源接通瞬间 N_1 的输出电压 u_B 为 $-V_d$(负电源电压)，被送到 N_2 的反相输入端。由于 N_2 的反相作用，电容 C_2 被正向充电，输出电压 $u_\triangle$ 逐渐升高，同时又被反馈至 N_1 的输入端与 u_A 进行叠加。当 $u_A>0$ 时，比较器 N_1 就立即翻转(因为 N_1 由 R_2 接成正反馈电路)，u_B 电位由 $-V_d$ 变为 $+V_d$。此时，$t=t_1$，$u_\triangle=(R_5/R_2)V_d$。而在 $t_1<t<T$ 的区间，N_2 的输出电压 $u_\triangle$ 线性下降。当 $t=T$ 时，u_A 略小于零，N_1 再次翻转。此时 $u_B=-V_d$ 而 $u_\triangle=-(R_5/R_2)V_d$。如此形成自激振荡，在 N_2 的输出端得到一串三角波电压，各点波形如图 4.22(b)所示。

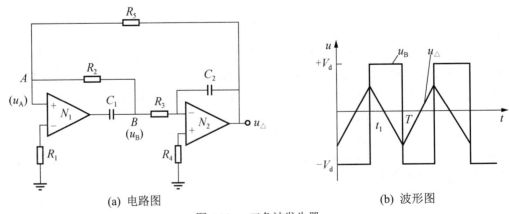

| (a) 电路图 | (b) 波形图 |

图 4.22　三角波发生器

② 比较放大器。比较放大器的作用是将控制电压与三角波进行叠加，形成脉宽可调的脉冲信号。其电路如图 4.23 所示。三角波电压 $u_\triangle$ 与控制电压 u_{sr} 叠加后送入比较放大器 N 的输入端，当 $u_{sr}=0$ 时，比较放大器输出电压的正负半波脉宽相等，输出平均电压为零。当

$u_{sr}>0$ 时，三角波过零时间提前，输出脉冲正半波宽度大于负半波宽度，输出平均电压大于零。而当 $u_{sr}<0$ 时，三角波过零时间后移，输出脉冲正半波宽度小于负半波宽度，输出平均电压小于零。如果三角波线性度好，则输出脉冲宽度正比于控制电压 u_{sr}，如图 4.24所示。

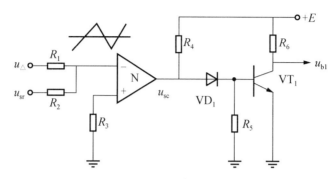

图 4.23　比较放大器

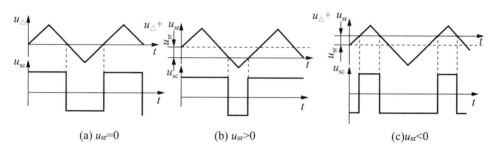

(a) $u_{sr}=0$　　　　　(b) $u_{sr}>0$　　　　　(c) $u_{sr}<0$

图 4.24　三角波脉冲宽度调制器工作波形图

(2) 开关功率放大器。开关功率放大器是脉宽调速系统的主回路。总体上可分为单极性工作方式和双极性工作方式两种。各种不同的开关工作方式又可组成可逆开关放大电路和不可逆开关放大电路。

图 4.25(a)所示为 H 型单极性开关电路。所有 H 型开关电路都是由四个晶体管和四个续流二极管构成的桥式电路，形似英文字母 H。将两个相位相反的脉冲控制信号分别加在 VT_1 和 VT_2 的基极，而 VT_3 的基极施加截止控制信号，VT_4 的基极施加饱和导通的控制信号。在 $0{\leqslant}t<t_1$ 区间内，VT_1 饱和导通，VT_2 截止，由于 VT_4 始终处于导通状态，所以在电动机电枢两端 BA 间的电压为 E_d。在 $t_1{\leqslant}t<T$ 区间内，VT_1 截止而 VT_2 饱和导通，但由于 VT_3 始终处于截止状态，所以电动机处于无电源供电的状态，电枢电流靠 VT_4 和 VD_2 通道，将电枢电感能量释放而继续流通，电动机只能产生一个方向的转动。如要电动机反转，只有将 VT_3 基极加上饱和导通的控制电压，VT_4 基极加上截止控制电压才行。

H 型双极性开关电路如图 4.25(b)所示。比较图 4.25(a)和图 4.25(b)可见，两图的构成是一样的，只是控制信号不同。VT_1 和 VT_4 的脉冲信号相同，VT_2 和 VT_3 的脉冲信号同 VT_1 和 VT_4 的信号相位相反，在 $0{\leqslant}t<t_1$ 的时间区间内，VT_2 和 VT_3 导通，电源 $+E_d$ 加在电枢的 AB 两端，即 $U_{AB}=+E_d$）；而在 $t_1{\leqslant}t<T$ 的时间区间内，VT_1 和 VT_4 导通，电源 $+E_d$ 加在 BA 两端(即 $U_{AB}=-E_d$)。而当调制器输出的脉冲宽度满足 $t_1>T/2$ 时，电枢两端平均电压 $U_{AB}>0$，电动机正转；反之，当 $t_1<T/2$ 时，平均电压小于零，电动机反转；当 $t_1=T/2$ 时，平均电压为零，电动机不转。

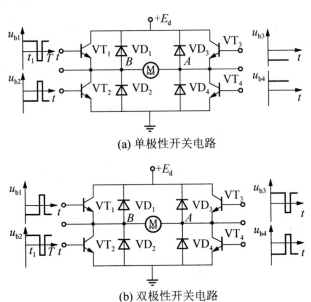

(a) 单极性开关电路

(b) 双极性开关电路

图 4.25　H 型开关电路

4.3.3　单片微机控制的脉宽调制直流可逆调速系统

图 4.26 为 8031 单片机控制的脉宽调制可逆直流脉宽调制调速系统的原理框图。主电

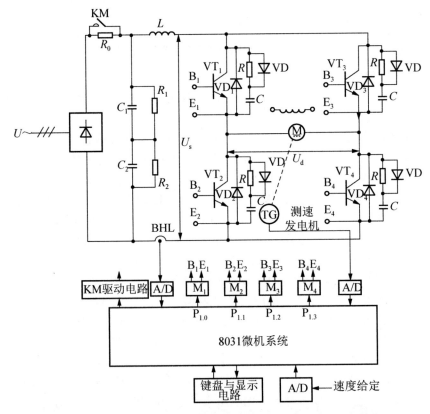

图 4.26　8031 单片机控制的脉宽调制可逆直流调速系统的原理框图

路是由四个功率晶体管模块 $VT_1 \sim VT_4$ 构成 H 型双极性开关电路。主电路电源由三相不可控整流电路得到，并经电容 C_1、C_2 和电感 L 滤波，获得直流电压。R_0 为限流电阻，限制电源接通时电容的充电电流，充电完后由 KM 闭合将 R_0 切除。R_1、R_2 均为均压电阻。$VD_1 \sim VD_4$ 分别集成在晶体管模块 $VT_1 \sim VT_4$ 内部，起续流作用。$VT_1 \sim VT_4$ 上并联的 R、C、VD 电路为过电压吸收电路。$M_1 \sim M_4$ 分别为 $VT_1 \sim VT_4$ 的驱动模块，内部含有光电隔离电路与开关放大电路。BHL 为电流霍尔传感器，TG 为测速发电机。

4.4　交流伺服电动机驱动系统

交流伺服系统是最新发展起来的新型伺服系统，这一方面是因为交流电动机具有结构简单、价格低廉、无电刷、动态响应好、输出功率大等优点；另一方面近年来新型功率开关器件、专用集成电路和新的控制算法等的发展带动了交流驱动电源的发展，使其调速性能更能适应数控机床伺服系统的要求。

4.4.1　常用交流伺服电动机及其特点

交流伺服系统中常用的执行元件有交流感应式伺服电动机和交流永磁式伺服电动机。

感应式伺服电动机相当于交流感应异步电动机，与同容量的直流电动机相比，具有结构简单，价格低廉，质量轻等优点。但其不能经济地实现范围较广的调速，必须从电网吸收滞后的励磁电流，因而使电网功率因素变坏。它常用于主轴伺服系统。

永磁式伺服电动机相当于交流同步电动机，与感应电动机不同，同步电动机的转速与所接电源的频率之间存在着一种严格关系，即在电源频率固定不变时，它的转速是稳定不变的。若采用变频电源给同步电动机供电，可方便地获得与频率成正比的转速，同时，可获得非常硬的机械特性及较宽的调速范围。永磁式同步电动机具有结构简单、运行可靠、响应快速、效率较高的特点，多用于数控机床位置伺服系统中。

4.4.2　交流伺服电动机的调速

1. 概述

交流电动机的转速，与电源频率、电动机极对数及转差率之间的关系式为

$$n = n_0(1-s) = \frac{60f(1-s)}{p}$$

对于异步电动机，$s \neq 0$；对于同步电动机，则 $s=0$。交流电动机的调速可通过改变转差率、变极对数及变频三种方法实现，具体种类很多，常见的有：①降电压调速；②电磁转差离合器调速；③绕线转子异步机串电阻调速；④绕线转子电动机串级调速；⑤变极对数调速；⑥变频调速。

前四种方法均属于变转差调速，其中前三种全部转差功率都消耗掉了，靠消耗转差功率获得转速的降低，因而效率低。串级调速将大部分转差功率通过变流装置回馈电网或者予以利用，可以提高效率。变极对数调速是有级调速，应用受限制。变频调速，从高速到低速都可以保持有限的转差率，具有效率高、调速范围宽和精度高的调速性能，是数控机

床中广泛非常采用的一种调速方式。

变频调速技术近年发展很快，方法很多。变频调速的主要环节是为交流电动机提供变频电源的变频器。变频器可分为交-交变频器和交-直-交变频器两大类。交-交变频(图 4.27 所示)是用整流器直接将工频交流电变成频率可调的交流电源，正组输出正脉冲，反组输出负脉冲。由于无中间环节，故变换效率高，但连续可调的频率范围窄，一般在额定频率的一半以下，交流电波动较大。交-直-交变频(图 4.28 所示)是先把固定频率的交流电整流成直流电，再把直流电逆变成频率连续可调的三相交流电，具有频率调节范围宽、交流电波动小、线性度好的特性。下面介绍交-直-交变频器中较广泛使用的一种正弦脉宽调制(SPWM)方法。

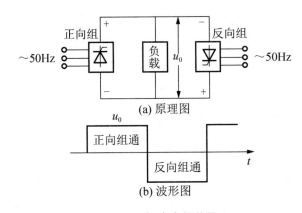

图 4.27　交-交变频装置

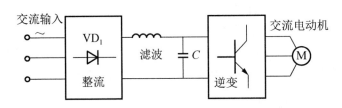

图 4.28　交-直-交变频装置

2. 正弦脉宽调制变频器

SPWM 变频器，即正弦波 PWM 变频器，它是 PWM 型变频器的一种。SPWM 调制波变频器适用于交流永磁式伺服电动机和交流感应式伺服电动机，具有功率因数高、输出波形好等优点，因而在交流调速系统中获得广泛应用。

1) SPWM 波调制原理

如果把一个正弦半波进行 n 等分(图 4.29 中，$n=12$)，然后把每一等分的正弦曲线与横轴所包围的面积都用一个与此面积相等的等幅矩形脉冲来代替，矩形脉冲的中点与正弦波每一等分的中点相重合。正弦值最大时，脉冲的宽度也最大；正弦值较小时，脉冲宽度也小。这种由 n 个等幅不等宽的矩形脉冲所组成的波形就与正弦波的半周等效，称作 SPWM波形(等幅不等宽脉冲序列)。正弦波的负半周也可用同样的方法与一系列负脉冲等效。

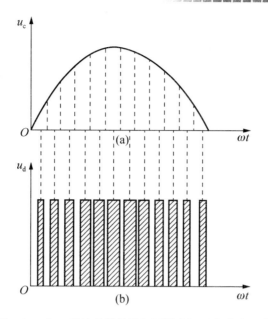

图 4.29　与正弦波等效的等幅不等宽矩形脉冲序列波

　　三角波是上下宽度线性变化的波形，当一个光滑的曲线与三角波相交时，就会得到一组等幅的，脉冲宽度正比于该函数值的矩形脉冲，如图 4.30 所示，正弦波与三角波经过比较可得到一组矩形脉冲，其幅值不变，而其脉冲宽度是按正弦规律变化的。

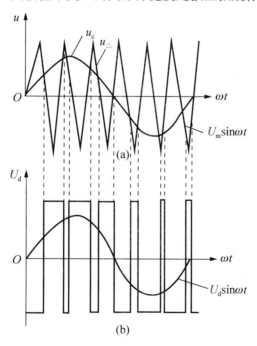

图 4.30　调制波形

　　如果用这矩形脉冲作为逆变器开关元件的控制信号，逆变器的输出端可以获得一组类似的矩形脉冲。矩形脉冲的基波为 $U_d \sin\omega t$，幅值为直流侧的整流电压 U_d，其宽度按正弦规律变化。若要增加逆变器的输出，只要增加正弦波幅值，与三角波比较后，就可得到幅值不变、宽度变宽的脉冲序列，从而输出的正弦波的幅值变大。

改变基准正弦波的频率，就可改变输出信号的基波频率，从而靠改变频率进行调速。为了得到频率可调的基准正弦波，可采用数字频率发生器或模拟频率发生器，产生正弦基准波。还可由计算机软件来完成，不用基准正弦波与三角波，而直接计算出多少宽度产生多大电压、多高频率。

2) 交-直-交变频器的主电路

图 4.31 所示为交-直-交变频器的通用主电路。电路分成交-直部分和直-交部分。

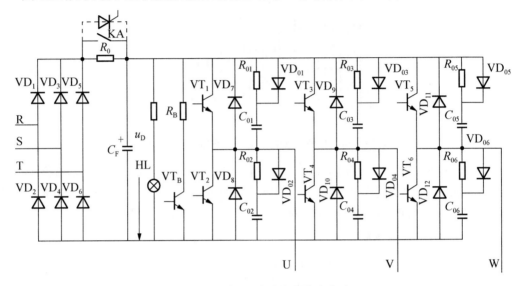

图 4.31　交-直-交变频器的主电路

(1) 交-直部分。整流管 $VD_1 \sim VD_6$ 组成三相整流桥，将三相交流电全波整流成直流。滤波电容 C_F 的作用是滤除全波整流后的电压纹波，并在负载变化时，使直流电压保持平稳。限流电阻 R_0 是限制电源合上的瞬间电容 C_F 的充电电流。C_F 充电到一定程度时，触点 KA 接通，将电阻 R_0 短路。

(2) 直-交部分

晶体管 $VT_1 \sim VT_6$ 组成逆变桥，把 $VD_1 \sim VD_6$ 整流所得的直流电，再变成频率可调的交流电。$VD_7 \sim VD_{12}$ 为续流二极管，其主要作用是保护逆变管，同时也为工作电流提供通路。$R_{01} \sim R_{06}$、$VD_{01} \sim VD_{06}$、$C_{01} \sim C_{06}$ 构成缓冲电路，其中 $C_{01} \sim C_{06}$ 的作用是防止 $VT_1 \sim VT_6$ 由导通转为截止时，端电压由近乎零伏上升至直流电压 U_D 的过高电压增长率；$R_{01} \sim R_{06}$ 的作用是限制 $VT_1 \sim VT_6$ 由截止转为导通时，$C_{01} \sim C_{06}$ 上所充的电压向 $VT_1 \sim VT_6$ 放电的电流；$VD_{01} \sim VD_{06}$ 的作用是在电容 $C_{01} \sim C_{06}$ 充电时将电阻 $R_{01} \sim R_{06}$ 旁路，放电时放电电流必须流经 $R_{01} \sim R_{06}$。

3. SPWM 调速系统

图 4.32 是一种典型的数字控制 SPWM 变频调速系统原理图。它包括主电路、驱动电路、控制电路、保护信号检测与处理电路，图中未画出吸收电路和其他辅助电路。

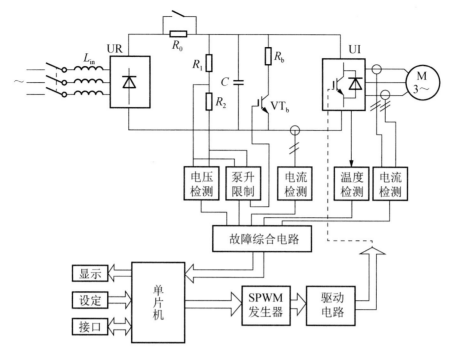

图 4.32　数字 SPWM 变频调速系统原理图

　　SPWM 变频调速系统的主电路由不可控整流器 UR、SPWM 逆变器 UI 和中间直流电路三部分组成，采用大电容 C 滤波，同时当负载变化时使直流电压保持平稳。由于电容容量较大，电源接通瞬间相当于短路，势必产生很大的充电电流，容易损坏整流二极管。为了限制充电电流，在整流器和滤波电容之间串入限流电阻(或电抗)R_0，并用开关延时短路。

　　由于二极管整流器不能为异步电动机的再生制动提供反向电流的通路，所以除特殊情况外，通用变频器一般都用电阻(如图 4.32 中的 R_b)吸收制动能量。制动时，异步电动机进入发电状态，首先通过逆变器的续流二极管向电容 C 充电，当中间直流回路电压(通称泵升电压)升高到一定限制值时，通过泵升限制电路使开关器件 VT_b 导通，将电动机释放的动能消耗在制动电阻 R_b 上。为了便于散热，制动电阻器常作为附件单独装在变频器机箱外边。

4.5　进给驱动器的接口与连接

　　进给驱动器根据来自 CNC 系统的指令，按照一定规律控制电动机的运行，以满足数控机床工作的要求。因此驱动器至少应具有工作电源接口、接收 CNC 系统或其他设备指令信号的接口，以及控制电动机运行的接口，这些都是最基本的接口。此外，为了伺服系统的安全，驱动器一般还应具有输出工作状态信息和报警信号的接口；为了方便，有些驱动器还提供了通信接口等。本节重点介绍进给伺服驱动器的常用接口及与数控装置的连接。图 4.33 为步进电动机驱动器(SH-50806A)与 CNC 装置的基本接线图。

　　按连接对象的不同，可将接口分为 CNC 及 PLC 接口、电动机接口和外部设备接口等。

　　按功能的不同，可将接口分为指令接口、控制接口、状态接口、安全互锁接口、通信接口和显示接口等。

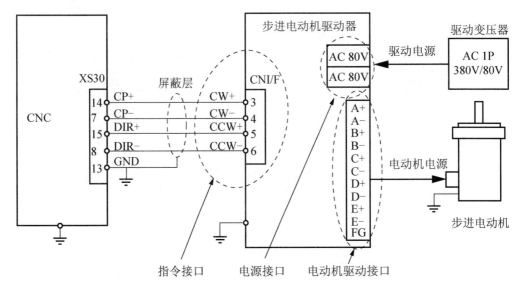

图 4.33　步进电动机驱动器与 CNC 装置的基本接线图

　　根据接口信号的电压高低，可将接口分为高压电源接口、低压电源接口和无源接口。根据接口信号的类型，可将接口分为开关量接口和模拟量接口。

　　下面将按功能的不同对进给伺服驱动器的常用接口分别进行介绍。这些接口不是所有进给驱动器中都一定具备的。

4.5.1　电源接口

　　进给伺服驱动器的电源一般有动力电源和逻辑电路电源，对于交流伺服进给驱动器还需要控制电源。动力电源是指进给驱动器用于驱动电动机运转的电源，逻辑电路电源是指进给驱动器的开关量、模拟量等逻辑接口电路工作或电平匹配所需的电源，一般为直流24V，也有采用直流 12V 或 5V；控制电源是指进给驱动器自身的控制板卡、面板显示等内部电路工作用的电源，一般为单相，对于步进驱动器，该部分电源与动力电源共用。

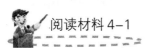阅读材料 4-1

　　图 4.34 为松下 A 系列交流伺服驱动器的系统构成。电源部分由断路器、滤波器、接触器供电，驱动器的内部参数设置可通过 PC 设置。驱动器与电动机和编码器通过专用电缆连接。交直流驱动器的接口通常要比步进电动机驱动器的接口多。

　　习惯上进给驱动器的电源是指其动力电源。进给驱动器的动力电源种类很多，从三相交流 460V 到直流 24V 甚至更低，交流伺服驱动器典型的供电方式是三相交流 200V。步进电动机驱动器一般采用单相交流电源或直流电源，对于采用直流电源的步进电动机驱动器，允许的电源电压的范围都比较宽，步进电动机驱动器一般不推荐使用稳压电源和开关电源。伺服驱动器的电源一般允许在额定值的 15%的范围内变化。

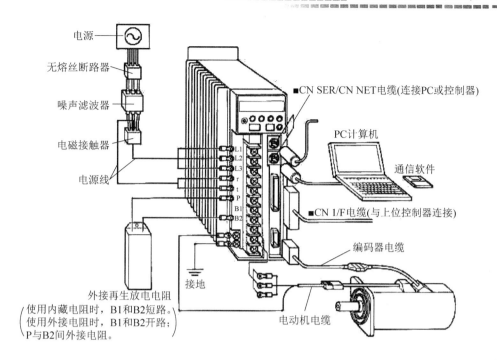

图 4.34 松下 A 系列交流伺服驱动器的系统构成

使用交流电源的进给驱动装置一般由隔离变压器供电，以提高抗干扰能力和减小对其他设备的干扰，有时还需要增加电抗器以减小电动机起动／停止时对电源和电源控制器件的冲击，电源干扰较强时还要增加高压瓷片电容、磁环、低通滤波器等。典型供电线路如图 4.35 所示。

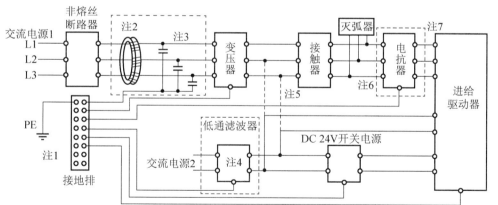

注 1：整机必须可靠接地，接地电阻小于 4 欧，并在控制柜内最近的位置接入 PE 接地排；各器件的接地端应单独接到接地端子上。

注 2：电源线在磁环上绕 3~5 圈。

注 3：电源线进入变压器之前，相线与地之间接入高压瓷片电容，可有效减少电源线上的干扰信号。

注 4：采用低通滤波器可有效减少电源中的高频干扰信号。

注 5：进给驱动器的控制电源可以由另外的隔离变压器供电，也可从伺服变压器取一相电源供电。

注 6：大电感负载(接触器线圈、电磁阀线圈等)要采用 RC 电路吸收因线圈断电而产生的高压反电动势，保护电子设备。

注 7：虚线框内为非必须的抗干扰措施。

图 4.35 进给驱动器供电线路示例

交流伺服驱动器具有电源模块和控制模块两部分，有些交流伺服驱动器的这两部分是集成在一起的，有些则采用分离的方式，即几个控制模块(有些产品还包括主轴控制模块)共用一个电源模块，此时也称控制模块为进给驱动器，这种方式对于坐标轴数较多的数控设备要经济些。根据电源模块和电动机功率的不同，一个电源模块可以连接 1～5 个控制模块，如图 4.36 所示。

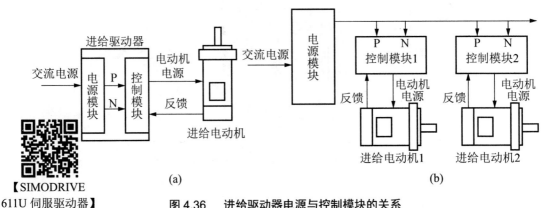

【SIMODRIVE 611U 伺服驱动器】

图 4.36　进给驱动器电源与控制模块的关系

4.5.2　指令接口

进给驱动器一般采用脉冲接口或模拟量接口作为接收 CNC 系统指令信号的接口，有些还提供通信或总线的方式作为指令接口。

1. 模拟量指令接口

模拟量指令一般用于交流伺服进给驱动器。采用模拟量指令时，进给驱动器工作在速度模式下，由 CNC 装置和电动机(半闭环控制)或机床(全闭环控制)上的位置检测元件组成位置闭环系统，系统的连接框图如图 4.37 所示。图 4.38 和 4.39 分别所示是华中 HNC-21 和西门子 802C base line 数控系统与驱动器模拟量指令接口连接形式。

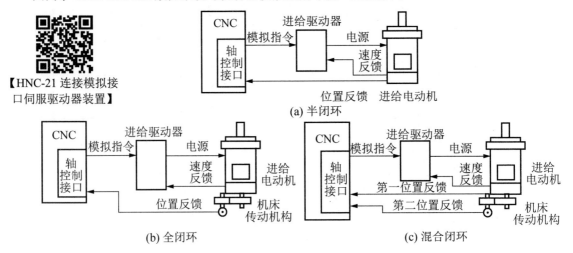

【HNC-21 连接模拟接口伺服驱动器装置】

图 4.37　模拟量指令接口数控装置连接框图

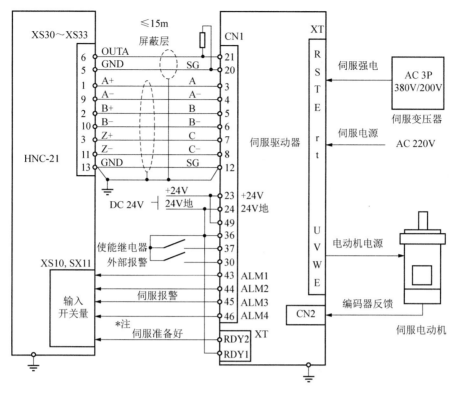

图 4.38　华中 HNC-21 数控系统与驱动器模拟量指令接口连线

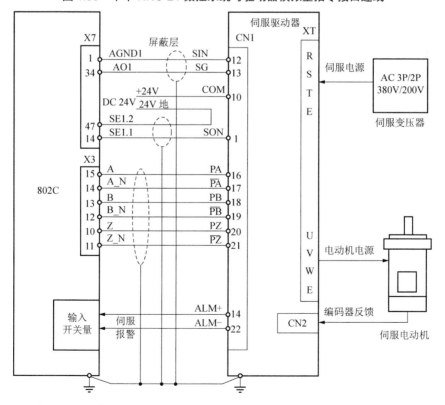

图 4.39　西门子 802C base line 数控系统与驱动器模拟量指令接口连线

模拟量指令分为模拟电压指令和模拟电流指令两种。模拟电压指令输入接口原理如图 4.40 所示，一般电压指令的范围是-10～+10V；电流指令的范围是-20～+20mA。电压指令在远距离传输时衰减比较明显，因此，若驱动器有两种指令可选，则推荐使用或设定模拟电流指令接口。

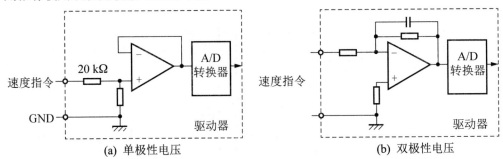

(a) 单极性电压　　　　　　　　　　　　　(b) 双极性电压

图 4.40　模拟电压指令输入接口数控装置连接框图

2. 脉冲指令接口

【HNC-21
连接脉冲
接口伺服
驱动装置】

脉冲指令接口最初被用于步进电动机驱动器。目前，市场销售的通用交流伺服驱动器一般也都采用或提供脉冲指令接口，接口电路原理如图 4.41 所示。外部输入电路有长线驱动和集电极开路两种形式。

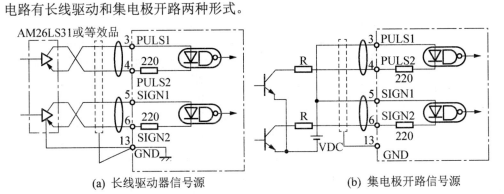

(a) 长线驱动器信号源　　　　　　　　　(b) 集电极开路信号源

图 4.41　脉冲指令接口电路原理图

采用脉冲指令接口时，伺服驱动器一般工作在位置半闭环控制模式下，速度环和位置环的控制都由伺服驱动器完成。位置信息由伺服驱动器反馈给 CNC 系统做监控用，CNC 系统也可以不读取位置反馈信息，此时与控制步进电动机进给驱动器相同。

脉冲指令接口有三种类型：单脉冲(脉冲+方向)方式，正交脉冲方式，正反向脉冲方式。步进电动机驱动器一般只提供单脉冲方式，伺服驱动器则三种方式都提供。假设 CP、DIR 为驱动器的脉冲指令接口，则不同的工作模式下脉冲指令信号的含义见表 4-2。

图 4.42 所示为采用脉冲指令接口的连接图实例。

表 4-2　脉冲指令的三种类型

序号	电动机旋转方向		指令脉冲形式
	顺时针旋转	逆时针旋转	
1	CR / DIR	CP / DIR	正交脉冲①
2	CP / DIR	CP / DIR	单脉冲② (脉冲+方向)
3	CP / DIR	CP / DIR	正反向脉冲③

① 正交脉冲：CP 与 DIR 的相位差为脉冲信号，CP 与 DIR 的相位超前和滞后决定了电动机的旋转方向。

② 单脉冲：CP 为脉冲信号，DIR 为方向信号。

③ 正反相脉冲：CP 为顺时针旋转脉冲信号，DIR 为逆时针旋转脉冲信号。

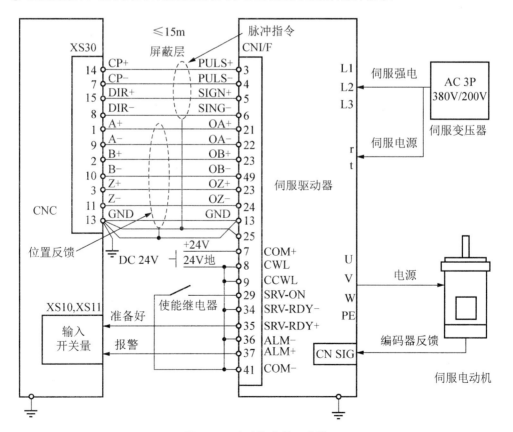

图 4.42　脉冲指令接口连接

3. 通信指令接口

在图 4.42 中，CNC 系统通过内置式 PLC 的输入开关量接口可以获取进给驱动器"准备好"和"报警"两种状态，若要获得具体的报警内容等更多的信息，则需要占用更多的 PLC 输入接口。因此，为了增加 CNC 系统对进给驱动器的管理功能，以及其他一些特殊功能，有些进给驱动器提供了通信指令接口及相应的编程说明。常用的通信指令接口有 RS232C、RS422、RS485 等类型，采用该方式控制进给驱动器时，数控器和进给驱动器之间只要一根通信线即可完成对进给驱动器的所有控制，还可以获得驱动器的工作状态信息、电动机实际位置反馈、报警信息。

这种方式的使用难度较大，一般与进给驱动装置生产厂家的数控装置结合使用。

4. 总线式指令接口

总线式指令接口采用串联的方式连接，在数控装置侧只需一个总线即可，接线更加简单。总线指令接口有 PROFIBUS 总线、CAN 总线等。

4.5.3 控制接口

控制接口对进给驱动器而言是输入信号接口，用于接收 CNC、PLC 及其他设备的控制指令，以便调整驱动器的工作状态、工作特性或对驱动器和电动机驱动的机床设备进行保护。控制接口有开关量信号接口和模拟电压信号接口两种，其中开关量信号接口典型的电路如图 4.43 所示，输入输出常采用光电隔离接口。信号源可以是开关、继电器触点(图 4.43 中的①)或集电极开路的晶体管(图 4.43 中的②)。

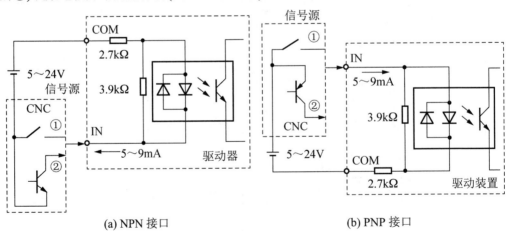

(a) NPN 接口   (b) PNP 接口

图 4.43　开关量控制信号接口原理图

控制接口常用的信号有：

(1) 伺服 ON：允许进给驱动器接收指令开始工作。

(2) 复位(清除报警)：进给驱动器恢复到初始状态(清除可自恢复性故障)。

(3) 控制方式选择：允许进给驱动器在两种工作方式之间切换，这两种工作方式可以通过参数在位置控制模式、速度控制模式、转矩控制模式中任选两种。

(4) CCW 驱动禁止输入和 CW 驱动禁止输入：当机床的移动部分正、反向超程时，CCW

和 CW 信号与公共端断开，电动机不产生转矩，可以应用于机床的限位保护。

(5) CCW 转矩限制输入和 CW 转矩限制输入：CCW 端子输入正电压(0～+10V)可以限制电动机逆时针方向的电动机转矩，CW 端子输入负电压(-10～0V)可以限制电动机顺时针方向的电动机转矩。

在进给驱动器内，可以通过参数设置对控制接口的各位信号做如下设定：①设定某位控制接口信号是否有效；②设定某位控制接口信号是常闭有效还是常开有效；③修改某位控制接口信号的含义；

因此这些接口又称为多功能输入接口。

4.5.4 状态与安全报警接口

状态与安全报警接口对进给驱动器而言是输出信号接口，用于向 CNC 系统、PLC 及其他设备输出驱动器的工作状态。常用状态与安全报警接口有集电极开路输出、无源接点输出和模拟电压输出三种，典型的电路原理如图 4.44 所示。当输出信号接口与外部接触器和继电器的控制线圈相连时，应注意连接保护电路(交流感性负载采用并接 RC 浪涌抑制器，直流感性负载采用并接续流二极管)。

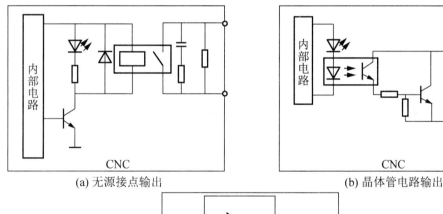

(a) 无源接点输出　　　　　　　　　　(b) 晶体管电路输出

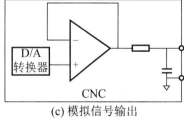

(c) 模拟信号输出

图 4.44　状态与安全报警输出接口原理示意图

状态与安全报警接口常用的信号如下：

(1) 伺服准备好：驱动器工作正常。

(2) 伺服报警、故障：驱动器、电动机、位置检测元件等工作不正常。

(3) 位置到达：位置指令完成。

(4) 零速检测：电动机速度为零。

(5) 速度到达：速度指令完成。

(6) 速度监视：以与电动机速度线性对应的关系输出模拟电压。

(7) 转矩监视：以与电动机转矩线性对应的关系输出模拟电压。

4.5.5 反馈接口

进给驱动器的反馈接口包括来自位置、速度检测元件的反馈接口和输出到 CNC 装置的反馈接口。

1. 来自位置、速度检测元件的反馈接口

检测元件一般有增量式光电编码器、旋转变压器、光栅、绝对式光电编码器等。图 4.45 为外部反馈装置与驱动器的连接原理图。对于增置式光电编码器、旋转变压器和光栅一般采用直接连接的方式，进给驱动器提供给检测元件的电源电压通常为+5V，额定电流小于500mA，若超过此电流值或距离太远，应采用外置电源。有闭环功能的驱动器具备两个反馈输入接口，如驱动器分别采用电动机轴上的绝对式编码器和机床上的光栅，构成混合闭环控制。

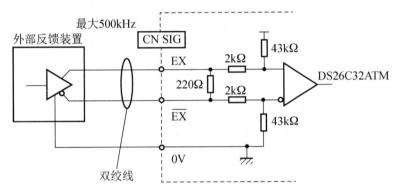

图 4.45　外部反馈装置与驱动装置的连接原理图

2. 输出到 CNC 装置的反馈接口

一般将来自检测元件的信号分频或倍频后用长线驱动器(差分)电路输出。

4.5.6 通信接口

常用的通信接口有 RS232C、RS422、RS485、互联网接口及厂家自定义接口等。利用通信接口可以实现如下功能。

(1) 查看和设置驱动器的参数和运行方式。

(2) 监视驱动器的运行状态，包括端子状态、电流波形、电压波形、速度波形等。

(3) 实现网络化远程监控和远程调试功能。

4.5.7 电动机电源接口

电动机电源接口一般采用端子的形式，小功率电动机也会采用插接件的形式。伺服电动机输出线号一般为 U、V、W；步进电动机为 A+、A-、B+、B-(两相电动机)，A+、A-、B+、B-、C+、C-(三相电动机)，A、B、C、D、E(五相电动机)等。

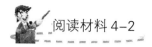

阅读材料 4-2

步进电动机驱动器与控制器的连接

1. 控制信号定义

PUL+: 步进脉冲信号输入正端或正向步进脉冲信号输入正端;

PUL-: 步进脉冲信号输入负端或正向步进脉冲信号输入负端;

DIR+: 步进方向信号输入正端或反向步进脉冲信号输入正端;

DIR-: 步进方向信号输入负端或反向步进脉冲信号输入负端;

ENA+: 使能信号输入正端;

ENA-: 使能信号输入负端。

2. 控制信号连接

上位机的控制信号可以高电平有效,也可以低电平有效。当高电平有效时,把所有控制信号的负端连在一起作为信号地;当低电平有效时,把所有控制信号的正端连在一起作为信号公共端。以集电极开路和 PNP 输出为例,接口电路示意图如图 4.46 所示。

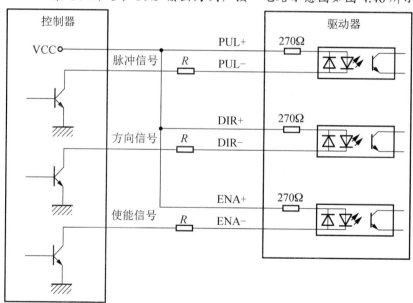

图 4.46　控制信号接口电路

3. 功能选择(用驱动器面板上的 DIP 开关实现)

(1) 设置电动机每转步数。

(2) 控制方式选择,拨码开关有半流功能或无半流功能。

(3) 设置输出相电流,为了驱动不同转矩的步进电动机,通过驱动器面板上的拨码开关设置驱动器的输出相电流(有效值)。

(4) 细分设定,步进电动机出厂时都注明"电动机固有步距角"(如 0.6° / 1.2°),但在很多精密控制的场合,整步的角度太大,影响控制精度,同时振动太大,所以要求分很多步走完一个电动机固有步距角,这就是所谓的细分驱动。

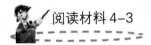

阅读材料 4-3

SINUMERIK 802C base line 与 SIMODRIVE 611U 伺服驱动连接方式如图 4.47 所示。①速度给定值电缆连接 CNC 控制器 X7 接口到 SIMODRIVE 611U 的 X451／X452 接口。②电机编码器电缆连接 1FK7 电机到 SIMODRIVE 611U 的 X411／X412 接口。③位置反馈电缆连接 CNC 的 X3、X4、X5、X6 到 SIMODRIVE 611U 的 X461／X462 接口。④电机动力电缆连接 1FK7 电机的动力接口到 SIMODRIVE 611U 的功率模块 A1／A2 的 U2、V2、W2 接线端子。

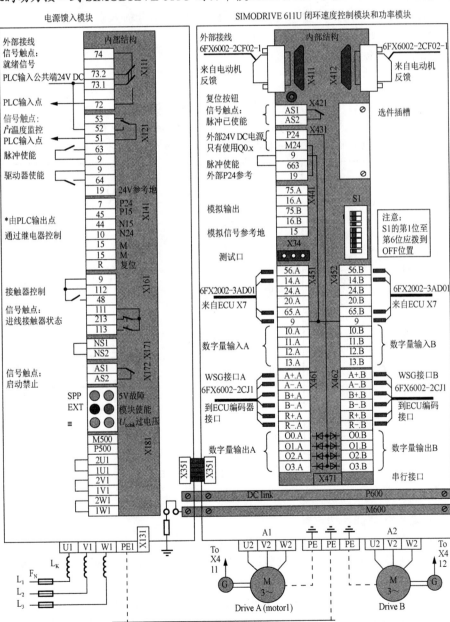

图 4.47　SINUMERIK 802C base line 与 SIMODRIVE 611U 伺服驱动连接方式

4.6　主轴驱动器的接口与连接

　　数控机床使用的主轴驱动系统有直流主轴驱动系统和交流主轴驱动系统，目前主要采用交流主轴驱动系统，主轴交流电动机采用变频器驱动。主轴驱动器的接口与进给驱动器的接口有许多类似之处，主轴驱动器的特点是对电动机转速的调节，不同厂家、不同等级的主轴驱动器所包含的接口类型不完全相同。下面重点介绍变频器与数控装置的连接方法。

4.6.1　变频器基本接口

　　变频器单独不能运行，选择正确的外部设备，正确的连接以确保正确的操作。变频器与外部设备的接口端子一般包括主回路端子和控制回路端子，其中主回路端子有电源输入、变频器输出、连接制动单元等，控制回路端子有控制变频器正反转等工作状态的输入信号、速度设定信号、变频器运行状态的输出信号及通信信号等。【变频器】图 4.48 是主轴驱动器(变频器)最基本的接口图。

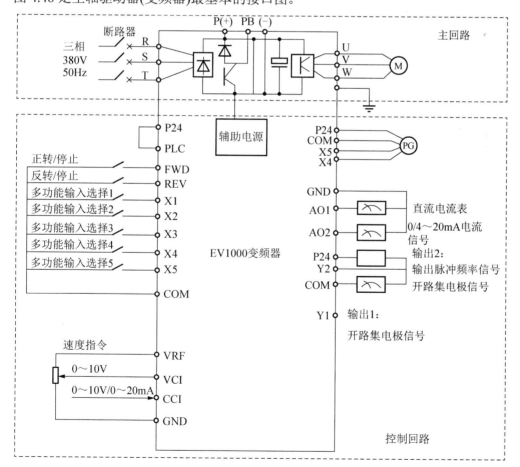

图 4.48　主轴驱动器(变频器)基本的接口图

1. 主回路部分

R、S、T 三相交流 380V 电源输入端子，U、V、W 为变频器驱动电动机的三相交流电源输出端子，P(+)、PB 为外接制动电阻接线端子。

2. 控制回路部分

速度指令输入端子：VCI 端子接收模拟电压，CCI 接收模拟电压或电流(由跳线开关选择输入信号形式)。在数控机床上一般由数控装置或 PLC 的模拟接口输出模拟量控制，指令信号范围为 0～10V 的电压信号或为 0～20mA 的电流信号。

模拟输出端子：AO1、AO2 可外接模拟表指示多种物理量，指示的物理量由跳线开关选择。

数字输入端子：FWD 为电动机正转运行命令端子；REV 为电动机反转运行端子；X1～X5 为变频器多功能输入端子，可通过设置功能参数来定义其作用。X4～X5 除可作为普通多功能端子使用外，还可编程作为高速脉冲输入端子。

4.6.2 数控装置与变频器的连接

【华中世纪星 HNC-21TF 系统与变频器的连接】

1. 电动机运行指令

由于进给伺服电动机主要用于位置控制，因而进给驱动器一般采用脉冲信号作为指令输入，控制电动机的旋转速度和方向，不提供单独的开关量接口控制电动机的旋转方向。主轴电动机主要用于速度控制，因此主轴驱动器一般采用模拟电压、电流作为速度指令，由开关量信号控制旋转方向。

2. 反馈接口

对于无换刀定位要求的机床，由于主轴对位置控制精度的要求并不高，因此对与位置控制精度密切相关的反馈装置的要求也不高，主轴电动机转速检测多采用1000 线的编码器，而进给驱动电动机则至少采用 2000 线的编码器。

图 4.49 所示为华中 HNC-21 数控装置与主轴变频器的连接形式，图 4.50 所示为西门子 802C base line 数控装置与主轴变频器的连接形式。

本 章 小 结

数控机床的伺服系统通常是指各坐标轴进给伺服系统，是数控系统和机床机械传动部件间的连接环节。伺服系统的高性能在很大程度上决定了数控机床的高效率、高精度，是数控机床的重要组成部分。

本章重点介绍了数控机床步进电动机驱动系统、直流伺服电动机驱动系统，以及进给驱动器与 CNC 装置的连接等内容。

(1) 伺服系统的分类：开环伺服系统、半闭环伺服系统和全闭环伺服系统。

(2) 步进电动机驱动系统：步进电动机的工作原理、通电方式、软件脉冲分配，步进电动机驱动系统的单电压、双电压和恒流斩波功率放大电路的工作原理。

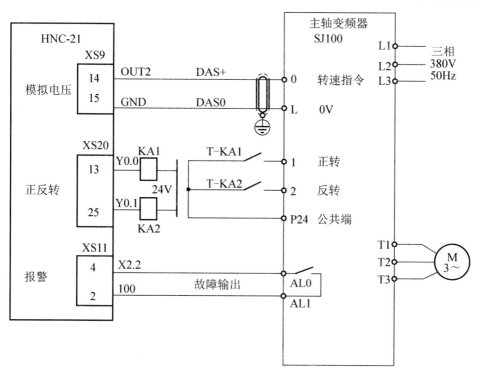

图 4.49　华中 HNC-21 数控装置与主轴变频器的连接

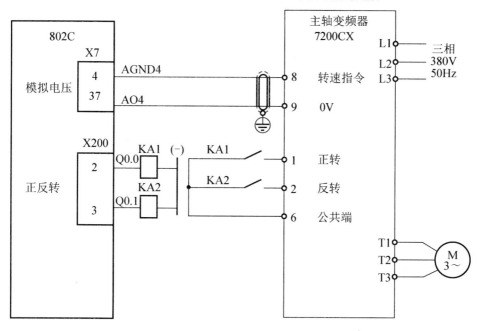

图 4.50　西门子 802C base line 数控装置与主轴变频器的连接

(3) 直流伺服电动机控制系统：PWM 的工作原理，开关功率放大器的工作原理。

(4) 交流伺服电动机控制系统：SPWM 的工作原理，交-直-交变频器主电路的分析，交流伺服电动机调速系统的分析。

(5) 进给驱动器：进给驱动器的接口(电源接口、指令接口、通信接口、反馈接口等)，脉冲工作方式，进给驱动器与 CNC 装置的连接。

(6) 主轴变频器：主轴变频器的接口信号，主轴变频器与 CNC 装置的连接。

思 考 题

1．试述开环系统、闭环系统、半闭环系统的组成及特点。

2．什么是步距角？步距角的大小与哪些参数有关？

3．步进电动机的转向和转速是如何控制的？

4．步进电动机有哪几种脉冲分配方式？各有什么特点？

5．试编写步进电动机单三拍单方向的软件环形脉冲分配程序。

6．高低电压切换驱动电源对提高步进电动机的运行性能有何作用？

7．比较直流电动机晶闸管调速和脉宽调制调速的异同点。

8．SPWM 指的是什么？调制信号正弦波与载波信号三角波经 SPWM 后，输出的信号波形是何种形式？

9．进给驱动器主要有哪些指令接口类型？

10．数控装置与步进电动机驱动器之间的常用连接信号有哪些？其作用是什么？

11．脉冲指令的方式有哪些？

12．数控装置与主轴变频器常用连接信号有哪些？其作用是什么？

第 **5** 章
数控机床的位置检测装置

本章教学要点

知识要点	掌握程度	相关知识
旋转变压器	了解旋转变压器的基本结构; 熟悉旋转变压器的工作原理; 掌握旋转变压器的工作方式	旋转变压器的结构; 旋转变压器的工作原理; 鉴相型与鉴幅型工作方式
脉冲编码器	了解编码器的分类及用途; 掌握增量式脉冲编码器的工作原理; 掌握绝对式脉冲编码器的工作原理	编码器的分类及用途 增量式脉冲编码器的工作原理; 绝对式脉冲编码器的工作原理
感应同步器	了解感应同步器的基本结构; 熟悉感应同步器的工作原理; 掌握感应同步器的工作方式	感应同步器的结构; 感应同步器的工作原理; 相位与幅值工作方式
磁栅	了解磁栅的基本结构; 熟悉磁栅的工作原理; 了解磁栅的测量电路	磁性标尺、磁头; 磁栅的工作原理; 测量电路
光栅	了解光栅的基本结构; 熟悉光栅的工作原理; 了解光栅的测量电路	光栅尺、读数头; 莫尔条纹及其特点; 测量系统

位置伺服控制是以直线位移或转角位移为控制对象的自动控制。检测装置将机床的位移值反馈至数控系统，使伺服系统控制机床向减小偏差方向移动。位置控制(图 5.01)是指将计算机数控系统插补计算的理论值与实际值的检测值相比较，用二者的差值去控制进给电动机，使工作台或刀架运动到指令位置，实际值的采集，则需要位置检测装置来完成。

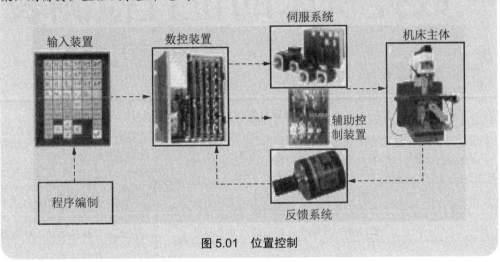

图 5.01　位置控制

5.1　概　　述

位置检测元件可以检测机床工作台的位移(如光栅尺)，电动机转子的角位移和速度(如光电编码器)。数控机床对检测元件的要求有：①满足速度和精度要求；②高的可靠性和高抗干扰性；③使用维护方便，适合机床运行环境。④成本低。

根据位置检测装置安装形式和测量方式的不同，位置检测有直接测量和间接测量、增量式测量和绝对式测量、数字式测量和模拟式测量等方式。

1. 直接测量和间接测量

若检测装置测量的对象就是被测量本身，即直线式测量直线位移，旋转式测量角位移，该测量方式称为直接测量。直接测量组成位置闭环伺服系统，其测量精度由测量元件和安装精度决定，不受传动精度的直接影响。但检测装置要和行程等长，这对于行程较长的机床是一个限制。

若检测装置测量出的数值通过转换才能得到被测量，如用旋转式检测装置测量工作台的直线位移，要通过角位移与直线位移之间的转换求出直线位移，这种方式称为间接测量。间接测量组成位置半闭环伺服系统，其优点是测量方便可靠，且无长度限制。

【直接测量和间接测量】

2．增量式测量和绝对式测量

增量式测量装置只测量位移增量，即工作台每移动一个基本长度单位，检测装置便发出一个检测信号，此信号通常是脉冲形式。增量式检测装置均有零点标志，作为基准起点。数控机床采用增量式检测装置时，在每次接通电源后要回参考点操作，以保证测量位置的正确。

绝对式测量是指被测的任两点位置都从一个固定零点算起，每一个测点都有一个对应的编码，常以二进制数据形式表示。

3．数字式测量和模拟式测量

数字式测量是以量化后的数字形式表示被测量。得到的测量信号为脉冲形式，以计数后得到的脉冲个数表示位移量。其特点是便于显示、处理，测量精度取决于测量单位，抗干扰能力强。

模拟式测量是将被测量用连续的变量来表示，模拟式测量的信号处理电路较复杂，易受干扰，数控机床中常用于小量程测量。

数控机床和机床数字显示常用位置检测元件分类见表 5-1。

表 5.1　位置检测元件分类

	数字式		模拟式	
	增量式	绝对式	增量式	绝对式
回转型	脉冲编码器、圆光栅	绝对脉冲编码器	旋转变压器、圆形磁栅圆形感应同步器	多极旋转变压器
直线型	长光栅激光干涉仪	编码尺、绝对值式磁尺	直线感应同步器磁栅、光栅	绝对式磁尺

5.2　旋转变压器

旋转变压器(又称同步分解器)是利用电磁感应原理进行模拟式角度测量的装置，是一种旋转式的小型交流电动机，由定子和转子组成，分为有刷与无刷两种。

5.2.1　旋转变压器的结构和工作原理

图 5.1 所示是一种无刷旋转变压器的结构，左边为分解器，右边为变压器。变压器将分解器转子绕组上的感应电动势传输出来，这样就省去了电刷和集电环。变压器转子绕组 5 绕在与转子轴固定在一起的转子 6(由高导磁钢做成)上，可与转子一起旋转；定子绕组 4 装在与转子同心的定子 7(高导磁材料)上。分解器定子绕组外接励磁电源，分解器转子绕组的输出信号接到变压器转子绕组上，从变压器定子绕组上引出输出信号。

旋转变压器是根据互感原理工作的。其定子与转子之间的气隙内的磁通分布呈正弦规律，当定子绕组上加交流励磁电压时，通过互感在转子绕组中产生感应电动势，其输出电压的大小取决于定子与转子两个绕组轴线在空间的相对位置，如图 5.2 所示。两者平行时互感最大，二次侧的感应电动势也最大；两者垂直时互感为零，感应电动势也为零。当两者呈一定角度 θ 时，二次侧绕组中的感应电压为

$$u_2 = ku_1\cos\theta = kU_{\mathrm{m}}\sin\omega t\cos\theta$$

式中，k 为变压比，即两个绕组匝数比 N_1/N_2；U_{m} 为定子的最大瞬时电压；θ 为两绕组轴线间夹角；ω 为励磁电压角频率。

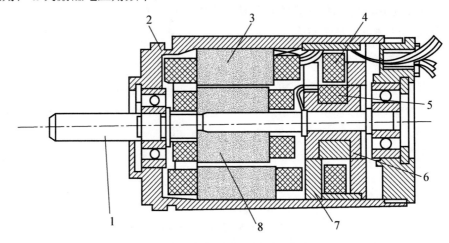

图 5.1　无刷旋转变压器的结构

1—转子轴；2—壳体；3—分解器定子；4—变压器定子绕组；
5—变压器转子绕组；6—变压器转子；7—定子；8—分解器转子

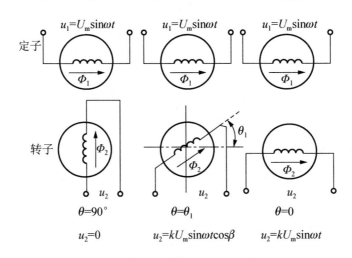

图 5.2　旋转变压器工作原理

5.2.2　旋转变压器的工作方式

实际使用中，通常采用的是正弦、余弦旋转变压器，其定子和转子绕组中各有互相垂直的两个绕组(图 5.3)，转子的一相绕组常作为补偿电枢反应，并将该绕组短接。

应用旋转变压器作位置检测元件有两种方式：鉴相型工作方式和鉴幅型工作方式。

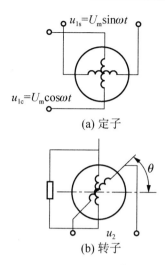

图 5.3　定子和转子两相绕组

1. 鉴相型工作方式

在此状态下，旋转变压器的定子两相正交绕组即正弦绕组 S 和余弦绕组 C 上分别加上幅值相等、频率相同而相位相差 90° 的正弦交流电压，即

$$u_{1s} = U_m \sin \omega t$$

$$u_{1c} = U_m \cos \omega t = U_m \sin(\omega t + 90°)$$

若起始时，正弦绕组与转子绕组轴线重合。当转子绕组旋转后，其轴线与正弦绕组轴线成 θ 角时，则在转子绕组中的感应电压为

$$u_{21} = k u_{1s} \cos \theta = k U_m \sin \omega t \cos \theta$$

由于余弦绕组与正弦绕组空间相差 90° 电角度，故在转子绕组上产生的感应电压为

$$u_{22} = k u_{1c} \cos(\theta + 90°) = -k U_m \cos \omega t \sin \theta$$

应用叠加原理，转子绕组中的总感应电压为

$$u_2 = u_{21} + u_{22} = k U_m (\sin \omega t \cos \theta - \cos \omega t \sin \theta)$$

$$= k U_m \sin(\omega t - \theta) \tag{5-1}$$

由式(5-1)可见，测量转子绕组输出电压的相位角，即可测得转子相对于定子的空间转角位置。在实际应用时，把对定子正弦绕组励磁的交流电压相位作为基准相位，与转子绕组输出电压相位作比较，来确定转子转角的位移。

2. 鉴幅型工作方式

给定子两相绕组分别通以频率相同、相位相同，而幅值分别按正弦、余弦变化的交流励磁电压，即

$$u_{1s} = u_{sm} \sin \omega t \qquad u_{1c} = u_{cm} \sin \omega t$$

其幅值分别为正弦、余弦函数

$$u_{sm} = U_m \sin \alpha \qquad u_{cm} = U_m \cos \alpha$$

定子励磁信号产生的合成磁通在转子绕组中产生的叠加感应电动势 u_2 为

$$u_2 = ku_{1s}\cos\theta + ku_{1c}\cos(\theta + 90°)$$
$$= kU_m \sin\alpha\sin\omega t\cos\theta - kU_m\cos\alpha\sin\omega t\sin\theta \qquad (5\text{-}2)$$
$$= kU_m\sin(\alpha - \theta)\sin\omega t$$

由式(5-2)可以看出，若 $\alpha = \theta$，则 $u_2 = 0$。从物理概念上理解，表示定子绕组合成磁通 Φ 与转子绕组的线圈平面平行，即没有磁力线穿过转子绕组线圈，故感应电动势为零。当磁通 Φ 垂直于转子绕组线圈平面时，即 $\theta = \alpha \pm 90°$ 时，转子绕组中的感应电动势最大。

根据转子误差电压的大小，不断修改定子励磁信号的 α (即励磁幅值)，使其跟踪 θ 的变化。当感应电动势 u_2 的幅值为零时，说明 α 的大小就是被测角位移 θ 的大小。

5.3 脉冲编码器

【光电编码器】

脉冲编码器是一种旋转式脉冲发生器。它把机械角变成电脉冲，是一种常用的角位移传感器。按脉冲编码器的工作原理可将其分为光电式、接触式和电磁感应式三种。就其精度与可靠性来说光电编码器最好，是数控机床中广泛采用的位置检测装置，也可用于速度检测。

5.3.1 增量式编码器

所谓增量式，就是每转过一个角度就发出数个脉冲，但轴的坐标位置并不确知，只能记录从现在起，得到了多少个脉冲，换算出转过多大的角度。

图 5.4(a)所示为增量式光电脉冲编码器的结构示意图。最初编码器的结构就是一个光电盘，在一个与工作轴一起旋转的圆盘的圆周上刻成间距相等的透光与不透光部分，其中相邻的透光与不透光线纹构成一个节距，用 τ 表示。还有一个固定不转的圆盘(指示光栅)和这个旋转的圆盘平行放置，其上开有相等角距的狭缝。当光线透过旋转的圆盘射到狭缝后的光电元件时，光通量的明暗变化引起光电元件产生一个近似正弦的信号。此信号经放大、整形电路的处理，再经变换得到脉冲信号。通过记录脉冲的数目，就可以测出转角。测出脉冲的变化率，即单位时间脉冲的数目，就可求出速度。

光电编码盘的测量精度取决于它所能分辨的最小角度，与码盘圆周所分的狭缝条数有关，即

$$分辨角 = \frac{360°}{狭缝数}, \qquad 分辨率 = \frac{1}{狭缝数}$$

为了判断旋转方向，在指示光栅狭缝群中做出两个相邻的狭缝并错开 1 / 4 节距，如图 5.4(b)所示。这两个狭缝同光敏元件相对应，得到两组不同的光电脉冲，分别称为 A 相脉冲与 B 相脉冲。它们在相位上相差 1 / 4 周期，即相差 90° 电角度。用 A 相与 B 相的辨向原理示于图 5.4(c)。正转时，A 相超前于 B 相 90°；反转时，B 相超前于 A 相 90°。

通常在圆盘的里圈不透光圆环上还刻有一条透光条纹，这是用来产生一转脉冲的信号，即每转过一转就发出一个脉冲，称之为 Z 脉冲，用于找机床的基准点。

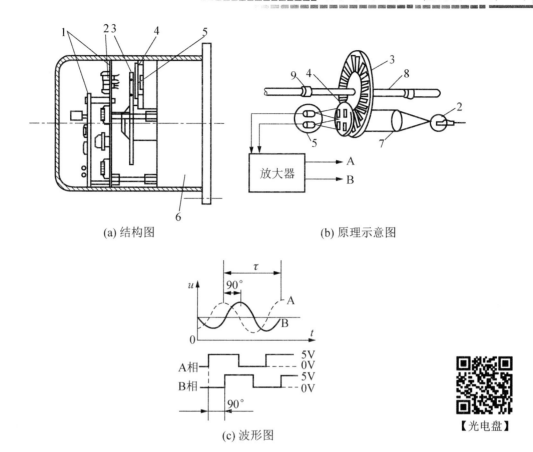

(a) 结构图　　　　　　　　　　(b) 原理示意图

(c) 波形图

图 5.4　光电盘位置检测装置

1—印制电路板；2—光源；3—圆光栅；4—指示光栅；
5—光电池组；6—底座；7—聚光镜；8—轴；9—轴承

5.3.2　绝对式编码器

与增量式脉冲编码器不同，绝对式编码器通过读取编码盘上的图案来表示轴的位置。编码盘的编码类型有多种：二进制编码、二进制循环码(格雷码)、二-十进制码等。码盘的读取方式有接触式、光电式和电磁式等几种。

图 5.5 所示是一个 4 位二进制编码盘。在一个不导电基体上做成许多金属导电区，其中涂黑部分为导电区，用"1"表示；白的部分为绝缘区，用"0"表示。图中从外向内共有 5 圈码道。最里一圈是公用的，它和各码道所有导电部分连在一起，经电刷和电阻接电源正极。其余四圈码道上也都装有电刷，电刷经电阻接地。码盘与被测转轴一起转动，电刷位置固定。若电刷接触的是导电区域，则经电刷、码盘、电阻和电源形成回路，电刷上为高电位，记为"1"；反之，若电刷接触的是绝缘区域，电刷悬空，经电阻与电源负极相连，电刷上为低电位，记为"0"。由此电刷上将依转盘转角不同而出现由"1""0"组成的 4 位不同二进制代码，且高位在内，低位在外。图 5.5(a)中如码盘顺时针转动，将依次得到 0000，0001，0010，…，1111 二进制输出。

【光电盘】

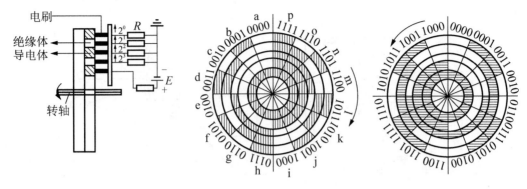

(a) 4 位二进制码盘   (b) 4 位二进制循环码盘

图 5.5   4 位二进制码盘(接触式)

不难看出，码道的圈数就是二进制的位数。若是 n 位二进制码盘，就有 n 圈码道，且圆周均分为 2^n 等份，即共有 2^n 个数据来分别表示其不同位置，所能分辩的角度为

$$\alpha = \frac{360^\circ}{2^n}$$

$$分辨率 = \frac{1}{2^n}$$

二进制码盘简单，但码盘的制造和元件的安装要求十分严格，操作不当易引起阅读错误。如当电刷由 0011 向位置 0100 过渡时，若电刷不严格保持在一直线上或接触不良，就可能得到 0000，0001，0010，…，0111 等多个码值。为此常采用循环码(格雷码)，见表 5-2。循环码是非加权码，其特点为相邻两个代码间只有一位数不同。因此，由于电刷安装质量及其他原因引起电刷错位时所产生的读数误差，最多不超过"1"。

表 5-2   十进制、二进制数及 4 位循环码对照表

十进制数	二进制数(C)	循环码(R)
0	0000	0000
1	0001	0001
2	0010	0011
3	0011	0010
4	0100	0110
5	0101	0111
6	0110	0101
7	0111	0100
8	1000	1100
9	1001	1101
10	1010	1111
11	1011	1110
12	1100	1010
13	1101	1011
14	1110	1001
15	1111	1000

将二进制码转换成循环码的法则是：将二进制码与其本身右移一位后并舍去末位的数码作不进位加法，所得结果即为循环码。

例如，二进制码1000(8)所对应的循环码为1100，即

$$
\begin{array}{ll}
1000 & \text{二进制码} \\
\oplus \quad 100 & \text{右移一位并舍去末数} \\
\hline
1100 & \text{循环码}
\end{array}
$$

接触式码盘的优点是结构简单、体积小，输出信号强；缺点是有电刷磨损，因而使用寿命不长，转速较低。光电式码盘由光敏元件接收相应的编码信号，具有无触点磨损，使用寿命长，允许转速高等特点，目前应用较多。但其结构复杂，价格较高。

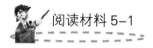
阅读材料 5-1

增量式测量与绝对式测量

1. 增量式测量

增量式编码器(图5.6)是直接利用光电转换原理输出三组方波脉冲A、B和Z相；A、B两组脉冲相位差90°，从而可方便地判断出旋转方向，而Z相为每转产生一个脉冲，用于基准点定位。增量式编码器在转动时输出脉冲，通过计数器来知道其位置。当编码器停电时，存放在缓冲器或外部计数器中的数值将丢失。增量式测量角度原理如图5.7所示。

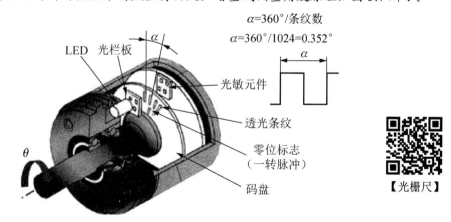

图5.6 增量式编码器结构图

2. 绝对式测量

绝对编码器是直接输出数字量的传感器，在它的圆形码盘上沿径向有若干同心码道，每条道上由透光和不透光的扇形区相间组成，码盘上的码道数就是它的二进制数码的位数。当码盘处于不同位置时，各光敏元件根据受光照与否转换出相应的电平信号，形成二进制数。这种编码器的特点是不要计数器，在转轴的任意位置都可读出一个固定的与位置相对应的数字码。图5.8所示为接触式绝对式编码器码盘，图5.9所示为其角度测量原理。

输出信号为一串脉冲，每一个脉冲对应一个分辨角 α，对脉冲进行计数 N，就是对 α 的累加，即，角位移 $\theta=\alpha N$。

如：$0.352°$，脉冲 $N=1000$，则：
$\theta=0.352°×1000=352°$

图 5.7 增量式测量角度原理

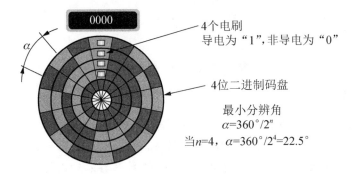

4 个电刷
导电为 "1"，非导电为 "0"

4 位二进制码盘

最小分辨角
$\alpha=360°/2^n$
当 $n=4$，$\alpha=360°/2^4=22.5°$

图 5.8 接触式绝对式编码器码盘

输出 n 位二进制编码，每一个编码对应唯一的角度。

$0\ 0\ 0\ 0 \longrightarrow 0°$
$0\ 0\ 0\ 1 \longrightarrow 22.5°$
$0\ 0\ 1\ 0 \longrightarrow 45°$
$\vdots$
$1\ 1\ 1\ 1 \longrightarrow 337.5°$

图 5.9 绝对式测量角度原理

5.3.3 编码器在数控机床中的应用

1. 位移测量

在数控机床中编码器和伺服电动机同轴连接或连接在滚珠丝杠末端，用于工作台和刀架的位移测量。数控回转工作台中，在回转轴末端安装编码器，可测量回转工作台的角位移。

由于增量式光电编码器每转过一个分辨角就发出一个脉冲信号，因此，根据脉冲的数量、传动比及滚珠丝杠螺距即可得出移动部件的直线位移量。如某带光电编码器的伺服电动机与滚珠丝杠直连(传动比 1：1)，光电编码器每转产生 1024 个脉冲，丝杠螺距 8mm，在一转时间内计数 1024 脉冲，则在该时间段里，工作台移动的距离为 8mm／r÷1024／r×1024=8mm。

2．主轴控制

(1) 当数控车床主轴安装编码器后，则该主轴具有 C 轴插补功能，可实现主轴旋转与 Z 坐标轴进给的同步控制；恒线速切削控制，即随着刀具的径向进给及切削直径的逐渐减小或增大，通过提高或降低主轴转速，保持切削线速度不变。

(2) 主轴定向控制等。

3．测速

光电编码器输出脉冲的频率与其转速成正比，因此，光电编码器可代替测速发电机的模拟测速而成为数字测速装置。

4．提供反馈信号

编码器应用于交流伺服电动机控制中，提供速度反馈信号和位置反馈信号。

5．零标志脉冲用于回参考点控制

数控机床采用增量式的位置检测装置时，在接通电源后要回参考点。因为机床断电后，系统就失去了对各坐标轴位置的记忆，所以在接通电源后，必须让各坐标轴回到机床某一固定点，这一固定点就是机床坐标系的原点或零点，也称机床参考点。

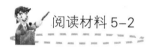

阅读材料 5-2

光电编码器在数控机床中的应用

1．测量位移

光电编码器是一种光学式位置检测元件，编码盘直接安装在电动机的旋转轴上，通过测量旋转角度间接测量位移量。图 5.10 为其安装图，图 5.11 为检测示意图。

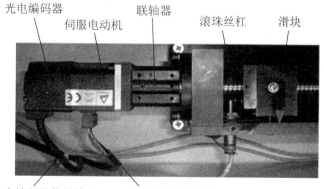

图 5.10　安装图

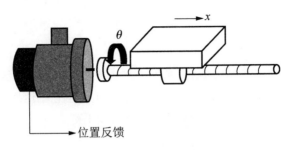

图 5.11　检测示意图

2．回参考点检测

编码器随电动机旋转产生 Z 零脉冲信号。图 5.12 和图 5.13 分别为零脉冲和机床参考点位置示意图。

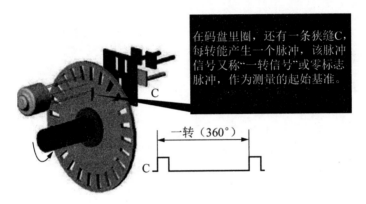

在码盘里圈，还有一条狭缝C，每转能产生一个脉冲，该脉冲信号又称"一转信号"或零标志脉冲，作为测量的起始基准。

图 5.12　零脉冲示意图

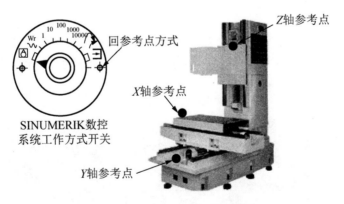

图 5.13　机床参考点位置示意图

3．车削螺纹和 C 轴控制

图 5.14 和图 5.15 分别为安装于车床主轴上的编码器在 C 轴和螺纹车削中的应用示意图。

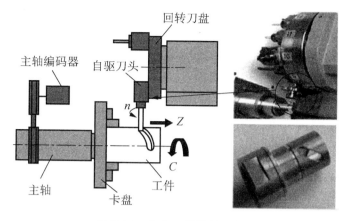

图 5.14　车床 C 轴控制示意图

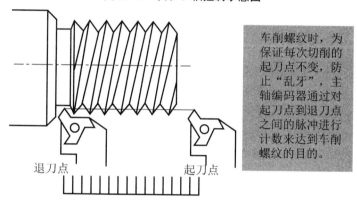

车削螺纹时，为保证每次切削的起刀点不变，防止"乱牙"，主轴编码器通过对起刀点到退刀点之间的脉冲进行计数来达到车削螺纹的目的。

图 5.15　螺纹车削控制示意图

5.4　感应同步器

5.4.1　感应同步器的结构

感应同步器是从旋转变压器发展而来的直线式传感器，相当于一个展开的多极旋转变压器。它是利用滑尺上的励磁绕组和定尺上的感应绕组之间相对位置的变化而产生电磁耦合的变化，从而发出相应的位置电信号来实现位移检测。

感应同步器分为旋转式和直线式两种，分别用于角度测量和长度测量(图 5.16)。直线式感应同步器由相对平行移动的定尺和滑尺组成，定尺安装在机床床身上，滑尺安装于移动部件上，随工作台一起移动，两者平行放置，保持(0.25 ± 0.05)mm 的均匀气隙，其安装方式如图 5.17 所示。

标准的感应同步器，定尺长 250mm，尺上是单向、均匀、连续的感应绕组；滑尺长 100mm，尺上有两组励磁绕组，一组叫正弦励磁绕组，一组叫余弦励磁绕组，如图 5.16(a) 所示。绕组的节距与定尺上绕组的节距相同，均为 2mm，用 τ 表示。当正弦励磁绕组与定尺绕组对齐时，余弦励磁绕组与定尺绕组相差 1／4 节距(90° 相位角)。

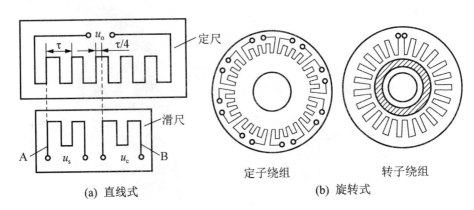

（a）直线式　　　　　　　　（b）旋转式

图 5.16　感应同步器的结构图

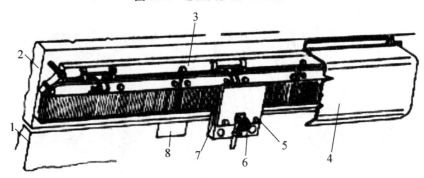

图 5.17　感应同步器安装图

1—机床不动部件；2—机床移动部件；3—定尺座；4—护罩；
5—滑尺；6—滑尺座；7—调整板；8—定尺

5.4.2　感应同步器的工作原理

　　感应同步器的工作原理与旋转变压器的工作原理基本相同。当滑尺相对定尺移动时，定尺上感应电压的幅值和相位也将变化(图 5.18)。若向正弦绕组通以交流励磁电压，则在绕组周围产生旋转磁场。当滑尺处于图 5.18 中 A 点位置，即滑尺绕组与定尺绕组完全重合时，定尺上的感应电压最大。当滑尺相对定尺向右平行移动时，感应电压逐渐减小。当滑尺移至图 5.18 中 B 点位置，与定尺绕组刚好错开 1 / 4 节距时，定尺上合成磁通为零，感应电压也为零。再继续移至 1 / 2 节距处，即图 5.18 中 C 点位置时，为最大的负值电压。再移至 3 / 4 节距，即图 5.18 中 D 点位置时，感应电压又变为零。当移动到一个节距位置，即图 5.18 中 E 点时，与 A 点情况相同。显然，在定尺和滑尺的相对位移中，感应电压呈周期性变化，其波形为余弦函数。滑尺移动一个节距，感应电压变化一个周期。

　　同样，若在滑尺的余弦绕组中通以交流励磁电压，也能得出定尺绕组中感应电压与两尺相对位移的关系曲线，它们之间为正弦函数关系。

　　根据励磁供电方式的不同，感应同步器可分为相位工作方式和幅值工作方式。

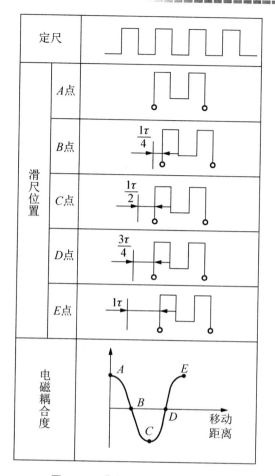

图 5.18 感应同步器的工作原理

1. 相位工作方式

给绕组 S 和 C 分别通以幅值、频率相同但相位相差 90°的交流电压，即

$$u_{1s} = U_m \sin \omega t$$

$$u_{1c} = U_m \sin(\omega t + 90°) = U_m \cos \omega t$$

若起始时正弦绕组与定尺的感应绕组对应重合，当滑尺移动时，滑尺与定尺的绕组不重合，则定尺绕组中产生的感应电压为

$$u_{21} = k u_{1s} \cos \theta = k U_m \sin \omega t \cos \theta$$

式中，k 为耦合系数；θ 为滑尺绕组相对于定尺绕组的空间相位角。

$$\theta = 2\pi \frac{x}{\tau} = \frac{2\pi x}{\tau} \tag{5-3}$$

由式(5-3)可见，在一个节距内 θ 与 x 是一一对应的。

同理，由于余弦绕组与定尺绕组相差 1 / 4 节距，故在定尺绕组中的感应电压为

$$u_{22} = k u_{1c} \cos(\theta + 90°) = -k U_m \sin \theta \cos \omega t$$

则在定尺的绕组上产生合成电压为

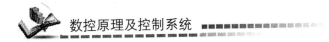

$$u_2 = u_{11} + u_{22} = kU_m \sin \omega t \cos \theta - kU_m \cos \omega t \sin \theta$$
$$= kU_m \sin(\omega t - \theta) \tag{5-4}$$

由式(5-4)可见，在相位工作方式中，由于耦合系数、励磁电压幅值及频率均是常数，所以定尺的感应电压 u_2 随着空间相位角 θ 的变化而变化。通过测量定尺感应电压的相位 θ，即可测量定尺相对于滑尺的移动量 x。

2. 幅值工作方式

给滑尺的正弦绕组和余弦绕组分别通以相位相同、频率相同但幅值不同且能由指令角 α 调节的交流励磁电压，即

$$u_{1s} = U_m \sin \alpha \sin \omega t$$
$$u_{1c} = U_m \cos \alpha \sin \omega t$$

若滑尺相对于定尺移动一个距离 x，对应的相移为 θ，定尺上的叠加感应电压为

$$u_2 = kU_m \sin \alpha \sin \omega t \cos \theta - kU_m \cos \alpha \sin \omega t \sin \theta$$
$$= kU_m \sin \omega t(\sin \alpha \cos \theta - \cos \alpha \sin \theta)$$
$$= kU_m \sin \omega t \sin(\alpha - \theta) \tag{5-5}$$

式(5-5)中，若 $\alpha = \theta$，则 $u_2 = 0$。在滑尺移动中，一个节距内的任一 $u_2 = 0$、$\alpha = \theta$ 点称为节距零点。若改变滑尺位置，使 $\alpha \neq \theta$，则在定尺上出现的感应电压为

$$u_2 = kU_m \sin \omega t \sin(\alpha - \theta) = kU_m \sin \omega t \sin \Delta \theta$$

令 $\alpha = \theta + \Delta \theta$，则当 $\Delta \theta$ 很小时，$\sin \Delta \theta = \Delta \theta$，定尺上的感应电压可近似表示为

$$u_2 = kU_m \sin \omega t\, \Delta \theta$$

又因为

$$\Delta \theta = \frac{2\pi}{\tau} \Delta x$$

所以

$$u_2 = kU_m \Delta x \frac{2\pi}{\tau} \sin \omega t \tag{5-6}$$

由式(5-6)可以看出，定尺上的感应电压 u_2 实际上是误差电压。当位移增量 Δx 很小时，u_2 的幅值和 Δx 成正比，这是对位移增量进行高精度细分的依据。例如，当 $\Delta x = 0.01$mm 时，使 u_2 超过某一预先整定的门槛电平，并产生脉冲信号，用此脉冲来修正励磁信号 u_{1s} 和 u_{1c}，使误差信号重新降低到门槛电平以下，这样就把位移量转化为数字量，实现了对位移的测量。

5.4.3 感应同步器的特点

1. 精度高

因为定尺的节距误差有平均补偿作用，尺子本身的精度能做得较高。直线式感应同步器对机床位移的测量是直接测量，不经过任何机械传动装置，测量精度取决于尺子的精度。

2. 测量长度不受限制

当测量长度大于 250mm 时，可采用多块定尺接长的方法进行测量。行程为几米到几十

米的中型或大型机床中，位移的直线测量大多数采用直线式感应同步器来实现。

3. 对环境的适应性较强

因为感应同步器定尺和滑尺的绕组是在基板上用光学腐蚀方法制成的铜箔锯齿形的印制电路绕组，可在定尺的铜绕组上面涂一层耐腐蚀的绝缘层，以保护尺面在滑尺的绕组上面用绝缘粘接剂粘贴层铝箔，以防静电感应。定尺和滑尺的基板采用与机床床身热膨胀系数相近的材料，当温度变化时，仍能获得较高的重复精度。

4. 维修简单、使用寿命长

感应同步器的定尺和滑尺互不接触，因此无任何摩擦、磨损，使用寿命长，不怕灰尘、油污及冲击振动。同时由于它是电磁耦合器件、光敏元件，不存在元件老化及光学系统故障等问题。

5.5 磁   栅

磁栅(又称磁尺)是一种电磁检测装置。它利用磁记录原理，将一定波长的电信号，通过录磁磁头记录在磁性标尺的磁膜上，作为测量位移量的基准尺。检测时，读取磁头(即拾磁磁头)将磁性标尺上的磁化信号转化为电信号，并通过检测电路将磁头相对于磁性标尺的位置或位移量用数字显示出来或传送给数控机床。磁栅与光栅、感应同步器相比，测量精度略低一些；但具有制作简单，安装、调试方便，成本低，环境要求低等特点。

5.5.1 磁栅结构

磁栅按其结构可分为线型、尺型和旋转型三种。

图 5.19 所示为磁栅的结构与工作原理，它由磁性标尺、拾磁磁头和检测电路组成。

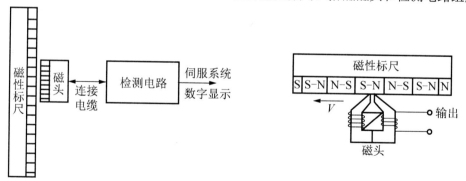

图 5.19 磁栅的结构与工作原理

1. 磁性标尺

磁性标尺是在非导磁材料的基体上，涂敷或镀上一层 10～20μm 厚的高磁导率材料，形成均匀磁膜。然后用录磁方法将镀层磁化成相等节距的周期性磁化信号。磁化信号可以是方波，也可以是正弦波，它的节距一般取 0.05mm、0.10mm、0.20mm、1mm 等几种。

2. 拾磁磁头

拾磁磁头是进行磁电转换的器件。它将磁性标尺上的磁信号转化成电信号送给检测电路，拾磁磁头包括动态磁头和静态磁头。

动态磁头又称速度响应型磁头，如图 5.20 所示。它只有一组输出线圈，所以只有当磁头和磁尺有一定的相对运动时，才能检测出磁化信号。这种磁头只能用于动态测量。

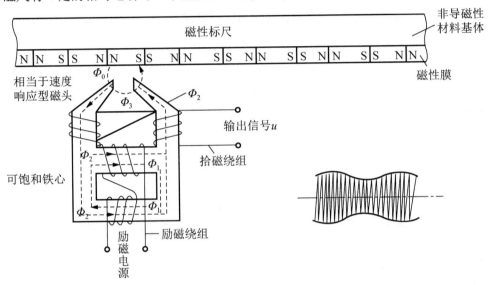

图 5.20 动态磁头

静态磁头又称磁通响应型磁头，它在普通磁头的铁心回路中，加入带有励磁线圈的饱和铁心，在励磁线圈中通以高频励磁电流，使读取线圈的输出信号振幅受到调制。数控机床要求磁尺与磁头相对运动速度很低甚至静止时也能进行测量，所以应采用静态磁头。

5.5.2 磁栅的工作原理

图 5.20 示出了单磁头对磁栅信号的读出原理。磁栅是通过它的漏磁通变化来感应电动势的。磁栅漏磁通 Φ_0 的一部分 Φ_2 通过磁头铁心，另一部分通过气隙，则

$$\Phi_2 = \Phi_0 \frac{R_\delta}{R_\delta + R_\mathrm{T}} \tag{5-7}$$

式中，R_δ 为气隙磁阻；R_T 为铁心磁阻。

其中 R_δ 可认为不变，而 R_T 与励磁线圈所产生的磁通 Φ_1 有关。励磁绕组中的高频交变励磁信号，使铁心产生周期性正反向饱和磁化。当励磁回路的铁心处在磁饱和状态时，铁心磁阻无穷大，无论磁尺上的漏磁有多大，输出绕组的铁心上都无磁力线通过，输出信号为零。励磁电流每周期内有两次峰值，故铁心两次处于饱和状态，输出电压两次为零。励磁电流从峰值变到零时，读取回路能检测到磁尺上的漏磁，故输出信号的频率是励磁信号频率的两倍。输出信号为励磁电流的二次调制谐波，其包络线同磁尺上磁场分布一致，当励磁绕组中通以 $I_0 \sin \omega t$ 的高频电流时，电压为

$$u = E_0 \sin \frac{2\pi x}{\lambda} \cos 2\omega t \qquad (5\text{-}8)$$

式中，E_0 为系数；λ 为磁尺上磁信号的节距；x 为磁头在磁尺上的位移量；ω 为励磁电流的角频率。

由(5-8)式可知，输出电压 u 的幅值按位移量 x 周期性变化，因此可检测位移量。实际上，式(5-8)由两部分构成：如果磁头不动，那么由于可饱和铁心上有一交流励磁信号，使拾磁线圈磁路是一个变化磁阻的磁路，因而磁路磁通会产生相应变化，这一部分就是 $\cos 2\omega t$；第二部分就是录在磁尺上的磁动势是以正弦函数变化的，当 $\lambda = x$ 时，u 为 0，因而只要测量输出信号过零次数，就可知道 x 的大小。

为辨别磁头在磁性标尺上的移动方向，常采用间距为 $(m \pm 1/4)\lambda$ 的两组磁头，m 为任意整数，如图 5.21 所示。其输出分别为

$$u_1 = E_0 \sin \frac{2\pi x}{\lambda} \cos 2\omega t$$

$$u_2 = E_0 \cos \frac{2\pi x}{\lambda} \cos 2\omega t$$

u_1 同 u_2 相位相差 $90°$。根据两个磁头输出信号的超前或滞后，可确定其移动方向。

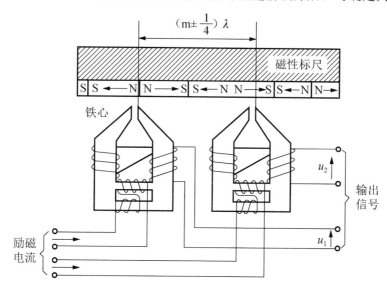

图 5.21　辨向磁头的配置

5.5.3　磁栅的检测电路

磁栅检测电路包括磁头励磁电路，信号放大电路，滤波及辨向电路，细分的内插电路，显示及控制电路等各个部分。

根据检测的方法不同，有幅值检测与相位检测两种，以相位检测应用较多。相位检测以双磁头为例，将第二组磁头的励磁电流移相 $45°$，或将它的输出信号移相 $90°$，则在两个磁头的拾磁绕组中分别输出感应电压 u_1 和 u_2

$$u_1 = E_0 \sin \frac{2\pi x}{\lambda} \cos 2\omega t \qquad u_2 = E_0 \cos \frac{2\pi x}{\lambda} \cos 2(\omega t - 45°)$$

对两组磁头信号求和，得

$$u = E_0 \sin\left(2\omega t + \frac{2\pi x}{\lambda}\right) \tag{5-9}$$

图 5.22 是磁栅相位检测系统的原理方框图。脉冲发生器发出的 2MHz 脉冲序列经 400 分频后得到 5kHz 的励磁信号，再经带通滤波器变成正弦波后分成两路：一路经功率放大器送到第一组磁头的励磁线圈，另一路经 45° 移相后由功率放大器送到第二组磁头的励磁线圈。从两组磁头读出信号(u_1，u_2)，由求和电路求和，即得到相位随位移 x 而变化的合成信号。该信号经放大、滤波、整形后变成 10kHz 的方波。再经鉴相内插电路的处理，即可得到分辨率为 5μm 位移测量脉冲。该脉冲可送至显示计数器或位置控制回路。

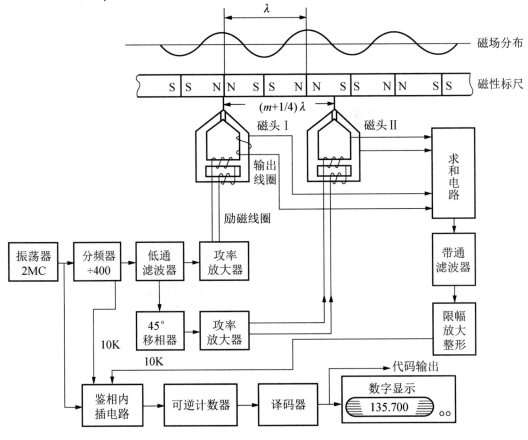

图 5.22　磁栅相位检测系统的原理

5.6　光　　栅

高精度数控机床上使用光栅作为位置检测装置。光栅将位移转变为数字信号反馈给 CNC 装置，实现闭环位置控制。在玻璃的表面上制成透明与不透明间隔相等的线纹，称为透射光栅；在金属的镜面上制成全反射与漫反射间隔相等的线纹，称为反射光栅。从形状上看，又可分为圆光栅和长光栅。圆光栅用于测量转角位移，长光栅用于测量直线位移。

5.6.1　光栅的结构

光栅由光栅尺和光栅读数头两部分组成。

1. 光栅尺

光栅尺是指标尺光栅和指示光栅，它们是用真空镀膜的方法光刻上均匀密集线纹的透明玻璃片或长条形金属镜面。光栅的线纹相互平行，线纹之间的距离(栅距)相等。在光栅测量中，通常由一长一短两块光栅尺配套使用，其中长的一块称为标尺光栅或主光栅，随运动部件移动，要求与行程等长。短的一块称为指示光栅，固定在机床相应部件上。图 5.23 所示为一光栅尺的简单示意图。两个光栅尺上均匀刻有很多条纹，从其局部放大部分来看，白的部分 b 为透光宽度，黑的部分 a 为不透光宽度，设 τ 为栅距，则 $\tau = a + b$。

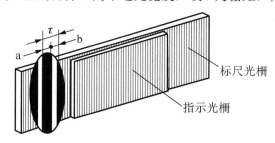

图 5.23　光栅尺

2. 光栅读数头

光栅读数头又叫光电转换器，它把光栅莫尔条纹变成电信号。图 5.24 中采用的是直射式光栅读数头。读数头都是由光源、透镜、指示光栅、光敏元件和驱动电路组成的。图 5.24 中的标尺光栅不属于光栅读数头，但它要穿过光栅读数头。读数头还有分光式和反射式等几种。

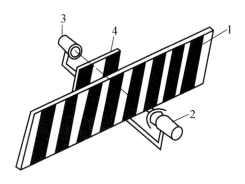

【光栅】

图 5.24　光栅结构原理
1—光栅尺；2—光源；3—光敏二极管；4—指示光栅

设标尺光栅固定不动，指示光栅沿着与线纹垂直的方向移动，当指示光栅的不透明部分与标尺光栅透明间隔完全重合时，光敏元件接收的光通量最小，理论上等于 0；当指示光栅的线纹部分与标尺光栅的线纹部分完全重合时，光敏元件接收的光通量最大。因此，指示光栅沿标尺光栅连续移动时，光敏元件产生的光电流是变化且连续的，近似于正弦波。指示光栅每移动一个栅距，光电流变化一个周期。

5.6.2　光栅测量的基本原理

1．莫尔条纹

将两块栅距相同、黑白宽度相同($a = b = \tau / 2$)的标尺光栅和指示光栅保持一定间隔平行放置，将指示光栅在其自身平面内倾斜一很小的角度，以使它的刻线与标尺光栅的刻线保持一个很小的夹角θ。这样，在光源的照射下，就形成了与光栅刻线几乎垂直的横向明暗相间的宽条纹，即莫尔条纹(图 5.25)。两个亮带间的距离称为莫尔条纹的节距 W，它与两光栅尺刻线间夹角θ有关。

【莫尔条纹】

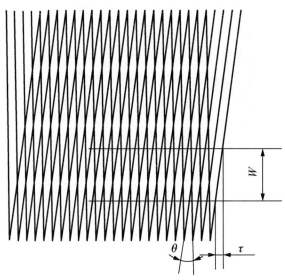

图 5.25　莫尔条纹

从图5.26可得各参数间关系如下

$$BC = AB \sin \frac{\theta}{2}$$

其中

$$BC = \frac{\tau}{2}, \qquad AB = W$$

因而

$$W = \frac{\tau}{2 \sin \frac{\theta}{2}}$$

由于θ值很小，上式可简化成

$$W = \frac{\tau}{\theta} \tag{5-10}$$

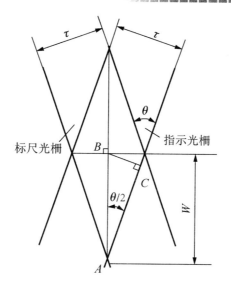

图 5.26　莫尔条纹参数

2. 莫尔条纹的特点

1) 起放大作用

由式(5-10)可知，莫尔条纹的节距 W 将光栅栅距 τ 放大了若干倍。若设 $\tau = 0.01$mm，把莫尔条纹调成 10mm，则放大倍数相当于 1000 倍，即利用光学的方法将光栅间距放大了 1000 倍，因而大大减轻了电子线路的负担。

2) 莫尔条纹的移动与栅距的移动成比例

当光栅尺沿与刻线垂直方向相对移动时，莫尔条纹沿刻线方向移动。光栅尺移动一个栅距 τ，莫尔条纹恰恰移动了一个节距 W。即光通量分布曲线 7 变化一个周期，光敏元件 5 输出的电信号变化一个周期，如图 5.27 所示。若光栅尺移动方向改变，莫尔条纹的移动方向也改变。光栅尺每移动一个栅距，莫尔条纹的光强也经历了由亮到暗、由暗到亮的一个变化周期，莫尔条纹的位移反映了光栅的栅距位移。

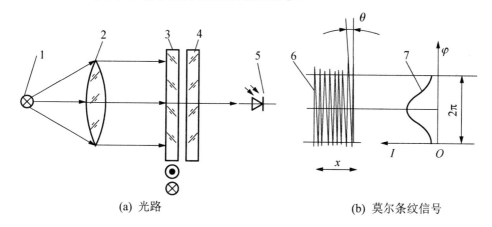

(a) 光路　　　　　　　　　　　　(b) 莫尔条纹信号

图 5.27　光栅测量原理图

1—光源；2—聚光镜；3—标尺光栅；4—指示光栅；

5—光敏元件；6—莫尔条纹；7—光通量分布曲线

3) 均化误差作用

莫尔条纹是由光栅的大量刻线共同组成,例如,200 条 / mm 的光栅,10mm 宽的光栅就由 2000 条线纹组成,这样栅距之间的固有相邻误差就被平均化了,消除了栅距之间不均匀造成的误差。

3. 光栅测量系统

光栅测量系统的基本构成如图 5.28(a)所示,由光源、透镜、光栅尺、光敏元件和一系列信号处理电路组成。信号处理电路包括放大电路、整形电路和方向鉴别电路等。光栅移动时产生的莫尔条纹明暗信号可以用光敏元件接收。图 5.28(a)中四块光电池产生的信号,相位彼此相差 90°,对这些信号进行适当的处理后,即可变为表示光栅位移量的测量脉冲。图 5.28(b)为光信号到脉冲信号的转化过程示意图。

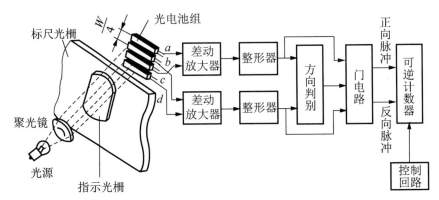

(a) 光栅测量系统

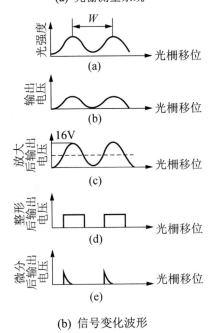

(b) 信号变化波形

图 5.28　光栅测量系统及信号波形图

5.7　位置控制原理

1. 概述

位置控制是伺服系统的重要组成部分，它是保证位置控制精度的重要环节。位置控制按其结构可分为开环控制和闭环控制两大类。开环控制不需要位置检测及反馈，闭环控制需要位置检测及反馈。位置控制的职能是精确地控制机床运动部件的坐标位置，快速而准确地跟踪指令运动。开环位置控制系统就是前面已讨论的步进电动机驱动系统，这里对闭环位置控制系统进行简单介绍。

闭环位置控制系统又称作位置伺服系统，它是基于反馈控制原理工作的，即把被控变量与输入的指令值随机地进行比较，以形成误差值，并用此误差来控制伺服机构向着消除误差的方向运转(负反馈)，最终达到使输出等于输入。

现代数控机床的位置伺服系统的一般结构如图5.29所示。这是一个双闭环系统，内环是速度环，用作速度反馈的检测元件，通常为测速发电机或脉冲编码器等。速度控制单元是一个独立的单元部件，由速度调节器、电流调节器及功率驱动放大器等部分组成。外环是位置环，由CNC装置中的位置控制模块与速度控制单元、位置检测及反馈控制等部分组成。

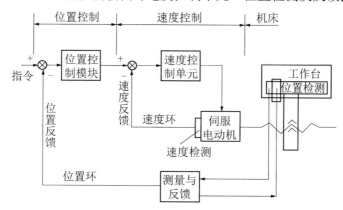

图5.29　闭环位置伺服系统的一般结构图

位置控制主要是对数控机床的进给运动的坐标位置进行控制。例如，工作台前后左右移动，主轴箱的上下移动，围绕某一直线轴的旋转运动等。轴控制是数控机床上要求最高的位置控制，不仅对单个轴的运动速度和精度的控制有严格要求，而且在多轴联动时，还要求各移动轴有很好的动态配合，否则，会影响加工效率、产品质量。

位置控制环的指令脉冲来自于CNC系统，CNC系统经过轮廓插补运算，在每一个插补周期内，插补运算输出一组数据给位置环，位置环根据指令的要求及各环节的放大倍数对位置数据进行处理，再把处理的结果送给速度环，作为速度环的给定值。

2. 位置伺服的相位控制方法

相位控制方法即相位比较法，它的实质是脉冲相位的比较，而不是脉冲数量的比较。相位比较的位置检测装置可采用旋转变压器、感应同步器或磁栅，使这些装置工作在相位工作状态。

如图 5.30 所示为感应同步器相位比较控制原理框图，包括时钟脉冲发生器、脉冲-相位变换器、励磁供电线路、测量信号放大器和鉴相器等。感应同步器将工作台的机械位移变为电压信号的相位变化，通过测量定尺电压 u_2，经放大、滤波、整形后作为实际相位 θ 送到鉴相器。

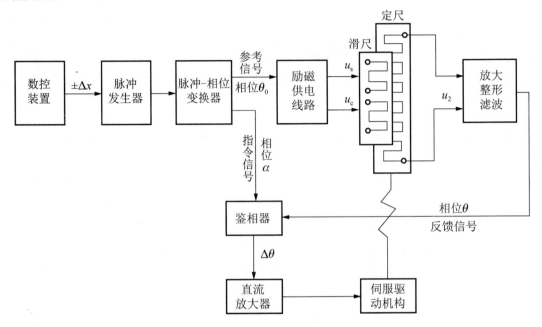

图 5.30 感应同步器相位比较控制原理框图

脉冲-相位变换器输出两路方波信号。一路与基准脉冲信号有确定的相位关系 θ_0，称为参考信号；另一路与基准脉冲信号相位关系为 α，称为指令信号。α 的大小取决于微机数控系统将位移量 $\pm\Delta x$ 经时钟脉冲发生器转换成的指令脉冲数，即表示位移量的指令是以相位差角度值给定的；α 相对于 θ_0 的超前与滞后，则取决于指令方向(正向或反向)。

脉冲-相位变换器输出的参考信号，经励磁供电线路变为幅值相等、频率相同、相位相差 90° 的正弦、余弦信号通过功率放大器给正弦、余弦绕组励磁。由上述可知，定尺绕组上所取的感应电压 u_2 的相位 θ 反映出定尺和滑尺间的相对位置；由于是同一个基准相位 θ_0，所以将指令信号相位 α 和实际信号相位 θ 在鉴相器中进行比较，其相位差和定尺滑尺间的位移量是一一对应的。若两者相位一致，即 $\alpha = \theta$，则表示感应同步器的实际位置与给定指令位置相同。反之，若两者位置不一致，则利用其产生的相位差作为伺服驱动机构的控制信号，控制执行机构带动工作台向减小相位差的方向移动。

CNC 系统中，进给伺服系统属于位置随动系统，需要同时对速度和位置进行精确控制。通常要处理位置环、速度环和电流环的控制信息。早期的位置控制环是将位置数据经 D／A 转换变成模拟量后送给速度环。现代的全数字伺服系统，则不进行 D／A 转换，而用计算机软件进行数字处理。根据处理信息是用软件还是硬件，可将伺服系统分为全数字式、混合式和模拟式。目前，大多数伺服系统为混合式，即位置环用软件实现，速度环和电流环由硬件实现。

当今，位置伺服控制系统中还引入了前馈控制、预测控制、自适应控制、自学习控制等控制方法，并采用了超大规模集成电路和专用计算机接口芯片，使位置伺服的响应速度和控制精度得到很大提高。

本 章 小 结

闭环和半闭环数控系统的位置控制是指将计算机数控系统插补计算的理论值与实际值的检测值相比较，用二者的差值去控制进给电动机，使工作台或刀架运动到指令位置，实际值的采集，则需要位置检测装置来完成。位置检测元件可以检测机床工作台的位移，电动机转子的角位移和速度。位置伺服的准确性决定了加工精度。

本章对常用位置检测装置的分类、结构、工作原理和工作方式等进行了介绍。

(1) 检测装置的分类：间接测量与直接测量，模拟测量与数字测量，增量式测量与绝对式测量。

(2) 检测装置的结构与工作原理：基本组成、光电式或电磁式工作原理、特点。

(3) 工作方式：鉴相和鉴幅工作方式。

(4) 数控机床的位置控制：位置控制原理，感应同步器的相位方式位置控制原理。

思 考 题

1. 数控机床对位置检测装置有何要求？
2. 什么是绝对式测量和增量式测量，间接测量和直接测量？
3. 光电编码器安装在滚珠丝杠驱动前端和末端有何区别？
4. 简述增量式光电编码器在数控机床中的应用。怎样进行方向判别？
5. 旋转变压器和感应同步器各有哪些部件组成？有哪些工作方式？
6. 磁栅由哪些部件组成？方向如何判别？
7. 光栅由哪些部件组成？简述莫尔条纹及其特点。
8. 简述数控机床的位置控制原理，分析感应同步器的位置控制原理。

第6章

PLC 在数控机床中的应用

 本章教学要点

知识要点	掌握程度	相关知识
PLC 概述	了解 PLC 的应用; 熟悉 PLC 的组成和工作原理; 了解 PLC 的编程语言	应用领域; 硬件系统框图、扫描工作方式; 梯形图、语句表、功能图
数控机床 PLC	了解数控机床 PLC 的类型与作用; 掌握 CNC-PLC-机床之间的信号处理过程	内装型与独立型 PLC 的作用; CNC-PLC-机床之间的信号处理过程,M、S、T 功能的实现
S7-200 系统 PLC	了解 PLC 的数据类型及寻址方式; 熟悉 PLC 的元件功能; 掌握 S7-200 系列 PLC 的基本指令及编程	数据类型、寻址方式; I、Q、V、M、T、C 等编程元件; 基本逻辑指令、电路块指令、定时器指令、计数器指令、比较指令、传送类指令、逻辑运算指令、加 / 减法指令
CNC 集成 PLC	了解信号表示; 熟悉 PLC 与数控系统间的信息交换; 掌握机床 I / O 连接; 熟悉程序结构和冷却控制子程序	信号种类与表示; 802C / S 常用接口信号; I / O 定义及信号处理; 变量定义、冷却控制子程序
PLC 控制实例	熟悉主轴控制程序设计; 熟悉 CK6150 数控车床典型程序	主轴 PLC 程序设计; 主程序、子程序的分析

导入案例

PLC 的产生

继电器控制系统是针对某一固定的动作顺序或生产工艺而设计的，其控制功能局限于逻辑控制、定时、计数等一些简单的控制，一旦动作顺序或生产工艺发生变化，就必须重新进行设计、布线、装配和调试。1968 年，美国通用汽车公司(GM)提出要研制一种新型的工业控制装置来取代继电器控制装置，为此，拟定了编程简单、维护方便等 10 项公开招标的技术要求。1969 年，美国数字设备公司(DEC)研制出了世界上第一台 PLC，并在通用汽车公司自动装配线上试用成功。图 6.01 所示为 PLC 用于电动机的调速控制。

【可编程控制器】

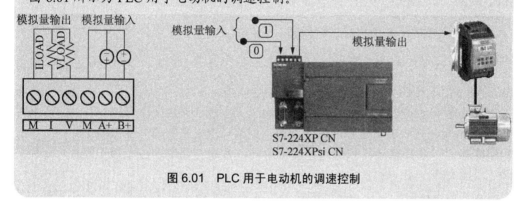

图 6.01　PLC 用于电动机的调速控制

数控机床的控制由数控装置和 PLC 协调配合共同完成，其中数控装置主要完成与数字运算和管理等有关的功能，如零件程序的编辑、插补运算、译码、伺服位置控制等；PLC 主要完成与逻辑运算有关的一些功能。PLC 通过辅助控制装置完成机床相应的开关动作，如刀具的更换、工件的装夹、冷却液的开 / 关等一些辅助动作。它还接收操作面板的指令，一方面直接控制机床的动作，另一方面将一部分信息送往数控装置用于加工过程的控制。

6.1　概　　述

6.1.1　PLC 的应用领域

1. 开关逻辑控制和顺序控制

开关逻辑控制和顺序控制是 PLC 最基本、最广泛的应用领域。它取代传统的继电器控制系统，实现逻辑控制、顺序控制，可用于单机控制、多机群控制和自动化生产线的控制等。

2. 模拟量控制

在生产过程中，许多连续变化的物理量需要进行控制，如温度、压力、流量、

液位等，这些都属于模拟量。目前大部分 PLC 产品都具备处理模拟量的功能。

3. 定时控制

PLC 为用户提供了一定数量的定时器，并设置了定时器指令，定时精度高，设定方便、灵活。同时 PLC 还提供了高精度的时钟脉冲，用于准确的实时控制。

4. 数据采集与监控

由于 PLC 在控制现场实行控制，所以把控制现场的数据采集下来，做进一步分析研究是很重要的。

5. 联网、通信及集散控制

通过网络通信模块及远程 I / O 控制模块，可实现 PLC 与 PLC 之间、PLC 与上位机之间的通信、联网；实现 PLC 分布控制，计算机集中管理的集散控制。

6.1.2 可编程控制器的基本组成和工作原理

1. PLC 的组成及各部分的作用

PLC 的基本组成如图 6.1 所示，各部分的作用如下：

(1) 中央处理单元(CPU)：PLC 的核心，由运算器和控制器组成。在 PLC 中 CPU 按系统程序赋予的功能，完成逻辑运算、数学运算、协调系统内部各部分工作等任务。

(2) 存储器：有系统存储器和用户存储器两种。系统存储器存放系统管理程序，用户存储器存放用户编制的控制程序。

(3) 输入 / 输出接口(I / O)：用于 PLC 与工业生产现场之间的连接。I / O 扩展接口用于扩展输入 / 输出点数。

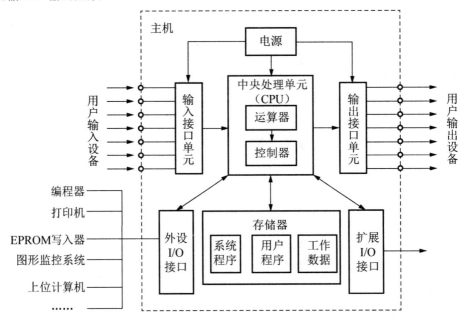

图 6.1 PLC 硬件系统框图

(4) 编程器：PLC 的重要设备，用于实现用户与 PLC 的人机对话。用户通过编程器不但可以实现用户程序的输入、检查、修改和测试，还可以监视 PLC 的工作运行。

(5) 电源：把外部电源(220V 的交流电源)转换成内部工作电压。

(6) 外部设备：PLC 还可连接多种外部设备，实现监控及网络通信。

2. 可编程控制器的工作原理

PLC 采用周期循环扫描的工作方式，其扫描过程如图 6.2 所示。扫描过程包括内部处理、通信处理、输入处理、程序执行、输出处理五个阶段。全过程扫描一次所需的时间称为扫描周期。当 PLC 处于停止(STOP)状态时，只完成内部处理和通信处理工作。当 PLC 处于运行(RUN)状态时，还要完成其他三个阶段(图 6.3)。

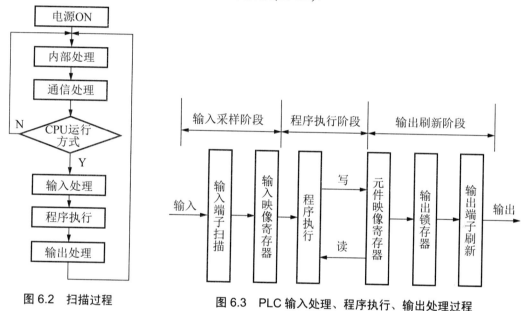

图 6.2　扫描过程　　　　图 6.3　PLC 输入处理、程序执行、输出处理过程

PLC 的程序执行过程如下：

(1) 输入采样阶段：PLC 以扫描方式依次地读入所有输入状态和数据，并将它们存入输入映像寄存器中。

(2) 程序执行阶段：根据 PLC 梯形图程序扫描原则，PLC 按先左后右，先上后下的顺序逐句扫描。处理结果存入元件映像寄存器中。

(3) 输出刷新阶段：输出映像寄存器的状态被送至输出锁存器中，并通过一定的方式(继电器、晶体管或晶闸管)输出，驱动相应输出设备工作。

6.1.3　PLC 的编程语言

1. 梯形图编程语言(LAD)

梯形图是在继电器控制原理图的基础上演变而来的，简单直观。梯形图沿用了继电器控制原理图中的继电器触点、线圈等符号，并增加了许多功能强而又使用灵活的指令符号。

梯形图中只有常开和常闭两种触点。各种机型中常开触点和常闭触点的图形符号基本相同，但它们的元件编号不完全相同。因为在 PLC 中每一触点的状态均存入 PLC 内部的存储单元中，可以反复读写，故可以反复使用。

梯形图中输出继电器(输出变量)的表示方法不同，有圆圈、括弧和椭圆表示形式，而且它们的编程元件编号也不同，不论哪种产品，输出继电器在程序中只能使用一次。梯形图中触点可以任意的串联或并联，而输出继电器线圈可以并联但不可以串联。

梯形图的触点和线圈表示方式见表 6-1。

表 6-1　梯形图的触点和线圈表示方式

		物理继电器	PLC 继电器
线圈		□	—( )
触点	常开	／	┤├
	常闭	╲	┤/├

梯形图左右两条垂直的线是母线，母线之间是触点的逻辑连接和线圈的输出。每一逻辑行必须从左边起始母线开始画，最右边的结束母线可以省略。梯形图必须按照从左到右、从上到下的顺序书写。梯形图使用的是内部继电器，其接线是通过程序实现的"软连接"，只需改变用户程序，就可以改变控制功能。梯形图的表示形式如图 6.4 所示。

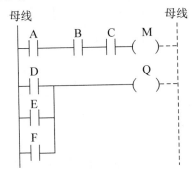

图 6.4　梯形图

梯形图中一个关键的概念是"能流"。如图 6.4 中，把左边的母线假想为电源"火线"，而把右边的母线(虚线所示)假想为电源"零线"。如果有"能流"从左至右流向线圈，则线圈被励磁。如果没有"能流"，则线圈未被励磁。

图 6.5 所示为继电器控制原理图与 PLC 梯形图的比较。

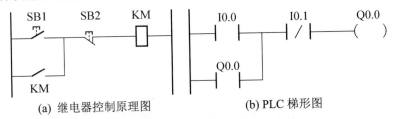

(a) 继电器控制原理图　　　　(b) PLC 梯形图

图 6.5　继电器控制原理图与 PLC 梯形图

2. 语句表编程

语句表是 CPU 直接执行的语言。语句表的一条指令分为两部分，一部分是助记符，用一个或几个容易记忆的字符代表 PLC 的某种操作功能；另一部分是操作数，操作数由编程元件及地址组成，如 I0.0。指令语句和梯形图有严格的对应关系，如图 6.6 所示。

```
LD    I0.0
O     Q0.0
AN    I0.1
=     Q0.0
```

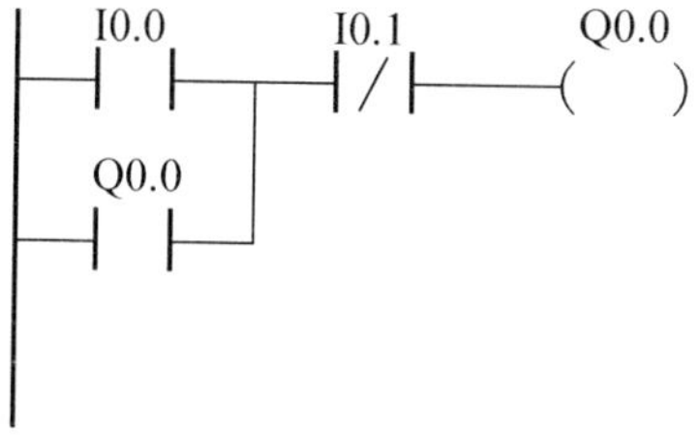

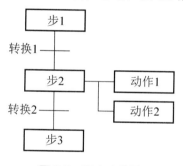

(a) 梯形图 (b) 语句表

图 6.6 PLC 梯形图和语句表

3. 顺序功能图

顺序功能图常用来编制顺序控制类程序。它包含步、动作、转换三个要素。

顺序功能编程法可将一个复杂的控制过程分解为一些小的顺序控制要求连接组合成整体的控制程序。顺序功能图法体现了一种编程思想，图 6.7 所示即为顺序功能图。

图 6.7 顺序功能图

6.2 数控机床中的 PLC

数控机床所受控制可分为数字控制和顺序控制。一台数控机床从结构上看通常可分为 CNC 系统、机床电气、机床本体。它们之间的关系如图 6.8 所示。

6.2.1 数控机床 PLC 的类型与作用

从数控机床应用的角度，PLC 可分为两类：一类是 CNC 的生产厂家将 CNC 装置和 PLC 综合起来而设计的内装型(Build-in Type) PLC；另一类是专业 PLC 生产厂家的产品，它们的 I / O 信号接口技术规范、I / O 点数、程序存储容量及运算和控制功能均能满足数控机床的控制要求，称为独立型(Sand-alone Type) PLC。

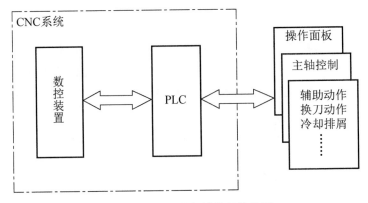

图 6.8　数控机床各结构间的关系

1. 内装型 PLC 与 CNC 装置的关系

内装型 PLC 从属于 CNC 装置，PLC 与 CNC 装置之间的信号传送在 CNC 装置内部即可实现。PLC 与数控机床之间则通过 CNC 装置的 I / O 接口电路实现信号传送(图 6.9)。

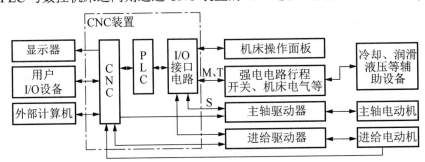

图 6.9　内装型 PLC 与 CNC 装置之间的关系

内装型 PLC 与一般的工业控制 PLC 相比，有其特殊之处，因此，在数控机床的研究开发和生产中，又作为一个独立的分支。内装型 PLC 具有如下特点：

(1) 内装型 PLC 的性能指标(如 I / O 点数、程序最大步数、每步执行时间、程序扫描时间、功能指令数目等)是根据所从属的 CNC 系统的规格、性能、适用机床的类型等确定的，其硬件和软件部分是作为 CNC 系统的基本功能或附加功能与 CNC 系统一起统一设计制造的。因此系统硬件和软件整体结构十分紧凑，PLC 所具有的功能针对性强，技术指标较合理、实用，较适用于单台数控机床及加工中心等场合。

(2) 内装型 PLC 既可以与 CNC 装置共用一个 CPU，也可以设置专用的 CPU，其逻辑电路结构如图 6.10 所示。与 CNC 装置共用 CPU 可以进一步更充分地利用 CNC 装置中微处理器的余力来完成 PLC 的功能，并且使用元器件较少，但 I / O 点数不可能太多，功能也有限，一般用于中低档数控系统。设置专用的 CPU 来处理 PLC 的功能，功能较强，速度较快，可用于规模较大，逻辑复杂，动作速度要求高的数控系统中。

2. 独立型 PLC 与 CNC 装置的关系

独立型 PLC 又称外装型或通用型 PLC，它是适应范围较广、功能齐全、通用化程度较高的 PLC。对数控机床而言，独立型 PLC 独立于 CNC 装置，具有完备的硬件结构和软件功能，能够独立完成规定的控制任务。图 6.11 为采用独立型 PLC 的 CNC 系统框图。

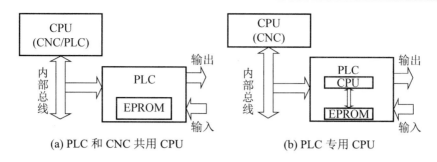

(a) PLC 和 CNC 共用 CPU　　　　　(b) PLC 专用 CPU

图 6.10　内装型 PLC 结构图

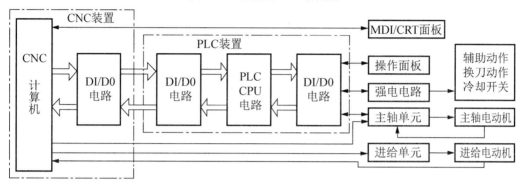

图 6.11　采用独立型 PLC 的 CNC 系统框图

独立型 PLC 具有如下特点：

(1) 数控机床应用的独立型 PLC 一般采用中型或大型 PLC，I／O 点数一般在 200 点以上，所以多采用积木式模块化结构，具有安装方便、功能易于扩展和变换等优点。

(2) 独立型 PLC 的 I／O 点数可以通过 I／O 模块的增减灵活配置。有的独立型 PLC 还可通过多个远程终端连接器构成有大量 I／O 点的网络，以实现大范围的集中控制。

(3) 独立型 PLC 具有 CPU 及其控制电路、系统程序存储器、用户程序存储器、I／O接口电路、与编程器等外部设备通信的接口和电源等基本结构(图 6.11)。

3. 数控机床中 PLC 的作用

数控机床中 PLC 的主要作用如下：

(1) 机床操作面板控制。将机床操作面板上的控制信号直接送入 PLC，以控制数控系统的运行。

(2) 机床外部开关输入信号控制。将机床侧的开关信号送入 PLC，经逻辑运算后，输出给控制对象。这些控制开关包括各类控制开关、行程开关、接近开关、压力开关和温控开关等。

(3) 输出信号控制。PLC 输出的信号经强电柜中的继电器、接触器，通过机床侧的液压或气动电磁阀，对刀库、机械手和回转工作台等装置进行控制，另外还对冷却泵电动机、润滑泵电动机及电磁制动器等进行控制。

(4) 伺服控制。控制主轴和伺服进给驱动装置的使能信号，以满足伺服驱动的条件，通过驱动装置，驱动主轴电动机、伺服进给电动机和刀库电动机等。

(5) 报警处理控制。PLC 收集强电柜、机床侧和伺服驱动装置的故障信号，将报警标志区中的相应报警标志位置位，CNC 系统便显示报警号及报警文本以方便故障诊断。

(6) 转换控制。有些加工中心的主轴可以进行立、卧转换。当进行立、卧转换时，PLC 完成下述动作：

① 切换主轴控制接触器。

② 通过 PLC 的内部功能，在线自动修改有关机床数据位。

③ 切换伺服系统进给模块，并切换用于坐标轴控制的各种开关、按钮等。

6.2.2　CNC 装置、PLC、机床之间的信号处理

PLC 在 CNC 装置和机床之间进行信号的传送和处理，即可以把 CNC 装置对机床的控制信号，通过 PLC 去控制机床动作；也可把机床的状态信号送还给 CNC 装置，便于 CNC 装置进行机床自动控制。

1. CNC 侧与 MT 侧的概念

在讨论数控机床的 PLC 时，常以 PLC 为界把数控机床分为 CNC 侧和 MT 侧两大部分。CNC 侧包括 CNC 系统的硬件、软件及 CNC 系统的外围设备。

MT 侧则包括机床的机械部分、液压、气压、冷却、润滑、排屑等辅助装置，以及机床操作面板、继电器线路、机床强电线路等。

MT 侧顺序控制的最终对象的数量随数控机床的类型、结构、辅助装置等的不同而有很大的差别。机床结构越复杂，辅助装置越多，受控对象数量就越多。

2. CNC 装置、PLC、机床之间的信号处理过程

CNC 装置和机床之间的信号传送和处理的过程如下。

1) CNC 装置→机床

CNC 装置→CNC 装置的 RAM→PLC 的 RAM 中。PLC 软件对其 RAM 中的数据进行逻辑运算处理。处理后的数据仍在 PLC 的 RAM 中，对内装型 PLC，PLC 将已处理好的数据通过 CNC 系统的输出接口送至机床；对独立型 PLC，其 RAM 中已处理好的数据通过 PLC 的输出接口送至机床。

2) 机床→CNC 装置

对于独立型 PLC，机床输入开关量数据→数据通过 PLC 的输入接口送到 PLC 的 RAM 中；对于内装型 PLC，机床输入开关量数据→CNC 装置的 RAM→PLC 的 RAM 。 PLC 进行逻辑运算处理，处理后的数据仍在 PLC 的 RAM 中，然后传送到 CNC 装置的 RAM 中，CNC 装置软件读取 RAM 中数据。

3. PLC、CNC 装置、机床间的信息交换

CNC 系统中 PLC 的信息交换，就是以 PLC 为中心，在 CNC 装置、PLC 和机床之间的信息传送。PLC 通过信息交换，接收 CNC 装置的命令信息，实现辅助功能的控制；并把逻辑控制的结果信息，送回 CNC 装置，以同步零件程序的执行。

PLC 与 CNC 装置之间交换的信息包括 CNC 装置→PLC 和 PLC→CNC 装置的信息，前者主要包括各种功能代码 M、S、T 的信息，手动／自动方式信息，各种使能信息等；后者主要包括 M、S、T 功能的应答信息和各坐标轴对应的机床参考点信息等。

PLC 与机床之间交换的信息包括 PLC→机床和机床→PLC 的信息，前者如电磁阀、接触器、继电器的通／断电等动作信号及确保机床各运动状态的信号和故障报警指示等执行

信号；后者主要包括机床操作面板上各开关、按钮等的信号，以及各运动部件的限位信息。例如，机床的起动 / 停止、主轴正转 / 反转 / 停止、冷却液的开 / 关、倍率选择、各坐标轴点动和刀架、卡盘的夹紧 / 松开等信号。

4. M、S、T 功能的实现

M、S、T 功能贯穿了 CNC 装置、PLC、伺服系统、机床等几个极其重要的组成环节，下面对其实现过程分别进行介绍。

1) M 功能的实现

M 功能也称辅助功能，用来控制主轴的正反转及停止，主轴齿轮箱的变速，冷却液的开和关，卡盘的夹紧和松开，以及自动换刀装置的取刀和还刀等。M 功能实现方式大致可以分为两种：一种是开关量方式，即 CNC 装置将 M 功能代码以开关量的方式送到 PLC 输入接口，然后由 PLC 进行逻辑处理，并输出控制有关执行元件动作；另一种是寄存器方式，即 CNC 装置将 M 功能代码直接传送到 PLC 中的相应寄存器，然后由 PLC 进行逻辑处理，并输出控制有关执行元件动作。后一种方法多用于内装型 PLC。

2) S 功能的实现

S 功能主要完成主轴转速的控制，有 S2 位代码和 S4 位代码两种编程形式。

(1) S2 位代码。S2 位代码包括 S00～S99 共 100 级。对有级调速的主轴，可采用开关量方式或寄存器方式，由 CNC 装置将 S 代码传送到 PLC，然后由 PLC 进行逻辑处理，输出控制有关执行机构换挡。对无级调速的主轴，将速度范围按 500～599 进行 100 级分度，根据主轴转速的上、下限和等比关系可获得一个 S2 位代码与主轴转速(BCD 码)的对应表格，用于 S2 位代码的译码。图 6.12 所示为 S2 位代码在 PLC 中的处理框图，图中译 S 代码和数据转换实际上就是针对 S2 位代码查出主轴转速的大小，然后转换成二进制数，并经上、下限幅处理后，进行 D / A 转换，输出一个 0～5V、0～10V 或-10～+10V 的直流控制电压给主轴驱动系统或主轴变频器。

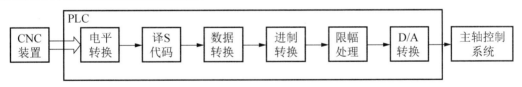

图 6.12　S 功能处理框图

(2) S4 位代码。S4 位代码可直接用来指定主轴转速，例如，S1500 表示主轴转速为 1500r / min，可见 S4 位代码表示的转速范围为 0～9999r / min。显然，它的处理过程相对于 S2 代码形式要简单一些，也就是它不需要图 6.12 中"译 S 代码"和"数据转换"两个环节。另外，图 6.12 中限幅处理的目的是保证主轴转速处于一个安全范围内。

3) T 功能的实现

T 功能即刀具功能，T 代码后跟随 2～5 位数字表示要求的刀具号和刀具补偿号。根据取刀、还刀位置是否固定，可将换刀功能分为随机存取换刀控制和固定存取换刀控制。

在随机存取换刀控制中，取刀和还刀与刀具座编号无关，还刀位置是变动的。执行换刀过程中，取出所需刀具后，刀库不转动，而是在原地立即存入换下来的刀具。取刀、换刀、存刀一次完成，缩短了换刀时间，提高了生产效率，但刀具控制和管理要复杂一些。

在固定存取换刀控制中，被取刀具和被还刀具的位置都是固定的，也就是说换下的刀具必须放回预先安排好的固定位置。显然，后者增加了换刀时间，但其控制要简单些。

图 6.13 所为采用固定存取换刀控制方式的 T 功能处理框图。T 代码指令经译码处理后，由 CNC 装置将有关信息传送给 PLC，在 PLC 中进一步经过译码并在刀具数据表内检索，找到 T 代码指定刀号对应的刀具编号(即地址)，与目前使用的刀号比较。如相同则说明 T 代码所指定的刀具就是正在使用的刀具，不必换刀，而返回原入口处；若不相同则要进行更换刀具操作，首先将主轴上的现行刀具归还到它自己的固定刀座号上，然后回转刀库，直至新的刀具位置为止，最后取出所需刀具装在刀架上，完成换刀。

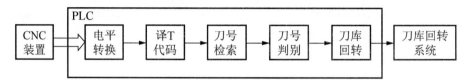

图 6.13 T 功能处理框图

6.3 S7-200 系列 PLC

【S7-200 PLC】

西门子 802C / S 系统集成 S7-200 PLC 系列功能，其 Programming Tool PLC 802 V3.1 软件是基于 STEP7-Micro / WIN 32 开发的，编程软件为用户开发、编辑和监控编写的程序提供了良好的编程环境。S7-200 系列 PLC 是集成型小型单元式 PLC，具有丰富的内置集成功能，强劲的通信能力，使用简单方便易于掌握，广泛应用于各个行业。

6.3.1 S7-200 系列 PLC 数据类型及元件功能

1. 数据类型

1) 数据类型及范围

程序中所用的数据可指定一种数据类型,基本数据类型有 1 位的布尔型(BOOL)、8 位的字节型(BYTE)、16 位的字型(无符号整数)(WORD)、16 位的整型(有符号整数)(INT)、32 位的双字型(无符号双字整数)(DWORD)、32 位的双整型(有符号双字整数)(DINT)、32 位的实数型(REAL)，具体参见表 6-2。

表 6-2 S7-200 系列 PLC 基本数据类型

基本数据类型	位 数	说 明
布尔型 BOLL	1	位，范围：0 或 1
字节型 BYTE	8	字节，范围：0～255
字型 WORD	16	字，范围：0～65535
双字型 DWORD	32	双字，范围：0～$(2^{32}-1)$
整型 INT	16	整数，范围：-32768～$+32767$
双整型 DINT	32	双字整形，范围：-2^{31}～$(2^{32}-1)$
实数型 REAL	32	IEEE 浮点数

2) 编址方式

存储器是由许多存储单元组成的，每个存储单元都有唯一的地址，可以依据存储器地址来存取数据。数据区存储器地址的表示格式有位、字节、字和双字地址格式。

(1) 位地址格式。数据区存储器区域的某一位的地址格式是由存储器区域标识符、字节地址及位号构成的，图 6.14 中黑色标记的为位地址。I 是变量存储器的区域标识符，4 是字节地址，5 是位号，在字节地址 4 与位号 5 之间用点号 "." 隔开，如 I4.5。

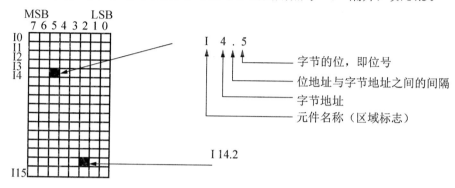

图 6.14 位寻址方式

(2) 字节、字、双字地址格式。数据区存储器区域的字节、字、双字地址格式由区域标识符、数据长度及该字节、字、双字的起始字节地址构成。图 6.15 中用 VB100、VW100、VD100 分别表示字节、字、双字的地址。VW100 由 VB100、VB101 两个字节组成；VD100 由 VB100～VB103 四个字节组成。

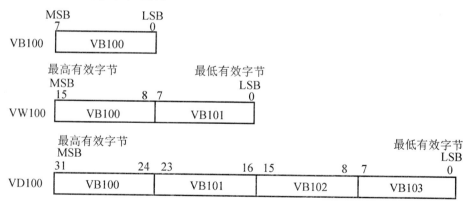

图 6.15 地址格式

(3) 其他地址格式。数据区存储器区域中，还包括定时器存储器(T)、计数器存储器(C)、累加器(AC)等。它们的地址格式为：区域标识符和元件号，如 T24 表示某定时器的地址。

2. 寻址方式

PLC 利用其内部软元件的逻辑组合代替由继电器实现的硬件逻辑，所谓软元件实际上就是 PLC 内部的各存储单元，可以无限次使用。各存储单元根据功能的不同分配了不同的名称，如输入映像寄存器(I)、输出映像寄存器(Q)、变量寄存器(V)等。每一个存储器单元都编有唯一的地址，S7-200 系列 PLC 的 CPU 使用数据的地址访问所有的数据，称为寻址。

1) 立即数寻址

数据在指令中以常数形式出现，取出指令的同时也就取出的操作数，这种寻址方式称为立即数寻址方式。

2) 直接寻址方式

将编程元件统一归为存储单元，存储单元按字节进行编址，无论所寻址的是何种数据类型，通常应指出它在所在存储区域和在区域内的字节地址。每个单元都有唯一的地址，地址由名称和编号两部分组成，元件名称(区域地址符号)见表 6-3。

表 6-3 元件名称

元件符号(名称)	所在数据区域	位寻址格式	其他地址格式
I(输入继电器)	数字量输入映像位区	Ax.y	ATx
Q(输出继电器)	数字量输出映像位区	Ax.y	ATx
M(辅助继电器)	内部存储器标志位区	Ax.y	ATx
SM(特殊继电器)	特殊存储器标志位区	Ax.y	ATx
S(顺序控制存储器)	顺序控制继电器存储器区	Ax.y	ATx
V(变量寄存器)	变量存储器区	Ax.y	ATx
L(局部变量存储器)	局部存储器区	Ax.y	ATx
T(定时器)	定时器存储器区	Ay	无
C(计数器)	计数器存储器区	Ay	无
AC(累加器)	累加器区	Ay	无
HC(高速计数器)	高速计数器区	Ay	无
AI(模拟量输入映像寄存器)	模拟量输入存储器区	无	ATx
AQ(模拟量输出映像寄存器)	模拟量输出存储器区	无	ATx

在指令中直接使用存储器或寄存器的元件名称、地址编号来查找数据，这种寻址方式称为直接寻址，可按位、字节、字、双字进行寻址。按位寻址的格式为：Ax.y

必须指定元件名称、字节地址和位号，如图 6.14 所示。图中，MSB 表示最高位，LSB 表示最低位。

3) 间接寻址方式

数据存放在存储器或寄存器中，指令中只出现所需数据所在单元的内存地址的地址。存储单元地址的地址又称为地址指针，与计算机的间接寻址方式相同。间接寻址在处理内存连续地址中的数据时非常方便，而且可以缩短程序生成代码的长度，使编程更加灵活。具体可参见相关 PLC 资料。

【间接寻址方式】

3. 编程元件

可编程控制器在其系统软件的管理下，将用户程序存储器划分为若干个区，并将这些区赋予不同的功能，由此组成了各种内部器件，这些内部器件就是 PLC 的编程元件。每一种编程元件用一组字母表示器件类型(表 6-3)。

1) 输入继电器(I)

输入继电器接收用户输入设备发来的输入信号。输入继电器线圈由外部输入信号驱动，不能用指令来驱动。PLC 的每一个输入端子与输入映像寄存器 I 的相应位相对应。输入映像寄存器 I 的地址格式为字节、字、双字地址，即 I[[数据长度][起始字节地址]，如：IB4、IW6、ID10。也可以按位存取，格式为 I[字节地址].[位地址]，如：I0.1。

2) 输出继电器(Q)

输出继电器是用来将 PLC 内部信号输出传送给外部负载。输出继电器线圈由 PLC 内部程序驱动，其线圈状态传送给输出单元，再由输出单元对应的硬触点来驱动外部负载。每一个输出模块的端子与输出映像寄存器(Q)的相应位相对应。输出映像寄存器(Q)的地址格式为字节、字、双字地址即 Q[数据长度][起始字节地址]，如：QB5、QW8、QD11。

3) 变量寄存器(V)

变量寄存器用于模拟量控制、数据运算、参数设置及存放程序执行过程中控制逻辑操作的中间结果。变量寄存器可以以位为单位使用，也可以以字节、字、双字为单位使用。

变量存储器是全局有效，变量存储器(V)的地址格式为字节、字、双字地址即 V[数据长度][起始字节地址]，如：VB20，VW100，VD320。其位寻址格式为 V[字节地址].[位地址]，如：V10.2。

4) 辅助继电器(M)

辅助继电器相当于继电器控制系统中的中间继电器。和输出继电器一样，其线圈由程序指令驱动，每个辅助继电器都有无限多对常开常闭触点，供编程使用。但是，其触点不能直接驱动外部负载，要通过输出继电器才能实现对外部负载的驱动。

辅助存储器(M)可以以位、字节、字、双字为单位使用。字节、字、双字地址寻址格式为 M[数据长度][起始字节地址]，如：MB11、MW23、MD26。

(1) 通用辅助继电器。通用辅助继电器和输出继电器一样，在 PLC 电源中断后，其状态将变为 "OFF"。当电源恢复后，除因程序使其变为 "ON" 外，其他仍保持 "OFF"。

(2) 断电保持辅助继电器。断电保持辅助继电器在 PLC 电源中断后，具有保持断电前瞬间状态的功能，并在恢复供电后继续断电前的状态。

5) 特殊继电器(SM)

特殊继电器是具有某项特定功能的辅助继电器，通常可分为触点型和线圈型两类。触点型特殊继电器的线圈由 PLC 自动驱动，用户只可以利用其触点。线圈型特殊继电器的线圈由用户控制，其线圈得电后，PLC 做出特定动作。

6) 累加器(AC)

累加器是可像存储器那样使用的读／写设备，是用来暂存数据的寄存器，它可以向子程序传递参数，或从子程序返回参数，也可以用来存放运算数据、中间数据及结果数据。

7) 局部变量存储器(L)

局部变量存储器用来存放局部变量。它与变量寄存器(V)很相似，主要区别是变量寄存器是全局有效的，而局部变量存储器是局部有效的。

8) 定时器(T)

PLC 的定时器相当于继电器系统中的通电延时时间继电器。定时器可提供无数对的常开、常闭延时触点供编程用。

定时器中有一个设定值寄存器、一个当前值寄存器和一个用来存储其输出触点的映像寄存器(一个二进制位)，这三个数值使用同一地址编号。

9) 计数器(C)

计数器用于累计计数输入端接收到的由断开到接通的脉冲个数。计数器可提供无数对常开和常闭触点供编程使用，其设定值由程序赋予。

10) 顺序控制存储器(S)

顺序控制存储器是使用步进顺序控制指令编程时的重要状态元件，通常与步进指令一起使用以实现顺序功能流程图的编程。它可以按位、字节、字、双字四种方式来存取。

6.3.2 S7-200 系列 PLC 的基本指令及编程

1. 基本逻辑指令

1) 装载指令 LD、LDN 与线圈驱动指令

(1) 指令：

LD(Load)：将常开触点接在母线上。

LDN(Load Not)：将常闭触点接在母线上。

=(Out)：线圈输出。

(2) 用法：如图 6.16 所示。

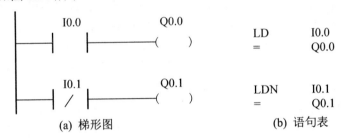

图 6.16 LD、LDN、OUT 指令

2) 触点串联指令 A 和 AN

(1) 指令。

A(And)：串联常开触点。

AN(And Not)：串联常闭触点。

(2) 用法：如图 6.17 所示。

```
   |   I0.0      I0.1      I0.2      Q0.0        LD    I0.0
   |---| |------| |------|/|------( )           A     I0.1
   |                                            AN    I0.2
                                                =     Q0.0
        (a) 梯形图                              (b) 语句表
```

图 6.17 A、AN 指令

3) 触点并联指令 O 和 ON

(1) 指令。

O(Or)：并联常开触点。

ON(Or Not)：并联常闭触点。

(2) 用法：如图 6.18 所示。

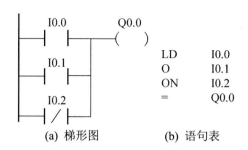

(a) 梯形图　　　　(b) 语句表

图 6.18　O、ON 指令

4) 置位／复位指令 S(SET)／R(RESET)

(1) 置位指令 S。

S(SET)：置位指令，将从 bit 开始的 N 个元件置 1 并保持。

指令格式：S bit, N。其中，N 的取值为 1～255。

(2) 复位指令 R。

R(RESET)：复位指令，将从 bit 开始的 N 个元件置 0 并保持。

指令格式：R bit, N。其中，N 的取值为 1～255。

(3) 用法：如图 6.19 所示。

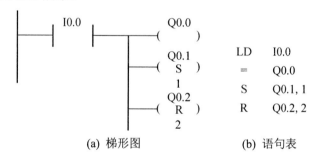

(a) 梯形图　　　　(b) 语句表

图 6.19　置位／复位指令

2. 电路块连接指令

1) 触点块串联指令 ALD

(1) 指令。

ALD(And Load)：用于触点块(由两个以上的触点构成)的支路的串联连接。

(2) 用法：如图 6.20 所示。

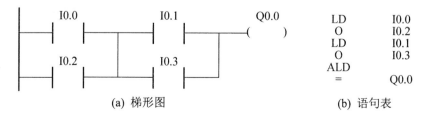

(a) 梯形图　　　　　　　(b) 语句表

图 6.20　ALD 指令

2) 触点块并联指令 OLD(Or Load)

(1) 指令。

OLD(Or Load)：用于触点块的并联连接。

(2) 用法：如图 6.21 所示。

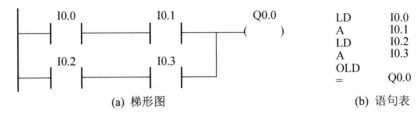

(a) 梯形图　　　　　　　　　　　　　(b) 语句表

图 6.21　OLD 指令

3. 定时器指令

种类：接通延时定时器 TON，保持型接通延时定时器 TONR 和断电延时定时器 TOF。

定时器的定时时间为 $T=PT$(定时器的设定值)$\times S$(定时器的精度)。定时精度分为 3 个等级：1ms、10ms 和 100ms。

【定时器指令】

1) 接通延时定时器 TON(On-Delay Timer)

接通延时指令 TON 只有在启动信号的持续时间大于延时设定时间时才能输出，其编程格式与动作如图 6.22 所示，IN 为启动信号，PT 为延时设定值，时间单位决定于定时器号。图 6.22 中的 T33 的时间单位为 10ms。故 M0.2 的延时为 0.5s。

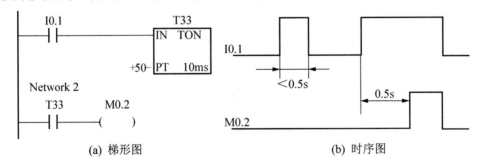

(a) 梯形图　　　　　　　　　　　　　(b) 时序图

图 6.22　TON 定时器

2) 保持型接通延时定时器指令 TONR(Retentive On-Delay Timer)

TONR 用于累计时间间隔的定时。保持型延时接通定时器的编程格式如图 6.23 所示。TONR 的时间可累计，如不进行定时器的复位，持续时间小于延时的启动信号保持时间 t_1 可累积到下次启动输入上，因此，TONR 的延时触点在启动信号撤销后仍保持，它必须通过复位信号 I0.2 进行复位。

3) 断开延时定时器指令 TOF(OFF-Delay Timer)

TOF 用于断电后单一间隔时间的计时。当使能输入(IN)接通时，输出端接通；输入端断开时，定时器延时关断。定时器线圈接收到输入信号后，定时器立即接通，并把当前值设为 0。当输入断开时，定时器开始定时，直到达到预设的时间，定时器断开，并保持当前值。在图 6.24 中，当输入继电器 I0.1 接通，T33 接收到输入信号后，其常开触点 T33 闭合，输出继电器 Q0.0 线圈通电即为 1 状态。I0.1 断开，定时器线圈开始计时，经过设定时间(图中为 30ms)后，T33 常开触点复位断开。

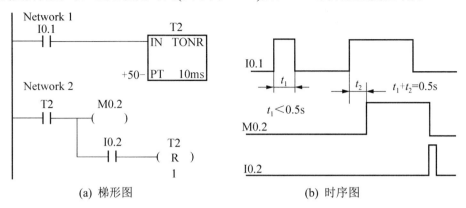

(a) 梯形图   (b) 时序图

图 6.23　TONR 定时器

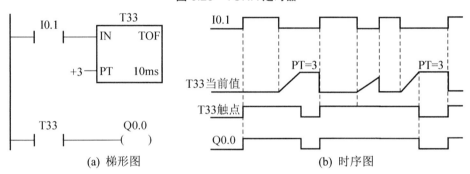

(a) 梯形图   (b) 时序图

图 6.24　TOF 定时器功能图

列举的三种定时器的对应语句表见表 6-4。

表 6-4　语句表

图 6.22 语句表	图 6.23 语句表	图 6.24 语句表
	LD　　I0.1	
LD　　I0.1	TONR　T2,+50	LD　　I0.1
TON　　T33,+50	LD　　T2	TOF　　T33,+3
LD　　T33	=　　M0.2	LD　　T33
=　　M0.2	A　　I0.2	=　　Q0.0
	R　　T2,1	

4. 计数器指令

西门子 802C／S 系统集成 S7-200 系列 PLC 常用的计数指令有加计数和加／减计数两种，由于功能的差别，不同型号 CNC 系统可使用的计数器数量有所不同。

计数器有一个时钟脉冲端(CP)，它接收 PLC 内各种软继电器送入的脉冲信号。

加计数指令 CTU(Counter Up)

加计数指令的编程格式如图 6.25 所示。计数器通过输入 CU 上升沿计数，计数

【递增计数器应用】

值从 0 开始增加，到达输入设定值 PV 时，输出触点接通。计数到达设定值后，如继续输入计数信号，计数值仍增加，触点保持接通。计数器在复位信号 R 输入为 1 时，清除现行计数值，断开输出触点。

图 6.25 中，计数器 C10 可对输入信号 I0.0 的上升沿进行加计数，当计数值到达 3 时，C10 的输出触点接通；如输入 I0.1 为 1，则清除现行计数值，并断开 C10 的输出触点。

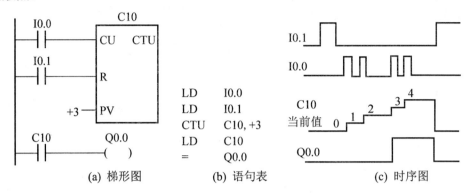

图 6.25　加计数器功能图

5. 比较指令

比较指令是将两个操作数按指定的条件比较，比较条件成立时，触点就闭合，否则断开。比较指令可以与基本逻辑指令 LD、A 和 O 进行组合后编程。

比较运算符有：等于(=)、大于等于(>=)、小于等于(<=)、大于(>)、小于(<)、不等于(<>)。比较的类型有字节比较、整数比较、双字整数比较和实数比较。

图 6.26 中改变 SMB28 字节数值，当 SMB28 数值小于或等于 50 时，Q0.0 输出；当 SMB28 数值大于或等于 150 时，Q0.1 输出。

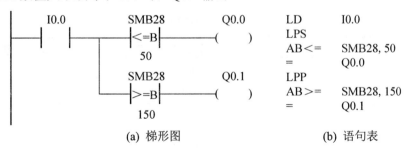

图 6.26　比较指令例

6. 传送类指令

传送类指令用于在各个编程元件之间进行数据传送。根据每次传送数据的数量，可分为单个传送指令和块传送指令。单个传送指令 MOV 用来传送单个的字节(MOVB)、字(MOVW)、双字(MOVD)、实数(MOVR)。

(1) 指令格式：如图 6.27 所示。

(2) 用法：图 6.28 示出了将变量存储器 VW10 中内容送到 VW100 中。

7. 逻辑运算指令

逻辑运算指令是对逻辑数(无符号数)进行处理，包括逻辑与、逻辑或、逻辑异或、取反等逻辑操作，数据长度可以是字节、字、双字。

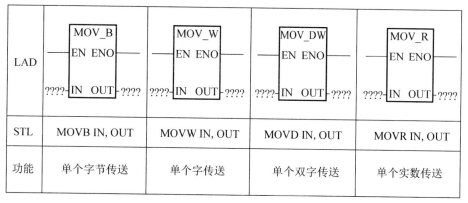

LAD	MOV_B EN ENO ????–IN OUT–????	MOV_W EN ENO ????–IN OUT–????	MOV_DW EN ENO ????–IN OUT–????	MOV_R EN ENO ????–IN OUT–????
STL	MOVB IN, OUT	MOVW IN, OUT	MOVD IN, OUT	MOVR IN, OUT
功能	单个字节传送	单个字传送	单个双字传送	单个实数传送

图 6.27　传送类指令

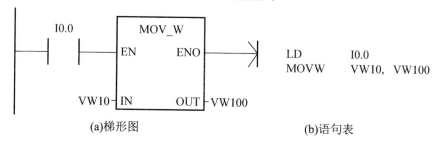

(a)梯形图	(b)语句表

LD　　　I0.0
MOVW　　VW10, VW100

图 6.28　MOV_W 使用

(1) 指令格式：如图 6.29 所示。

	WAND_B / WAND_W / WAND_DW	WOR_B / WOR_W / WOR_DW	WXOR_B / WXOR_W / WXOR_DW	INV_B / INV_W / INV_DW
LAD	WAND_B EN EN0 IN1 OUT IN2 WAND_W EN EN0 IN1 OUT IN2 WAND_DW EN EN0 IN1 OUT IN2	WOR_B EN EN0 IN1 OUT IN2 WOR_W EN EN0 IN1 OUT IN2 WOR_DW EN EN0 IN1 OUT IN2	WXOR_B EN EN0 IN1 OUT IN2 WXOR_W EN EN0 IN1 OUT IN2 WXOR_DW EN EN0 IN1 OUT IN2	INV_B EN EN0 IN OUT INV_W EN EN0 IN OUT INV_DW EN EN0 IN OUT
STL	ANDB IN1, OUT ANDW IN1, OUT ANDD IN1, OUT	ORB IN1, OUT ORW IN1, OUT ORD IN1, OUT	XORB IN1, OUT XORW IN1, OUT XORD IN1, OUT	INVB OUT INVW OUT INVD OUT
功能	逻辑与	逻辑或	逻辑异或	取反

图 6.29　逻辑运算类指令

（2）用法：图 6.30 和图 6.31 分别为逻辑运算指令和相应结果。

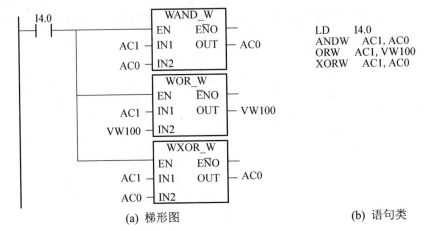

（a）梯形图   （b）语句类

图 6.30   逻辑运算指令梯形图

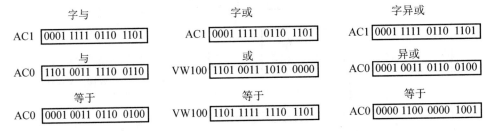

图 6.31   逻辑运算结果

8. 加 / 减法指令

（1）指令格式：如图 6.32 所示。

		ADD_I	ADD_DI	ADD_R	说明：(1)EN为允许输入端，ENO为允许输出端，IN1和IN2为两个需要进行相加减的有符号数，OUT用于存放和。 (2)当IN1、IN2和OUT操作数的地址不同时，在STL指令中，首先将IN1传送给OUT，再将IN2与OUT相加、减。为了节省内存，可以指定IN1或IN2=OUT，这样，可以不用数据传送指令。
加法运算	LAD	┤EN ENO├ ┤IN1 OUT├ ┤IN2	┤EN ENO├ ┤IN1 OUT├ ┤IN2	┤EN ENO├ ┤IN1 OUT├ ┤IN2	
	STL	MOVW IN1, OUT +I IN2, OUT	MOVD IN1, OUT +D IN2, OUT	MOVD IN1, OUT +R IN2, OUT	
	功能	IN1+IN2=OUT	IN1+IN2=OUT	IN1+IN2=OUT	
减法运算	LAD	SUB_I ┤EN ENO├ ┤IN1 OUT├ ┤IN2	SUB_DI ┤EN ENO├ ┤IN1 OUT├ ┤IN2	SUB_R ┤EN ENO├ ┤IN1 OUT├ ┤IN2	
	STL	MOVW IN1, OUT −I IN2, OUT	MOVD IN1, OUT +D IN2, OUT	MOVD IN1, OUT −R IN2, OUT	
	功能	IN1−IN2=OUT	IN1−IN2=OUT	IN1−IN2=OUT	

图 6.32   加 / 减法指令

(2) 用法：如图 6.33 所示。

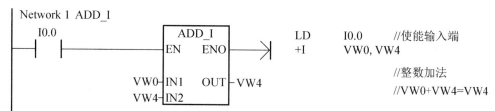

图 6.33　加法指令应用

6.4　CNC 装置集成 PLC

西门子 802C／S 系统集成 S7-200 系列 PLC 功能，由数控核心(NCK)、PLC、人机界面(HMI)、机床控制面板(MCP)、NC 键盘、伺服驱动功率模块及电源、I／O 输入输出模块、电子手轮等基本单元组成。

NCK 主要完成与数字运算和管理等有关的功能，如零件程序的编辑、插补运算、译码、位置伺服控制等；PLC 主要完成逻辑运算处理，没有轨迹上的具体要求，控制辅助装置完成机床相应的开关动作，如工件的装夹、刀具的更换、冷却液的开关等一些辅助动作，它还接收机床操作面板的指令，一方面直接控制机床的动作，另一方面将一部分指令送往CNC 装置用于加工过程的控制。

作为数控系统的重要组成部分，内置型 PLC 采用接口变量 V 及相应数据位的形式与NCK、HMI 和 MCP 进行控制和状态信息的传送，按照系统的工作状态和用户编写的程序完成逻辑控制任务。PLC、NCK、HMI、MCP 相互间信息传送路径和方向如图 6.34 所示。

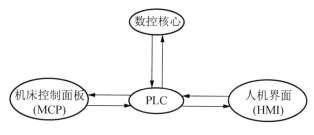

图 6.34　信息传送

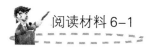
阅读材料 6-1

S7-200 系列 PLC 的 CPU22X 系列产品包括 CPU221 模块、CPU222 模块、CPU224 模块、CPU226 模块、CUP226XM 模块。这里以 CPU224 模块为例进行简单介绍。

CPU224 模块(图 6.35)I／O 总点数为 24 点(14／10 点)；内置高速计数器，具有 PID 控制的功能；有两个高速脉冲输出端和一个 RS-485 通信口；具有 PPI 通信协议、MPI 通信协议和自由口协议的通信能力。

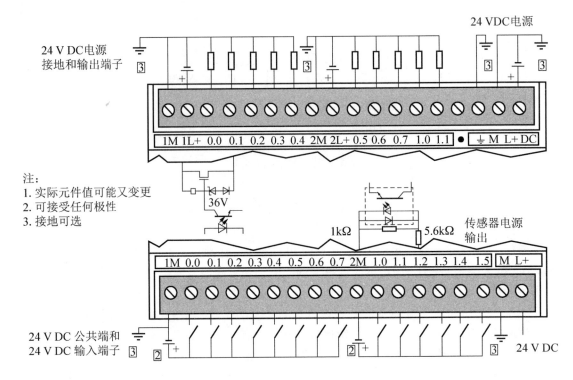

图 6.35　CPU224 模块

　　输入电路采用了双向光电耦合器，24V DC 极性可任意选择，1M、2M 为输入端子的公共端。1L+、2L+ 为输出公共端。CPU224 模块另有 24V、280mA 电源供 PLC 输入点使用。由于是直流输入模块，所以采用直流电源作为检测各输入接点状态的电源(用户提供)。M、L+ 两个端子提供 24V DC／400mA 传感器电源，可以为传感器提供电源。

　　数字量输出：第一组由输出端子 Q0.0～Q0.4 共 5 个输出点与公共端 1L+组成；第二组由端子 Q0.5～Q1.1 共 5 个输出点与公共端 2L+组成。每个负载的一端与输出点相连，另一端经电源与公共端相连。

6.4.1　CNC 装置与 PLC 接口信号种类与表示

1. 信号种类

　　PLC 程序中需要使用一些 CNC-PLC 接口信号，这是 CNC 装置集成 PLC 和通用 PLC 的最大区别，西门子系统集成 PLC 常用接口信号包括以下几种。

　　(1) MCP 信号。MCP 是西门子机床操作面板(Machine Control Panel)的简称，PLC 程序中的 MCP 信号包括来自操作面板的按钮、按键、开关和指示灯等输入输出信号。

　　(2) HMI 信号。HMI(Human Machine Interface)是 CNC 装置的 MDI／LCD 操作面板的接口信号，又称 MMC(Man Machine Communication)信号。HMI 输入部分包括 MDI 键和软功能菜单键的操作状态等，输出为机床报警显示信息和 PLC 加工程序选择等。

　　(3) NCK 信号。NCK 是数控装置中央处理器(Numerical Control Kernel)的简称，NCK 信号就是 CNC 装置和 PLC 间的通信信号。输入 PLC 信号包括 CNC 装置工作状态、通道工作状态、M／S／T／D／H 辅助功能代码、进给轴与主轴工作状态等信号；PLC 输出信号包括 CNC 装置基本控制、通道控制、程序运行控制、进给轴与主轴控制等信号。

接口信号简要说明见表 6-5，详细说明请参阅西门子 802C 简明调试指南。

表 6-5 数控系统与 PLC 主要接口信号简要说明

变量地址范围	传送方向	传送主要内容
V10000000～V10000005	MCP→PLC	MCP 上按键信号以数据位的形式送至 PLC，包括控制方式选择键、NC 控制键、各轴点动控制键、倍率开关、用户选择键等信号
V11000000～V11000001	PLC→MCP	PLC 已确认的 MCP 按键信号返回给 MCP
V16000000～V16000003	PLC→NCK	有效的报警信号
V16001000～V16001124	PLC→NCK	将 PLC 程序所触发的用户报警信号送至 NCK，再由 NCK 根据已编好并下载到数控系统的报警文件将报警信息显示出来
V16002000	MMC→PLC	将 NC 不能启动、系统急停等系统重要的有效报警响应送至 PLC
V17000000～V17000003	MMC→PLC	将用户在 HMI 上选择的程序空运行、程序测试、程序跳段等状态信号送至 PLC
V25001000～V25001012	NCK→PLC	将 NC 程序译码得出的辅助功能 M 信号送至 PLC，包括 M0～M99
V30000000～V30000001	PLC→NCK	将 PLC 已确认的系统控制方式信号送至 NCK，包括 AUTO、手动、MDA 控制方式
V33000000～V33000004	NCK→PLC	NCK 确认的控制方式有效信号返回 PLC

2. 信号表示

在西门子 802C／S 系列 CNC 装置中，MCP、HMI、NCK 信号均以公共变量 V 的形式表示。其地址由变量地址 V、字节地址(8 位十进制正整数)及二进制位地址组成，如 V3800 0004.5 等，如图 6.36 所示。当信号以字节、字或双字形式使用时，分别以 VB、VW 或 VD 加起始字节地址的形式表示，如 VB 3700 0000、VW 4500 0032、VD 1400 0000 等。

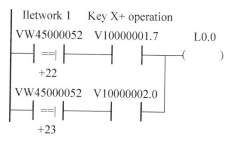

图 6.36 信号表示

6.4.2 PLC 与数控系统及机床间的信息交换

PLC 与外部的信息交换，通常有以下四个部分：

(1) 机床侧至 PLC：机床侧的开关量信号通过 I／O 单元接口输入到 PLC 中(如 I0.0，

除极少数信号外，绝大多数信号的含义及所配置的输入地址，可自行定义。

(2) PLC 至机床：PLC 的控制信号通过 PLC 的输出接口送到机床侧(如 Q0.0)，所有输出信号的含义和输出地址也是由 PLC 程序编制者或者是使用者自行定义。

(3) CNC 装置至 PLC：CNC 装置送至 PLC 的信息可由 CNC 装置直接送入 PLC 的寄存器中，所有 CNC 装置送至 PLC 的信号含义和地址(开关量地址或寄存器地址)，均由 CNC 装置厂家确定，PLC 编程者只可使用不可改变和增删。如数控指令的 M、S、T 功能，通过 CNC 装置译码后直接送入 PLC 相应的寄存器中，例 M03 指令相应的信号地址为 V25001000.3。

(4) PLC 至 CNC 装置：PLC 送至 CNC 装置的信息也由开关量信号或寄存器完成，所有 PLC 送至 CNC 装置的信号地址与含义由 CNC 装置生产厂家确定，PLC 编程者只可使用，不可改变和增删。如机床回参考点减速挡块信号，由 PLC 送至 CNC 装置的地址是 V38001000.7。

PLC 到 CNC 装置的信号地址为 V2600000～V32001009，这些信号功能是固定的，用户通过 PLC 程序实现 CNC 装置的各种功能控制(图 6.37)。如通用接口信号地址中，运行方式自动、MDA 和手动信号地址分别为 V30000000.0、V30000000.1、V30000000.2。NCK 通道控制信号有循环起动信号 V32000007.1、X 轴进给暂停信号 V32001004.3 等信号(参见表 6-6)。

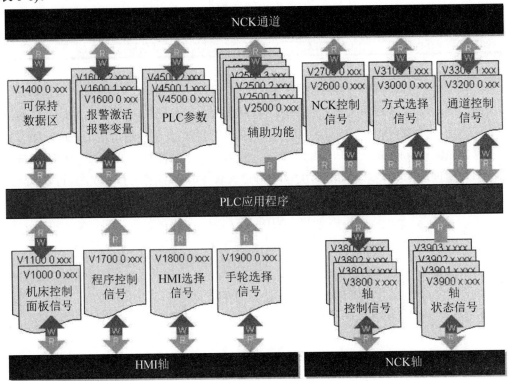

图 6.37　信号转换与接口之间结构图

表 6-6　802C 数控系统部分信号说明

1000 PLC 变量		MCP→PLC(VB1000 0000、VB1000 0001)						
byte	Bit7	Bit6	Bit5	Bit4	Bit3	Bit2	Bit1	Bit0
10000000	K13 手动	K13 增量	K6 自定义	K5 自定义	K4 自定义	K3 自定义	K2 自定义	K1 自定义
10000001	K22 点动	K23 主轴右	K20 主轴停	K19 主轴左	K18 MDA	K17 单段	K16 自动	K15 参考点

1100 PLC 变量		PLC→MCP(VB1100 0000、VB1100 0001)						
byte	Bit7	Bit6	Bit5	Bit4	Bit3	Bit2	Bit1	Bit0
11000000	LED8 自定义	LED7 自定义	LED6 自定义	LED5 自定义	LED4 自定义	LED3 自定义	LED2 自定义	LED1 自定义
11000001	LED16 主轴倍率指示	LED15 进给倍系指示	LED14 主轴倍率指示	LED13 进给倍系指示	LED12 自定义	LED11 自定义	LED10 自定义	LED9 自定义

2500 PLC 变量		NCK→PLC(VB2500 0000～VB2500 1012)(M 功能译码)						
byte	Bit7	Bit6	Bit5	Bit4	Bit3	Bit2	Bit1	Bit0
25001000	M07	M06	M05	M04	M03	M02	M01	M00
25001001	M15	M14	M13	M12	M11	M10	M09	M08

2700 PLC 变量		NCK→PLC(VB2700 0000～VB2700 0003)						
byte	Bit7	Bit6	Bit5	Bit4	Bit3	Bit2	Bit1	Bit0
27000000							急停 有效	

3000 PLC 变量		PLC→NCK(VB3000 0000、VB3000 0001)						
byte	Bit7	Bit6	Bit5	Bit4	Bit3	Bit2	Bit1	Bit0
30000000	复位			禁止		手动	MDA	自动

3200 PLC 变量		PLC→NCK(VB3200 0000～VB3200 1009)						
byte	Bit7	Bit6	Bit5	Bit4	Bit3	Bit2	Bit1	Bit0
32000000		激活空运行	激活 M01	激活单段运行	激活 DRF			
32000007			NC 停止坐标及主轴	NC 停止	程序段结束 NC 停止	NC 启动	禁止 NC 启动	
32001004	轴运行键+	轴运行键-	叠加快速	运行键锁定	轴 2 进给停止		手轮 2 选择	手轮 1 选择

3300 PLC 变量		NCK→PLC(VB3300 0000～VB3300 1009)						
byte	Bit7	Bit6	Bit5	Bit4	Bit3	Bit2	Bit1	Bit0
33000001	程序测试有效		M2 / M30 有效	程序段有效		旋转进给有效		回参考点有效

6.4.3 机床 I／O 连接

1. 输入输出信号定义

西门子数控 PLC 数字输入映象寄存器定义为"I0.0～I7.7"，标准信号定义见表 6-7；数字输出映象寄存器信号定义为"Q0.0～Q7.7"，标准信号定义见表 6-8。

表 6-7　输入信号定义

	用于车床	用于铣床
X100		
I0.0	硬限位 $X+$	硬限位 $X+$
I0.1	硬限位 $Z+$	硬限位 $Z+$
I0.2	X 参考点开关	X 参考点开关
I0.3	Z 参考点开关	Z 参考点开关
I0.4	硬限位 $X-$	硬限位 $X-$
I0.5	硬限位 $Z-$	硬限位 $Z-$
I0.6	过载(611 馈入模块的 T52)	过载(611 馈入模块的 T52)
I0.7	急停按钮	急停按钮
X101		
I1.0	刀架信号 T1	主轴低挡到位信号
I1.1	刀架信号 T2	主轴高挡到位信号
I1.2	刀架信号 T3	硬限位 $Y+$
I1.3	刀架信号 T4	Y 参考点开关
I1.4	刀架信号 T5	硬限位 $Y-$
I1.5	刀架信号 T6	未定义
I1.6	超程释放信号(用于超程链)	超程释放信号(用于超程链)
I1.7	就绪信号(611 馈入模块的 T72)	就绪信号(611 馈入模块的 T72)
X102～X105	在实例程序中未定义	在实例程序中未定义

表 6-8　输出信号定义

	用于车床	用于铣床
X200		
Q0.0	主轴正转 CW	主轴正转 CW
Q0.1	主轴反转 CCW	主轴反转 CCW
Q0.2	冷却控制输出	冷却控制输出
Q0.3	润滑输出	润滑输出
Q0.4	刀架正转 CW	未定义
Q0.5	刀架反转 CCW	未定义
Q0.6	卡盘卡紧	卡盘卡紧
Q0.7	卡盘放松	卡盘放松

续表

	用于车床	用于铣床
X201		
Q1.0	未定义	主轴低挡输出
Q1.1	未定义	主轴高挡输出
Q1.2	未定义	未定义
Q1.3	电动机抱闸释放	电动机抱闸释放
Q1.4	主轴制动	主轴制动
Q1.5	馈入模块端子 T48	馈入模块端子 T48
Q1.6	馈入模块端子 T63	馈入模块端子 T63
Q1.7	馈入模块端子 T64	馈入模块端子 T64

2. 输入输出信号处理

实用程序为不同的机床接线而设计，即任何输入端既可以按常开连接也可以按常闭连接，DI16 和 DO16 输入输出可以通过子程序 62 按照 PLC 机床数据 MD14512[0]～MD14512[3] 和 MD14512[4]～MD14512[7] 进行预处理。

【PLC 参数定义】

根据图 6.38 可以了解物理输入信号与内部缓存信号之间的关系。SAMPLE 中的所有子程序均按常开逻辑设计。M100.0 表示输入位 I0.0，M101.2 表示 I1.2，M102.3 表示 Q0.3，M103.4 表示 Q1.4，以此类推。子程序库中的所有子程序均独立于物理输入输出。

输入	滤波器		存储位		存储位	滤波器		输出
I0.0 →			→ M100.0		M102.0 →			→ Q0.0
I0.1 →			→ M100.1		M102.1 →			→ Q0.1
I0.2 →	MD14512[2]	MD14512[0]	→ M100.2		M102.2 →	MD14512[6]	MD14512[4]	→ Q0.2
I0.3 →			→ M100.3		M102.3 →			→ Q0.3
I0.4 →			→ M100.4		M102.4 →			→ Q0.4
I0.5 →			→ M100.5		M102.5 →			→ Q0.5
I0.6 →			→ M100.6	PLC实例	M102.6 →			→ Q0.6
I0.7 →	异域	与	→ M100.7	应用程序	M102.7 →	异域	与	→ Q0.7
I1.0 →			→ M101.0		M103.0 →			→ Q1.0
I1.1 →			→ M101.1		M103.1 →			→ Q1.1
I1.2 →	MD14512[3]	MD14512[1]	→ M101.2		M103.2 →	MD14512[7]	MD14512[5]	→ Q1.2
I1.3 →			→ M101.3		M103.3 →			→ Q1.3
I1.4 →			→ M101.4		M103.4 →			→ Q1.4
I1.5 →			→ M101.5		M103.5 →			→ Q1.5
I1.6 →	异域	与	→ M101.6		M103.6 →	异域	与	→ Q1.6
I1.7 →			→ M101.7		M103.7 →			→ Q1.7

图 6.38 I／O 信号处理

6.4.4 标准程序说明

802C／S 数控系统标准 PLC 程序结构由主程序和子程序组成，PLC 系统循环时只扫描主程序，在主程序中调用子程序，多级嵌套调用。

1. 程序结构

虽然不同数控机床的结构、性能和用途有所不同，控制要求存在一些差异，但是，由于数控加工的基本原理相同，所有数控机床的自动加工都需要通过 CNC 加工程序实现；轮廓加工时的刀具运动轨迹都需要通过坐标轴(进给轴)实现。因此，加工程序运行控制和进给轴控制等是所有数控机床 PLC 程序设计的基本内容。

为此，西门子公司针对数控车床、数控铣床的控制要求，为带有 S7-200 集成 PLC 功能的 802S／C／D 系列 CNC 装置开发了部分常用的 PLC 控制程序，这些程序以子程序库和模板程序的形式随同产品提供给用户，以方便用户的 PLC 程序设计。常用子程序见表6-9。

表 6-9　主程序结构

序号	子程序号 SBR#	说　明	
1	62	输入输出滤波 (IW0／QW0 → MW100／MW102)	
2	32	PLC 初始化	SBR31：用户初始化
3	33	急停处理	
4	38	MCP 信号处理	SBR34：点动控制
			SBR39：由 HMI 选择手轮
5	40	X、Y、Z 及主轴使能控制	
6	44	冷却控制	
7	45	润滑控制	
8	35	主轴控制(开关量主轴、单或双极性模拟主轴)	
9	41	刀架控制	
10	49	卡紧放松控制	

2. 特殊标志寄存器

在 PLC 程序设计时，系统特殊标志 SM 只能以触点的形式在梯形图中使用，而不能对其赋值。SM 的使用实例如图 6.39 所示。

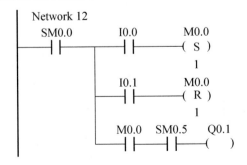

图 6.39　标志寄存器的使用

系统特殊标志 SM0.0 状态恒为 1，程序 Network12 中增加 SM0.0 的目的是为了建立一条梯形图连线连接的子母线，以便连接 M0.0 和 Q0.1 的控制程序块。系统特殊标志寄存器 SM0.5 为周期为 ls 的脉冲信号，当输入 I0.0 为 1、I0.1 为 0 时，可在输出 Q0.1 上获得周期为 1s 的脉冲输出，以控制指示灯闪烁等。

标志 M0.0 线圈置位 / 复位指令下部的 "1" 是进行置位 / 复位的线圈数量，S7-200 通用 PLC 的输入范围可以是 1～128，输入 1 时只对 M0.0 置位 / 复位；输入 2 时可对 M0.0、M0.1 两个线圈进行置位 / 复位。在 CNC 装置集成 PLC 上，此值固定为 1。

3. 局部变量

1) 变量的作用

变量(Variable)是西门子 PLC 特有的编程元件，包括公共变量 V(Variable)与局部变量 L(Local Variable)两类。

公共变量 V 的状态可用于所有逻辑块，故又称共享变量。在 802S / C / D 等系统集成 PLC 中，公共变量可用来表示 CNC-PLC 接口信号或作为断电保持的数据存储器使用，其使用方法与元件 M 基本相同。有关内容可参见接口信号说明。

局部变量 L 用来存放中间状态的暂存器，可用于子程序(SBR)和程序块(FC)、功能块(FB)编程。局部变量 L 只对所调用的逻辑块有效，逻辑块一旦执行完成，其作用也随之消失。因此，在不同逻辑块中可使用相同的变量，以实现逻辑块的参数化编程功能。

通过局部变量 L 的参数化编程，可使子程序等逻辑块功能化。

例如，图 6.40 所示的逻辑块(子程序)可实现 C=B·A 和 D=D+1 的逻辑运算。在调用该逻辑块时，如定义局部变量 A 为 I0.1、B 为 I0.2、C 为 Q0.1、D 为 MW10，其逻辑块(子程序)可实现 Q0.1=I0.2 * I0.1、MW10=MW10+1 的功能。

2) 变量定义

使用局部变量编程的逻辑块，在调用时将以图 6.41 所示的形式显示。程序中的输入 NODEF、C_key、OVload、C_low、C_Dis 及输出 C_out、C_LED、ERR1、ERR2 等，都是以符号地址表示的局部变量，它可在逻辑块编程时，通过图 6.42 所示的符号名(Symbol)、变量类型(Var Type)、数据类型(Data Type)定义其属性。使用局部变量编程的逻辑块，既可显示为绝对地址为 L，也可显示为符号地址。绝对地址可在变量表定义中自动分配。

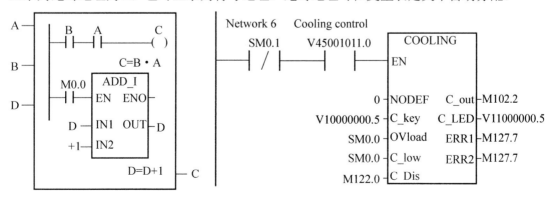

图 6.40　局部变量的作用　　　　　　　　　图 6.41　逻辑块调用

	Name	Var Type	Data Type	Comment
	EN	IN	BOOL	
LW0	NODEF	IN	WORD	
L2.0	C_key	IN	BOOL	The switch key (holding signal)
L2.1	OVload	IN	BOOL	Cooling motor overload (NC)
L2.2	C_low	IN	BOOL	Coolant level low (NC)
L2.3	C_Dis	IN	BOOL	Condition for Cooling output disable (NO)
		IN		
		IN_OUT		
L2.4	C_out	OUT	BOOL	Cooling control output
L2.5	C_LED	OUT	BOOL	Cooling output status display
L2.6	ERR1	OUT	BOOL	Alarm for cooling pump overload
L2.7	ERR2	OUT	BOOL	Alarm for coolant low-level

图 6.42　局部变量的属性定义

(1) 变量类型。局部变量的类型可定义为输入(IN)、输出(OUT)、输入／输出(IN_OUT)或临时变量(TEMP)，它们的区别如下。

输入(IN)：输入是逻辑块的程序输入条件，在逻辑中只使用其状态，而不对其进行赋值(输出)操作。在调用逻辑块时，需要将所有输入都定义为具体的编程元件或明确的逻辑运算结果。在逻辑块调用指令中，输入将自动显示在调用框的左侧。

输出(OUT)：输出是逻辑块的执行结果，它可根据需要在逻辑块调用时将所需要的输出定义为具体的编程元件。在逻辑块调用指令中，输出将自动显示在调用框的右侧。

输入／输出(IN_OUT)：输入／输出既是逻辑块的输入条件，又是逻辑块的执行结果。在调用逻辑块时不但需要有初始值输入，同时又可输出逻辑块执行完成后的结果。调用逻辑块时需要以输入的形式给定初始值，像输出一样定义其结果输出的编程元件。

临时变量(TEMP)：临时变量用来保存逻辑块的中间运算结果，它既不需要输入状态，也不能输出执行结果，因此，只需要定义局部变量地址。

(2) 数据类型。局部变量的数据格式可以是二进制位信号、十进制正整数、十六进制整数、实数等，常用的数据格式如下。

BOOL：二进制位信号。

BYTE：1 字节二进制数据。

WORD／DWORD：2 字节(1 字)／4 字节(2 字)二进制数据。

INT／DINT：2 字节(1 字)／4 字节(2 字)十进制正整数。

REAL：实数。

4. 冷却控制子程序 SBR44 分析

图 6.42 为 COOLING 子程序相对于主程序中的局部变量属性定义，各个标志对应着各个变量，例如：L2.0 相对于主程序中的 V1000000.5(K6 键)；L2.4 相对于主程序中的 M102.2(输出信号。

图 6.41 为主程序调用冷却控制的程序段。从图中可以看到：满足条件 SM0.1 为"0"及 V45001011.0 为"1"时，子程序"COOLING"被调用。其中 SM0.1 为 PLC 启动时第一个周期标志脉冲。V45001011.0 为机床数据 14512[11]的第"0"位，程序中用此机床数据来选择有／无冷却控制。其中 V1000000.5(参看表 6-6 说明，以下相同)为数控系统 K6"冷却开"的按键地址，V1100000.5 为数控系统"K6"按键信号灯的地址，SM0.0 为常"1"标

志。M102.2(对应 Q0.2，冷却控制输出，参看图 6.41)为 PLC 输出地址。M127.7 为 PLC 的报警信号。

整个子程序(图 6.43)完成 NC 系统对冷却系统的手动与自动控制，其中第一段程序完成了冷却输出标志的逻辑控制。手动控制键中间变量 L2.0 的第一次按下，程序控制指令 M07、M08(对应表 6-6 中 V25001000.7 和 V25001001.0)置位中间标志位 M105.2。L2.0 第二次按下，程序控制指令同 M09 将对中间标志位 M105.2 完成复位操作。

第二段程序表示当外界出现诸如急停(V27000000.1)、复位(V30000000.7)、程序测试(V33000001.7)、冷却电动机过载报警(L2.1)、液位过低(L2.2)等信号时，M105.2 将被强行复位，中止冷却输出。

第三段程序为信号的输出控制，由 M105.1 和使能信号 L2.3 控制冷却输出 L2.4(Q0.2)和指示信号 L2.5(V11000000.5)，局部变量 L2.1 和 L2.2 分别控制冷却电动机的报警信号。

主程序中将局部变量用具体 I／O 地址或标志位取代，可获得要求的冷却控制全过程。

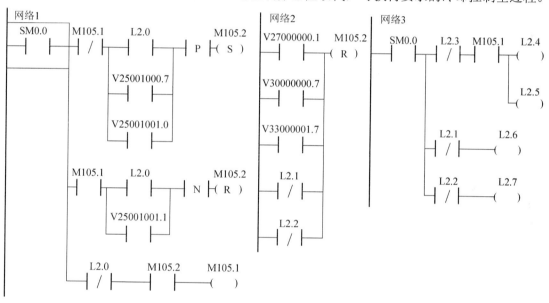

图 6.43　冷却子程序

阅读材料 6-2

0～10V 给定的模拟主轴(如变频器)

输入：

DELAY——设定主轴制动延时；T_64——通过标志存储位将急停子程序 T64 的输出连接到该子程序；SP_EN——主轴运行条件，如卡盘卡紧状态，可由子程序 49 引出；UNI_PO——来自 MD14512[16].2,设置单极性模拟主轴；KEYcw——来自 MCP 主轴正转键(V10000001.4)；KEYccw——来自 MCP 主轴反转键(V10000001.6)；KEYstop——来自 MCP 主轴停止键(V10000001.5)。

输出:

SP_cw——输出到 M102.0(对应 Q0.0),通过继电器将变频器的正转使能和其公共端短接; SP_ccw——输出到 M102.1(对应 Q0.1),通过继电器将变频器的反转使能和其公共端短接; SP_brake——输出到 M103.4; SP_LED——主轴运行状态,通过存储位将主轴运行状态连接到子程序 49 作为互锁条,即在主轴运行中卡盘不能放松; ERROR——通过输出位连接指示灯或输出到接口 V16000002.5 产生 PLC 报警。

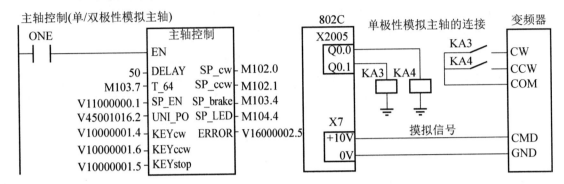

图 6.44 模拟主轴

6.5 数控机床独立型 PLC 控制实例

【CK6150 数控车床结构与传动系统】

下面以 CK6150 数控车床为例来看 PLC 控制实例。由于 CK6150 数控机床的辅助控制逻辑较为复杂,单纯用接触器-继电器控制逻辑实现比较困难,因此,采用了独立于 CNC 之外的 S7-200 系列 PLC 来完成辅助控制功能。遵循结构化程序设计原则,PLC 程序采用了"主程序—子程序"结构,以方便 PLC 程序的设计和调试。

6.5.1 PLC 输入输出信号

表 6-10 和表 6-11 分别为 CK6150 数控车床 PLC 控制输入和输出信号分配。

【CK6150 数控车床控制要求与主电路】

KM1 为液压电动机 M1 的起动和停止控制接触器。KM2、KM3、KM4 为主轴电动机 M2 的高速、低速控制接触器;当 KM2 吸合 KM3、KM4 断开时,电动机 M2 定子绕组呈三角形接法,4 级低速运行;当 KM3、KM4 吸合 KM2 断开时,电动机 M2 定子绕组呈双星型接法,2 级高速运行。KM5 为冷却泵电动机 M3 的起动和停止接触器。KM6、KM7 为刀架电动机 M4 的正转和反转接触器。KM8 为润滑泵电动机 M5 的起动和停止接触器。KM9 为伺服驱动器、FAGOR 8025 数控系统、S7-200 PLC 和直流 24V 开关电源的电源控制接触器。

表 6-10　CK6150 数控车床 PLC 输入信号

功能	符号(说明)	PLC 端子	功能	符号(说明)	PLC 端子
冷却液开关	SA2	I0.0	伺服准备好	驱动器信号	I2.0
尾座连续左	SB6	I0.1	电动机过热	驱动器信号	I2.1
点动	SB7	I0.2	M 选通	CNC→PLC	I2.2
尾座连续右	SB8	I0.3	S 选通	CNC→PLC	I2.3
超程解除	SB9	I0.4	T 选通	CNC→PLC	I2.4
油泵停止开关	KM1 常开触点	I0.5	自动、JOG 方式	CNC→PLC	I2.5
主轴低速控制开关	KM2 常开触点	I0.6	NC 急停	CNC→PLC	I2.6
主轴高速控制开关	KM3 常开触点	I0.7	NC 复位	CNC→PLC	I2.7
1 号刀位	T1	I1.0	MST01	CNC→PLC	I3.0
2 号刀位	T2	I1.1	MST02	CNC→PLC	I3.1
3 号刀位	T3	I1.2	MST04	CNC→PLC	I3.2
4 号刀位	T4	I1.3	MST08	CNC→PLC	I3.3
X 轴限位开关	SQ1、SQ2	I1.4	MST10	CNC→PLC	I3.4
Z 轴限位开关	SQ4、SQ5	I1.5	MST20	CNC→PLC	I3.5
脚踏开关	SQ7	I1.6			

表 6-11　CK6150 数控车床 PLC 输出信号

功能	符号(说明)	PLC 端子	功能	符号(说明)	PLC 端子
主轴低速	KM2	Q0.0	离合器低速	YA1	Q1.4
主轴高速	KM4	Q0.1	离合器高速	YA2	Q1.5
开冷却液	KM5	Q0.2	主轴制动	YA3	Q1.6
刀架正转	KM6	Q0.3	急停报警指示灯	HL2	Q2.0
刀架反转	KM7	Q0.4	卡盘夹紧指示灯	HL3	Q2.1
润滑	KM8	Q0.5	X 轴超程指示灯	HL4	Q2.2
卡盘夹紧	YV1	Q1.0	Z 轴超程指示灯	HL5	Q2.3
卡盘松开	YV2	Q1.1	顶尖指示灯	HL6	Q2.4
尾座向左	YV3	Q1.2	外部急停	PLC→CNC	Q2.5
尾座向右	YV4	Q1.3	进给保持	PLC→CNC	Q2.6

在系统上电后，按下液压启动按钮 SB3，接触器 KM1 吸合并自锁，液压泵电动机得电运转，液压泵开始工作。这时按下 NC 启动按钮 SB5，接触器 KM9 吸合并自锁，伺服驱动器、FAGOR 8025 数控系统、S7-200 PLC 和直流 24V 开关电源同时得电，FAGOR 8025 数控系统开始自检。

在伺服驱动器上电后，如果自检正常，则输出一个伺服准备好开关信号给 PLC 的 I2.0。在工作过程中，伺服驱动器 611A 具有电动机过热、过载保护功能，一旦检测到电动机过载，过热保护继电器工作，并向 PLC 的 I2.1 发出伺服过热保护信号，产生急停报警。

其他像主轴启/停、换挡、换刀等辅助动作，由数控系统通过 I/O 接口将工作方式、辅助控制命令等信号送到 PLC 处理控制。有些辅助动作的处理控制结果还要由 PLC 送回数控系统的 I/O 接口，通过进给保持信号同步程序的执行。

冷却液开关 SA2、尾座操作按钮 SB6～SB8、超程解除按钮 SB9 分别接至 PLC 的 I0.0～I0.4 输入端，用于手动操作。液压电动机控制接触器辅助触点 KM1、主轴电动机控制接触器辅助触点 KM2、KM3 分别接至 PLC 的 I0.5～I0.7 输入端，用于连锁控制。4 个刀位开关 T1～T4 分别接至 PLC 的 I1.0～I1.3 输入端，用于换刀控制。X 轴、Z 轴的正、负向限位开关 SQ1、SQ2、SQ4、SQ5 分别接至 PLC 的 I1.4、I1.5 输入端，用于超程报警。"伺服准备好"信号和"电动机过热"信号分别接至 PLC 的 I2.0、I2.1 输入端，用于急停报警。来自数控系统的 MST 选通信号、工作方式(JOG)信号、NC 急停信号和复位信号、辅助功能编码(MST01、MST02、MST04、MST08、MST10、MST20)信号分别接至 PLC 的 I2.2～I2.7、I3.0～I3.5 输入端，用于辅助功能控制。

PLC 的继电器输出 Q0.0～Q0.5 分别控制接触器线圈 KM2、KM4～KM8 的通电/断电，从而控制主轴电动机高速/低速、冷却电动机起动/停止、刀架正转/反转、润滑电动机起动/停止。PLC 的继电器输出 Q1.0～Q1.6 分别控制 24V 直流电磁阀 YV1～YV4 和电磁铁 YA1～YA3 的通电/断电，从而控制卡盘的加紧/松开、尾座的伸出/退回、主轴高速挡/低速挡和主轴的制动。PLC 的继电器输出 Q2.0～Q2.4 分别控制 24V 指示灯 HL2～HL6 的通电/断电，分别用于急停报警、卡盘夹紧、X 轴超程、Z 轴超程和尾座顶紧的指示。PLC 的继电器输出 Q2.6 与数控系统 I/O 口的 15 端相连，用于将进给保持信号送给数控系统，同步零件程序的执行。

6.5.2 PLC 主程序

图 6.45 是 CK6150 数控车床的 PLC 控制主程序梯形图。在 PLC 主程序中，先把 CNC 送到 IB3 口的 MST 代码(BCD 码)与 63(3FH)相与，屏蔽掉 I3.6 和 I3.7，并在 M 选通、S 选通、T 选通信号的作用下，分别将 M 代码转存到 MB1，S 代码转存到 MB2，T 代码转存到 MB3；然后，无条件(SM0.0)调用液压卡盘和液压尾座控制子程序、主轴控制子程序、冷却和润滑控制子程序、换刀控制子程序、急停和进给保持控制子程序。

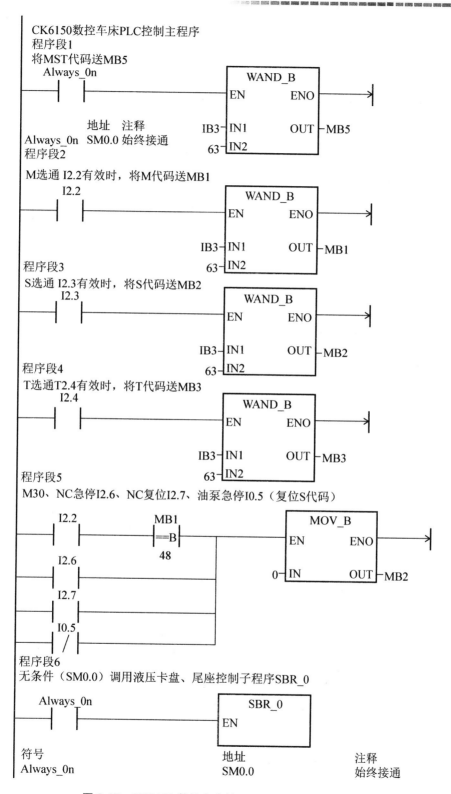

图 6.45　CK6150 数控车床的 PLC 控制主程序梯形图

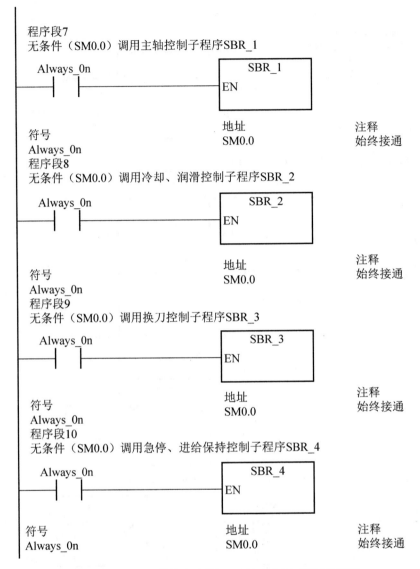

图 6.45　CK6150 数控车床的 PLC 控制主程序梯形图(续)

6.5.3　主要子程序

1. 液压卡盘和液压尾座控制子程序

图 6.46 是液压卡盘和液压尾座控制子程序梯形图，这两种动作的控制都是在手动 JOG(I2.5)方式下进行的。液压卡盘的夹紧和松开是由一个脚踏开关 SQ7(I1.6)控制的，第一次踩踏时夹紧，再一次踩踏时松开，因此先将这个开关的闭合信号转换成脉冲信号 M0.3，然后用 M0.3 脉冲去置位 Q1.0，复位 Q1.1，或者复位 Q1.0，置位 Q1.1。

液压尾座的伸出和退回由按钮 SB6(I0.1)、SB7(I0.2)、SB8(I0.3)控制。按下连续左按钮 SB6(I0.1)，尾座伸出，Q1.2 有效并自锁，同时解除 Q1.3，尾座连续伸出。按下点动左按钮 SB7(I0.2)，尾座伸出，Q1.2 有效，同时解除 Q1.3，尾座伸出；放开 SB7(I0.2)后尾座伸出，

Q1.2 解除，尾座停止。按下连续右按钮 SB8 (I0.3)，尾座退回，Q1.3 有效并自锁，同时解除 Q1.2，尾座连续退回。

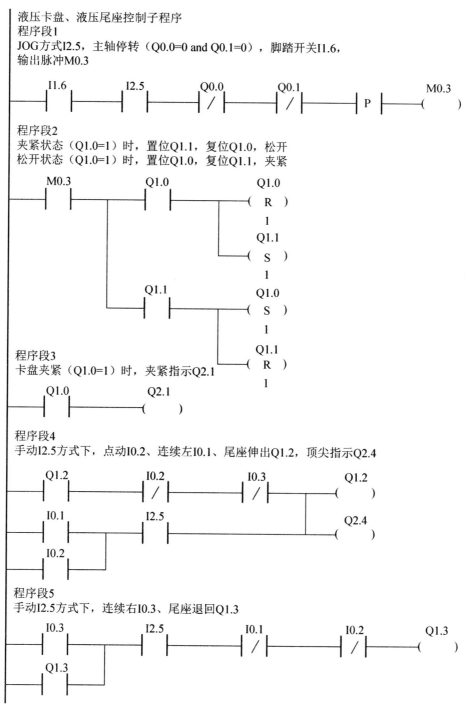

液压卡盘、液压尾座控制子程序
程序段1
JOG方式I2.5，主轴停转（Q0.0=0 and Q0.1=0），脚踏开关I1.6，
输出脉冲M0.3

程序段2
夹紧状态（Q1.0=1）时，置位Q1.1，复位Q1.0，松开
松开状态（Q1.0=1）时，置位Q1.0，复位Q1.1，夹紧

程序段3
卡盘夹紧（Q1.0=1）时，夹紧指示Q2.1

程序段4
手动I2.5方式下，点动I0.2、连续左I0.1、尾座伸出Q1.2，顶尖指示Q2.4

程序段5
手动I2.5方式下，连续右I0.3、尾座退回Q1.3

图 6.46　液压卡盘和液压尾座控制子程序梯形图

2. 主轴控制子程序

图 6.47 是主轴启动／停止和换挡变速控制子程序梯形图。首先执行 S 指令,指定速度挡,然后执行 M03 指令,置位 M0.1,根据 S 指令代码 MB2 不同,产生相应的输出组合(Q0.0、Q0.1、Q1.4、Q1.5),从而启动主轴按预定的转速运转。当执行 M05,M30 (MB1=48)指令,或者 NC 复位急停时,复位 M0.1,主轴停止并接通制动电磁铁(Q1.6)制动,制动 2s 后,定时器 T33 动作,释放制动电磁铁。

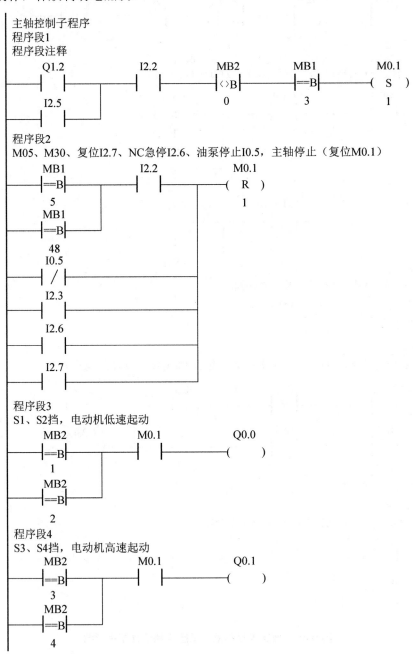

图 6.47　主轴控制子程序

程序段 5

S1、S3挡，离合器低速

```
    MB2              M0.1            Q1.4
   ==B┤├──────────────┤├────────────( )
    1
    MB2
   ==B┤├
    3
```

程序段 6

S2、S4挡，离合器高速

```
    MB2              M0.1            Q1.5
   ==B┤├──────────────┤├────────────( )
    2
    MB2
   ==B┤├
    4
```

程序段 7

制动

```
    Q0.0      Q0.1               T33         Q1.6
   ┤/├───────┤/├─────────────────┤/├────────( )
                                │
                                │        ┌───T33───┐
                                └────────┤IN   TON │
                                         │         │
                                     200─┤PT   10 ms│
                                         └─────────┘
```

图 6.47　主轴控制子程序(续)

3. 冷却和润滑控制子程序

图 6.48 是冷却和润滑控制子程序梯形图。冷却液的开 / 关由手动旋钮 SA2(I0.0) 和 M 功能指令 M08、M09 共同控制。自动方式(I2.5=0)时，在 M 选通信号的作用下，判断 MB1 的值，如果等于 08，则置位 M0.2，如果等于 09，则复位 M0.2；手动旋钮 SA2 闭合(I0.0 = 1)或者 M0.2=1 时，开启冷却 Q0.2。润滑泵的起动 / 停止由定时器 T34 (10s)，T38 (30min)控制，在无急停报警的情况下，每 30min 润滑一次，每次 10s。

【冷却控制
PLC 程序设计】

4. 换刀控制子程序

图 6.49 是自动换刀控制子程序梯形图。在这个梯形图中，用字节传送指令将当前刀位开关信号(I1.0～I1.3)转换成当前刀号代码(1～4)存放到 MB4 中；当执行换刀指令时，在 T 选通信号的作用下，将指令刀号 MB5 与当前刀号 MB4 进行比较，如果不相等则置位 Q0.3、复位 Q0.4，刀架电动机正转，刀架开始旋转；当转到预定的刀位时，当前刀号 MB4 与指令刀号 MB3 相等，复位 Q0.3，刀架停止正转，在 Q0.3 闭合脉冲的作用下，置位 Q0.4，刀架电动机开始反转，刀架下降锁紧，定时器 T35 延时 4s 后，复位 Q0.4，换刀动作结束。

冷却和润滑控制子程序梯形图
程序段1
M08，自动开启冷却M0.2

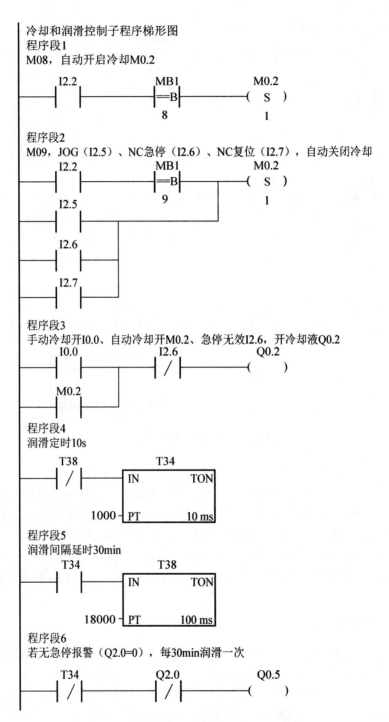

程序段2
M09，JOG（I2.5）、NC急停（I2.6）、NC复位（I2.7），自动关闭冷却

程序段3
手动冷却开I0.0、自动冷却开M0.2、急停无效I2.6，开冷却液Q0.2

程序段4
润滑定时10s

程序段5
润滑间隔延时30min

程序段6
若无急停报警（Q2.0=0），每30min润滑一次

图6.48　冷却和润滑控制子程序梯形图

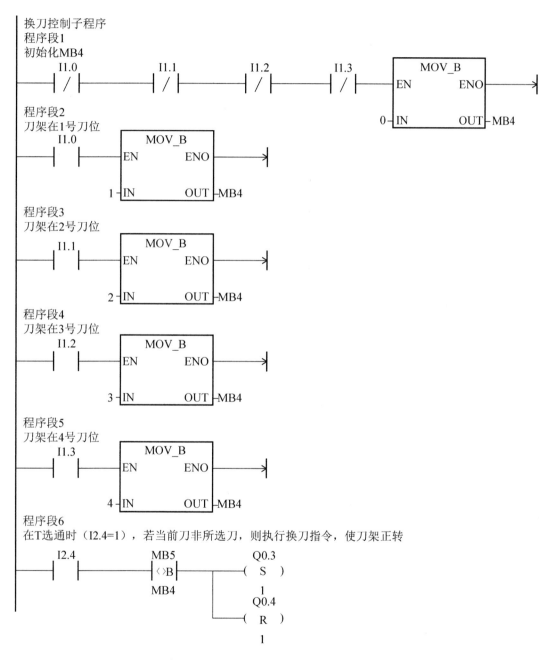

图 6.49 换刀控制子程序

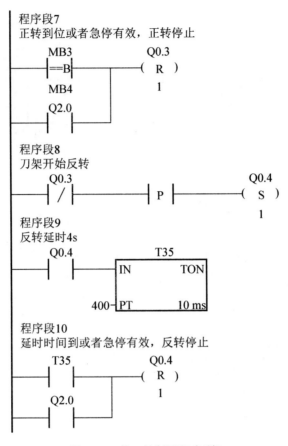

程序段7
正转到位或者急停有效，正转停止

MB3
==B
MB4

Q0.3
(R)
1

Q2.0

程序段8
刀架开始反转

Q0.3
/

P

Q0.4
(S)
1

程序段9
反转延时4s

Q0.4

T35
IN   TON
400-PT   10 ms

程序段10
延时时间到或者急停有效，反转停止

T35

Q0.4
(R)
1

Q2.0

图 6.49　换刀控制子程序(续)

5. 急停、进给保持控制子程序

图 6.50 是急停处理和进给保持处理子程序梯形图。急停和进给保持是 PLC 送给 CNC 装置的辅助控制反馈同步信号，用来反馈辅助控制信息，同步 NC 程序的执行。当出现 X 轴和 Z 轴超限、油泵过载、主轴过载或者伺服电动机过热时，发出急停控制信号 Q2.5，通知 CNC 装置进行急停处理。

在换刀(Q0.3=1 或 Q0.4=1)期间，或者在自动工作方式而主轴还没有启动的情况下，向 CNC 装置发进给保持信号(Q2.6)，使 CNC 装置锁定进给，保证机床安全。

通过对上述应用实例分析，可以清楚地看出独立型 PLC 与 CNC 装置之间、PLC 与机床侧的开关量之间的 I／O 连接关系；并通过 PLC 程序设计，使 CNC 装置、PLC 和数控机床三者紧密地结合在一起，形成了有机整体，从而控制数控机床有条不紊地工作。

急停、进给保持子程序

程序段1

X轴限位I1.4、Z轴限位I1.5、油泵停止I0.5、主轴过载或伺服电动机过热M0.0，外部急停Q2.5

```
I1.4        I1.5      I0.5      M0.0      I2.6        Q2.5
─┤├──┬──────┤├───────┤├───────┤├───────┤/├────────( )─
 I0.4 │
─┤├───┘
```

程序段2

主轴低速Q0.0或告诉Q0.1，启动后延时0.2s

```
 Q0.0                          T32
─┤├──┬────────────────────┌─────────────┐
 Q0.1│                     │IN       TON │
─┤├───┘                    │             │
                      200 ─┤PT      1 ms │
                           └─────────────┘
```

程序段3

主轴过载或伺服准备好I2.0、伺服不过热I2.1，输出M0.0

```
 Q0.0       Q0.1       I2.0      I2.1        M0.0
─┤/├──┬──────┤/├──┬─────┤├───────┤├─────────( )─
 I0.6 │     I0.7 │
─┤├───┤     ─┤├───┘
 T32  │
─┤/├──┘
```

程序段4

急停报警指示

```
 Q2.5        Q2.0
─┤/├────────( )─
```

程序段5

X轴超程指示

```
 I1.4        Q2.2
─┤├─────────( )─
```

程序段6

Z轴超程指示

```
 I1.5        Q2.3
─┤├─────────( )─
```

程序段7

JOG方式I2.5、自动时主轴已启动M0.1、换刀结束（Q0.3=0，Q0.4=0），
解除进给保持

```
 I2.5         Q0.3       Q0.4        Q2.6
─┤├──┬────────┤/├───────┤/├─────────( )─
 M0.1│
─┤├───┘
```

图 6.50　急停、进给保持控制子程序

6.6　数控机床主轴 PLC 设计实例

　　数控机床的主轴系统控制由 PLC 和数控系统联合控制，其中 PLC 完成传动单元变速逻辑控制和数字转速指令功能，而数控装置根据给定的数字量产生相应的模拟电压信号，用于主轴驱动回路的控制。

【主轴控制
PLC 程序设计】

1. 过程分析

主轴的控制包括正转、反转、停止、制动和冲动等。要求：按正转按钮时电动机正转；按反转按钮时电动机反转；按停止按钮时电动机停止，并控制制动器制动 2s；按下冲动按钮电动机正转 0.5s，然后停止；电动机过载报警后，正、反转按钮和冲动按钮无效。

2. 电气部分的设计

电气部分的设计如图 6.51 所示，主轴为三相异步电动机，由交流接触器控制正、反转；继电器采用直流 24V 供电，自带续流二极管；交流接触器采用交流 110V 供电。

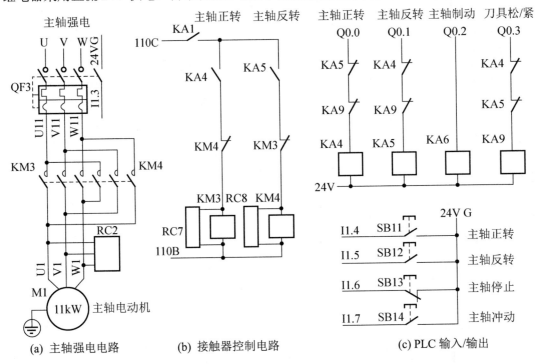

图 6.51　主轴控制电气设计

图 6.51 中各器件的含义见表 6-12。

表 6-12　各器件的含义

序　号	名　称	含　义	序　号	名　称	含　义
1	QF3	主轴带过载保护电源空开	8	KA4	主轴正转中间继电器
2	KM3	主轴正转交流接触器	9	KA5	主轴反转中间继电器
3	KM4	主轴反转交流接触器	10	KA6	主轴制动中间继电器
4	KA1	由急停控制的中间继电器	11	KA9	刀具松中间继电器
5	SB11	主轴正转按钮	12	SB14	主轴冲动按钮
6	SB12	主轴反转按钮	13	RC2	三相灭弧器
7	SB13	主轴停止按钮	14	RC7、RC8	单相灭弧器

在电气安全互锁设计方面，主轴正、反转在接触器和继电器分别进行了安全互锁；主轴正、反转对刀具松进行了安全互锁；急停对主轴运转进行了安全互锁。

与主轴控制相关的输入 / 输出信号包括以下两种。

输入：I1.4——正转；I1.5——反转；I1.6——停止；I1.7——冲动；I1.3——报警。

输出：Q0.0——正转；Q0.1——反转；Q0.2——制动；Q0.3——松刀。

3. 控制程序设计

1) 梯形图程序

梯形图程序如图6.52所示。

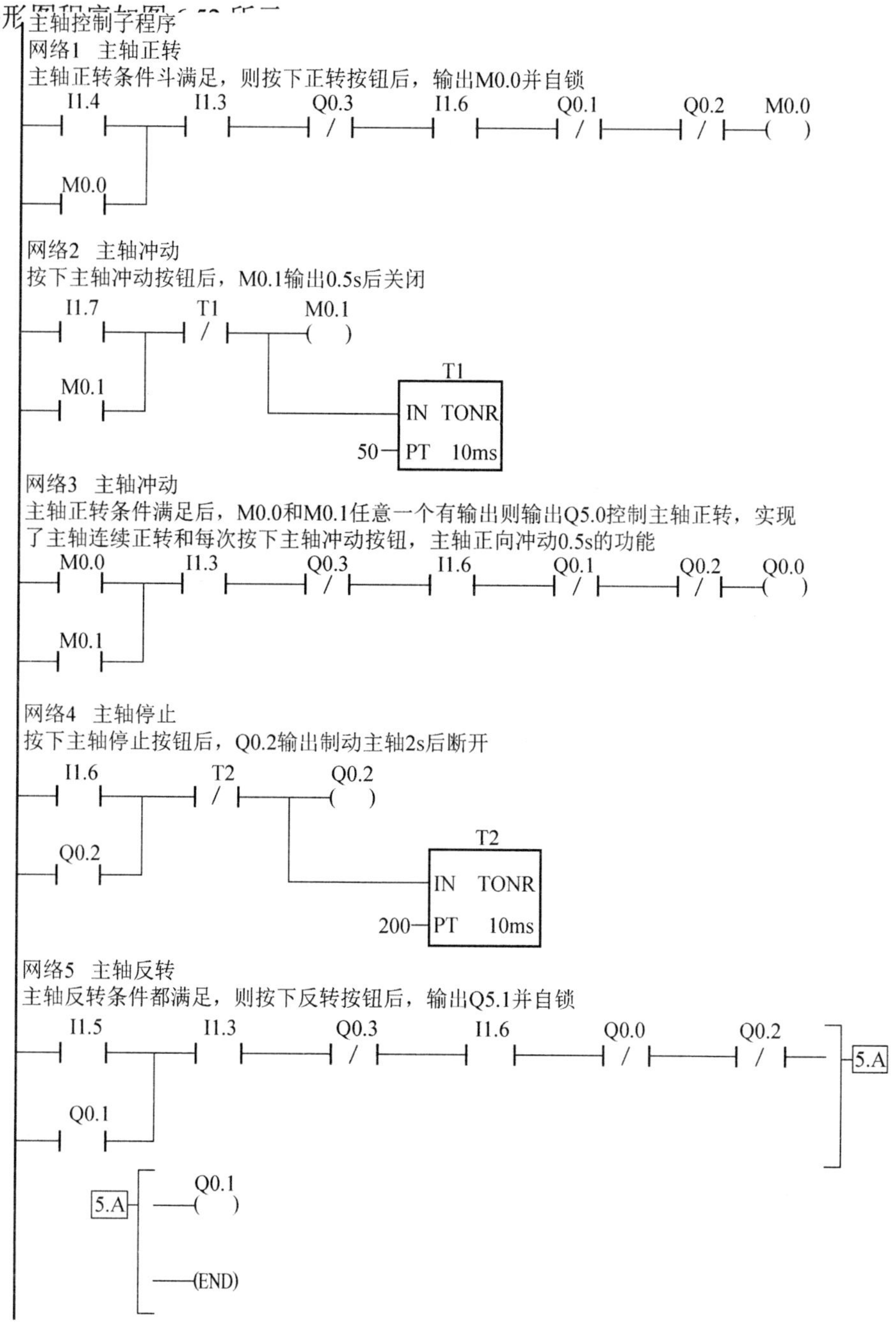
主轴控制子程序
网络1 主轴正转
主轴正转条件斗满足，则按下正转按钮后，输出M0.0并自锁
I1.4
I1.3
Q0.3
I1.6
Q0.1
Q0.2
M0.0
M0.0
网络2 主轴冲动
按下主轴冲动按钮后，M0.1输出0.5s后关闭
I1.7
T1
M0.1
M0.1
T1
IN TONR
50
PT 10ms
网络3 主轴冲动
主轴正转条件满足后，M0.0和M0.1任意一个有输出则输出Q5.0控制主轴正转，实现了主轴连续正转和每次按下主轴冲动按钮，主轴正向冲动0.5s的功能
M0.0
I1.3
Q0.3
I1.6
Q0.1
Q0.2
Q0.0
M0.1
网络4 主轴停止
按下主轴停止按钮后，Q0.2输出制动主轴2s后断开
I1.6
T2
Q0.2
Q0.2
T2
IN TONR
200
PT 10ms
网络5 主轴反转
主轴反转条件都满足，则按下反转按钮后，输出Q5.1并自锁
I1.5
I1.3
Q0.3
I1.6
Q0.0
Q0.2
5.A
Q0.1
5.A
Q0.1
(END)

图 6.52　梯形图程序

2) STL 程序

STL 程序见表 6-13。

表 6-13   STL 程序

网络 1		网络 2		网络 3		网络 4		网络 5	
LD	I1.4	LD	I1.7	LD	M0.0	LD	I1.6	LD	I1.5
O	M0.0	O	M0.1	O	M0.1	O	Q0.2	O	Q0.1
A	I1.3	AN	T1	A	I1.3	AN	T2	A	I1.3
AN	Q0.3	=	M0.1	AN	Q0.3	=	Q0.2	AN	Q0.3
A	I1.6	TONR	T1,50	A	I1.6	TONR	T2,200	A	I1.6
AN	Q0.1			AN	Q0.1			AN	Q0.0
AN	Q0.2			AN	Q0.2			AN	Q0.2
=	M0.0			=	Q0.0			=	Q0.1
								END	

本 章 小 结

PLC 是 CNC 系统与机床主体之间连接的关键中间环节，PLC 主要完成与逻辑运算有关的一些功能，一方面通过辅助控制装置完成机床相应的开关动作，另一方面将一部分信息送往 CNC 装置用于加工过程的控制，是数控机床的重要组成部分，它与机床主体以及 CNC 装置之间信号往来十分密切。

本章重点介绍了数控机床 PLC 的作用、内装型 PLC 和独立型 PLC 在数控机床中的应用案例等内容。

(1) PLC 概述：PLC 的应用，PLC 的组成与工作原理，编程语言。

(2) 数控机床 PLC：数控机床 PLC 的类型与作用，PLC-CNC-机床之间的信息处理。

(3) S7-200 系列 PLC：数据类型与元件功能，基本指令及编程。

(4) 数控车床独立型 PLC：PLC 主程序，换刀、主轴、冷却控制等子程序分析。

(5) PLC 控制系统设计：主轴 PLC 控制系统的设计。

思 考 题

1. 简述 PLC 的应用领域。

2. PLC 由哪些组件构成？各部分作用是什么？

3. 数控机床中 PLC 的作用有哪些？

4. 比较内装型 PLC 和独立型 PLC 的异同点。

5. 数控系统中 PLC 信息交换的主要目的是什么？

6. CNC 装置与 PLC 之间、PLC 和机床之间如何进行信息交换？

7．S7-200 系列 PLC 的定时器包括哪三种类型？

8．简述 S7-200 系列 PLC 的数据类型和地址格式。

9．西门子 802C 数控系统与其集成 PLC 的信息交换有哪些？

10．说明 V2500000.7 和 V25001001.0、V25001001.1 分别表示何种信号？

11．说明图 6.43 中 L2.4 的符号名、变量类型和数据类型，其对应 PLC 的什么信号？

12．根据西门子 802C 内装型 PLC 的功能，更改图 6.48 冷却控制梯形图中元件和指令符号。

13．设 I0.0～I0.3 分别为 4 个刀位输入信号；I0.4 为手动换刀按钮输入；反转夹紧时间 2s；Q0.0 为刀架电动机正转输出信号；Q0.1 为刀架电动机反转输出信号；Q1.0～Q1.3 分别为 4 个刀位指示输出信号。用 STEP7 语言，画出 4 工位刀架手动换刀程序梯形图。

第 7 章
数控系统的电磁兼容设计

 本章教学要点

知识要点	掌握程度	相关知识
电磁兼容性	掌握电磁兼容性的基本概念； 熟悉电磁兼容的三要素； 了解电磁干扰的危害； 掌握数控系统电磁兼容性要求； 熟悉机床数控系统抗干扰措施	电磁兼容性相关的概念； 电磁兼容的三要素 电磁干扰的危害； 数控系统电磁兼容性要求； 机床数控系统抗干扰措施
接地技术	了解接地技术的分类； 了解安全接地、工作接地的形式； 了解屏蔽接地的电缆选择方法； 掌握安全接地、工作接地和屏蔽接地的设计要点	接地技术的分类； 安全接地、工作接地的形式； 屏蔽接地的电缆选择方法； 安全接地、工作接地和屏蔽接地的设计要点
屏蔽技术	了解屏蔽技术的作用； 了解电场屏蔽、磁场屏蔽和电磁场屏蔽的机理； 掌握电场屏蔽、磁场屏蔽的设计要点； 熟悉屏蔽机箱的设计要点	屏蔽技术的作用； 电场屏蔽、磁场屏蔽和电磁场屏蔽的机理； 电场屏蔽、磁场屏蔽的设计要点； 屏蔽机箱的设计要点
滤波技术	了解滤波技术的作用； 熟悉常用的电源干扰的抑制方法； 熟悉常用的信号线的干扰抑制方法	滤波技术的作用； 常用的抑制电源干扰的方法； 常用的信号线的干扰抑制方法
电气控制柜 设计指南	了解电磁兼容性对电气控制柜的设计要求	电磁兼容性对电气控制柜的设计要求

导入案例

"要命"的电磁干扰

1998年，美国德克萨斯州曾有两家医院使用的无线医疗远程监护设备受到数码电视台和大功率移动通信台发射的干扰而中断工作。2000年，日本一家医院正输液抢救一位老年病人时，输液泵失控，停止输液。幸好发现及时，才挽救了生命。经查，原来是病房里有人玩手机，正是手机的无线电发射干扰了输液泵的正常工作。在我国，手机干扰医疗设备工作的情况同样存在。广州某安装了心脏起搏器的病人，用手机与家人通话，即感到不适，医生忙将手机关掉，用上了急救药才幸免于难。

在数控系统运行的工业现场，同时运行着其他多种类型的电气和电子设备，因而电磁环境复杂。为了保证数控系统的正常工作，在设计数控系统时需要考虑对电磁骚扰应有足够的抗干扰度。本章介绍的主要内容包括电磁兼容性的基本概念，数控系统电磁兼容性要求，数控系统电磁兼容性设计所采取的抗干扰措施等。

7.1 电磁兼容性概述

7.1.1 电磁兼容性的基本概念

GB／T 4365—2003《电工术语 电磁兼容》中所给出的有关电磁兼容性的几个术语如下：

(1) 电磁环境(Electromagnetic Environment)：存在于给定场所的所有电磁现象的总和。

注：通常，电磁环境与时间有关，对它的描述可能需要用统计的方法。

(2) 电磁噪声(Electromagnetic Noise)：一种明显不传送信息的时变电磁现象，它可能与有用信号叠加或组合。

(3) 无用信号(Unwanted Signal, Undesired Signal)：可能损害有用信号接收的信号。

(4) 干扰信号(Interfering Signal)：损害有用信号接收的信号。

(5) 电磁骚扰(Electromagnetic Disturbance)：任何可能引起装置、设备或系统性能降低或者对生物或非生物产生不良影响的电磁现象。

注：电磁骚扰可能是电磁噪声、无用信号或传播媒介自身的变化。

(6) 电磁干扰(Electromagnetic Interference, EMI)：电磁骚扰引起的设备、传输通道或系统性能的下降。

注：术语"电磁骚扰"和"电磁干扰"分别表示"起因"和"后果"。过去"电磁骚扰"和"电磁干扰"常混用。

(7) 电磁兼容性(Electromagnetic Compatibility, EMC)：设备或系统在其电磁环境中能正常工作且不对该环境中任何事物构成不能承受的电磁骚扰的能力。

(8) (对骚扰的)抗扰度[immunity (to a disturbance)]：装置、设备或系统面临电磁骚扰不降低运行性能的能力。

7.1.2 电磁兼容的三要素

从电磁兼容的定义看，电磁兼容应包括两方面的内容：一方面指设备不受干扰的影响；另一方面指设备不对周围的其他设备形成不能承受的骚扰。

电磁兼容学科研究的主要内容是围绕构成干扰的三要素进行的，即电磁骚扰源、传播途径和敏感设备。

(1) 电磁骚扰源：可分为自然骚扰源和人为骚扰源。骚扰源的研究包括其发生的机理及时域和频域的定量描述，以便从源端来抑制电磁骚扰的发射。

(2) 传播途径：主要分为空间辐射和导线传导两种途径。对它的研究主要是为了从传播途径上来阻断电磁骚扰向敏感设备的传播。

(3) 敏感设备：主要研究电磁骚扰如何使其产生性能降低或产生不希望的响应，以及如何提高设备的抗干扰能力。

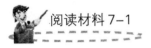阅读材料7-1

美国福莱斯特航母事故

福莱斯特级航母是大型常规动力航母，其标准排水量接近7万吨，满载排水量超过8万吨。这在20世纪60年代的冷战时期是十分惊人的数字。

1967年7月，福莱斯特号航母到达越南执行任务。7月29日，福莱斯特号航母和往常一样，淡定地通过弹射器释放满载弹药的飞机执行任务。正当一切如常之时，排在甲板后部的一架A4"天鹰"攻击机莫名其妙地射出了一发"祖尼"式火箭弹，这发火箭弹拖着火焰立刻砸在了前面另外一架满载炸弹的A4攻击机身上。这架A4攻击机随即发生了巨大爆炸。而整个航母的甲板上排满了即将出发的攻击机、刚刚准备撤走的加油车和一堆堆弹药，完全就是个火药桶，这个火药桶随即被一同引爆，发生了灾难性的连环爆炸，并引燃大火(图7.01)，整个甲板变成了修罗场一般的炼狱。

图7.01 美国福莱斯特航母事故

事后统计，航母上一共损失了 64 架飞机，包括被彻底烧毁或者炸飞的，还有完全报废的。130 余人死亡。航母的飞行甲板完全报废，内部舱室也破坏严重，必须回国大修。按照当时的币值统计，这次大修花掉了 7000 万美元。这笔钱大概相当于今天近 5 亿美元。

事后调查显示，事故是由航母甲板上的一架歼击机的搜索雷达上的屏蔽连接器两端的触片产生的射频信号导致引火装置故障，提前引燃了发射药所致。

7.1.3 电磁干扰的危害

电磁干扰造成的危害是各种各样的，从最简单的令人烦恼的现象直到严重的灾难。如美国某钢铁厂由于起吊熔融钢水包的大车控制电路受到电磁干扰，导致一包钢水完全失控地倾倒在车间的地面上，并造成人员伤亡。又如某位带有由生物电控制假肢的残疾人驾驶一辆摩托车，行驶到高压输电线路下方时，由于假肢控制电路受到干扰而使摩托车失控，导致了不应发生的灾难。电磁干扰可能造成的常见危害如下：

(1) 影响、干扰电视的收看和广播收音机的收听。在我国出现过由于塑料加工高频热合机干扰电视信号而引起的居民与工厂的纠纷。

(2) 使数字系统与数据传输过程中的数据丢失。

(3) 造成设备、分系统或系统级正常工作的破坏。

(4) 导致医疗电子设备(如医疗监护仪、心电起搏器等)的工作失常。

(5) 使自动化微处理器控制系统(如汽车的制动系统、防护气囊保护系统等)的工作失控。

(6) 使导航系统的工作失常。

(7) 使起爆装置非正常爆炸。

(8) 使工业过程控制功能(如石油或化工生产控制)等失效。

除了以上例子外，强电磁场还可能对生物体造成生物影响，一般认为其效应可以分为热效应与非热效应两类。对于热效应，随着射频入射功率密度的逐渐增加，可出现血流加快、血液分布较少部位的局部体温升高、酶活性降低、蛋白质变性、心率改变，甚至体温调节能力受抑制、局部组织受损直至死亡等。而对于非热效应，其影响广泛得多，包括对中枢神经系统(如对脑组织的代谢、脑组织的生物电等)、血液与免疫系统、心血管系统、生殖系统与胚胎发育的影响等。这些影响不仅反映在个体级、器官级，而且可能影响到细胞级。

由此可见，电磁环境的恶化可能会导致多方面的不良后果。因此，开展电磁兼容研究，加强电磁兼容管理，降低电磁骚扰，避免电磁干扰是非常必要的。

7.2 数控系统电磁兼容性要求

数控系统一般在电磁环境较恶劣的工业现场使用，为了保证系统在此环境中能够正常工作，系统必须达到 JB / T 8832—2001《机床数控系统　通用技术条件》中的电磁兼容性要求，具体包括以下四个方面：

1. 静电放电抗扰度

静电放电：具有不同静电电位的物体相互靠近或直接接触引起的电荷转移。

数控系统运行时，按照 GB／T 17626.2—2006《电磁兼容　试验和测量技术　静电放电抗扰度试验》的规定，对操作人员经常触及的所有部位与保护接地端子(PE)间进行静电放电试验，接触放电电压为 6kV，空气放电电压为 8kV。试验时，数控系统能正常运行。

2. 浪涌(冲击)抗扰度

浪涌(冲击)：沿线路传送的电流、电压或功率的瞬态波，其特性是先快速上升后缓慢下降。

数控系统运行时，按照 GB／T 17626.5—2006《电磁兼容　试验和测量技术　浪涌(冲击)抗扰度试验》的规定，分别在交流输入电源相线之间叠加峰值为 1kV 的浪涌(冲击)电压；在交流输入电源相线与保护接地端(PE)间叠加峰值为 2kV 的浪涌(冲击)电压。浪涌(冲击)重复率为 1 次／min，极性为正／负极。试验时，正／负各进行 5 次，数控系统应能正常运行。

3. 电快速瞬变脉冲群抗扰度

脉冲群：一串数量有限的清晰脉冲或一个持续时间有限的振荡。

数控系统运行时，按照 GB／T 17626.4—2008《电磁兼容　试验和测量技术　电快速瞬变脉冲群抗扰度试验》的规定，分别在交流供电电源端和保护接地端(PE)之间加入峰值 2kV、重复频率 5kHz 脉冲群，时间 1min；在 I／O 信号、数据和控制端口电缆上用耦合夹加入峰值 1kV、重复频率 5kHz 脉冲群，时间 1min。试验时，数控系统能正常运行。

4. 电压暂降和短时中断抗扰度

电压暂降：电气系统某一点的电压突然下降，经历半个周期到几秒钟的短暂持续期后恢复正常。

数控系统运行时，按照 GB／T 17626.11—2008《电磁兼容　试验和测量技术　电压暂降、短时中断和电压变化的抗扰度试验》的规定，在交流输入电源任意时间电压幅值降为额定值的 70%，持续时间 500ms，相继降落间隔时间为 10s；按照 GB 5226.1—2008《机械电气安全　机械电气设备　第 1 部分：通用技术条件》中 4.3 的规定在交流输入电源任意时间电压短时中断 3ms，相继中断间隔时间为 10s。试验时电压暂降和短时中断各进行 3 次，数控系统应能正常运行。

7.3　机床数控系统抗干扰措施

数控机床的电气系统中既包含高电压、大电流的强电设备，又包含低电压、小电流的控制与信号处理设备和传感器，即弱电设备。若处理不当，强电设备产生的电磁骚扰将对弱电设备的正常工作构成威胁。此外，数控系统所在的生产现场的电磁环境较恶劣，各种动力负载的骚扰、供电系统的骚扰、大气中的骚扰等都会对数控系统内的弱电设备产生影响，一旦弱电设备受到干扰，将导致整个数控系统性能的降低甚至瘫痪。

限制产生电磁骚扰(即传导和辐射的发射)的措施包括以下几方面：

(1) 电源滤波。

(2) 电缆屏蔽。

(3) 使射频辐射减至最小的外壳设计。

(4) 采用射频抑制技术。

提高设备的抗扰度，抑制传导和射频辐射骚扰的措施包括以下几方面：

(1) 功能联结系统的设计，其应考虑如下要求。

① 敏感电路连接到底板的端子上，这种连接端子应使用 GB／T 5465.2—2008《电气设备用图形符号　第 2 部分：图形符号》中 5020 的图形符号标记：

② 底板接地的连接应使用尽可能短的低阻抗射频导线连接到底板接地。

(2) 为将共模骚扰减至最小，将敏感电气设备或电路直接连接到 PE 电路或功能接地(FE)导体上。这种连接端子应使用 GB／T 5465.2—2008 中 5018 的图形符号标记：

(3) 将敏感电路与骚扰源分离。

(4) 使射频发射减至最小的外壳设计。

(5) EMC 布线规范。

① 采用双绞线以降低差模骚扰的影响。

② 敏感电路的导线与发射骚扰的导线保持足够的距离。

③ 电缆交叉走线时，采用尽可能接近 90° 的电缆定向走线。

④ 电缆尽可能接近接地平板走线。

⑤ 对于低射频阻抗端子采用静电屏蔽和／或电磁屏蔽。

下面对电磁兼容性设计中最常采用的是接地、屏蔽和滤波技术进行简单的介绍。

7.3.1　接地技术

接地有两种含义：一种是指电子设备与大地的连接；另一种是指电路及电子设备的信号参考地。从安全角度考虑，电气设备接地是十分必要的。从电路工作的角度看接地也是必要的。

接地功能是通过接地装置或接地系统来实现的。接地装置有比较简单的，如水平接地体、垂直接地体、环形接地体等；也有较复杂的，如建筑物及大楼变电站的接地网。

接地装置就是包括引线在内的埋在地中的一个或一组金属体(包括水平埋设或垂直埋设的金属接地极、金属构件、金属管道、钢筋混凝土构筑物基础、金属设备等)，或由金属导体组成的金属网，其功能是用来泄放故障电流、雷电或其他冲击电流，稳定电位。

表征接地装置电气性能的参数为接地电阻。它是接地装置对地电阻和接地线电阻的总和。接地电阻的数值等于接地装置对地电压与通过接地极流入地中电流的比值。若通过的电流为工频电流，则对应的接地电阻为工频接地电阻。若通过的电流为冲击电流，则接地电阻为冲击接地电阻。冲击接地电阻是时变暂态电阻，一般用接地装置的冲击电压幅值与通过其流入地中的冲击电流的幅值的比值作为接地装置的冲击接地电阻。接地电阻的大小，反映了接地装置流散电流和稳定电位能力的高低及保护性能的好坏。接地电阻越小，保护性能越好。

对于电子设备及电路,"地"可以定义为一个等位点或一个等位面。它为电路、系统提供一个参考电位,其数值可以与大地电位相同,也可以不同。因为"地"在电路系统中充当这样一个重要角色,电路或系统中的各部分电流都必须经"地线"或"地平面"构成电流回路。

外部电磁干扰能够使电子设备产生误动作,或干扰电缆传输的信号、影响传输信号质量。此时可以通过将电子设备的屏蔽外壳和电缆屏蔽层接地来降低或消除外部电磁干扰的影响。另外,为防止电子设备产生的高频能量泄流到外部,而对其他设备造成干扰,也应进行接地。防止电磁干扰的接地有多种形式,如屏蔽室、屏蔽层的接地,屏蔽电缆的接地,变压器静电屏蔽的接地,精密仪器的保护装置的接地,变压器或扼流圈铁心的接地等。总之,防止电磁干扰的接地就是提供干扰能量泄放到大地的通道。

设备接地的一个主要目的是为了安全。对于许多静电敏感的场合,接地还是泄放电荷的主要手段。良好的接地必须达到下列几个要求:

(1) 保证接地回路具有很低的公共阻抗,使系统中回路电流通过该公共阻抗产生的直接传导噪声电压最小。

(2) 在有高频电流的场合保证"信号地"对"大地"有较低的共模电压,使通过"信号地"产生的辐射噪声最低。

(3) 地线与信号线构成的电流回路具有最小的面积,避免由地线构成"地回路",使外界干扰磁场穿过该回路产生的差模干扰电压最小;同时也避免由地电位差通过地回路引起过大的地电流,造成传导干扰。

(4) 保证人身和设备的安全。

综上所述,对一个设备或系统来说,接地系统就相当于一个建筑物的基础。它与设备或系统的稳定可靠工作关系极大,不但关系到设备本身产生的电磁干扰,还关系到该设备或子系统接入整个系统后的抗干扰能力。故在工程设计初期,首先应当认真考虑和精心设计接地系统。实践证明,良好的接地系统设计加良好的屏蔽设计,可以解决大部分设备在现场运行的噪声干扰问题。所以,接地是电磁兼容性设计中的最基础技术之一。

为了防止共地线阻抗干扰,在每个设备中可能有多种接地线,但概括起来可以分为 3 类,即保护地线(安全接地)、工作地线(工作接地)和屏蔽地线(屏蔽接地)。

1. 安全接地

为了保护人身和设备的安全,免遭雷击、漏电、静电等危害,设备的机壳、底盘所接地线称保护地线,应与真正大地连接。保护地线的基本要求参见国家标准 GB 5226.1—2008 中相关内容。

机床数控系统电源采用"TT"或"TN-S"接地形式,不允许采用"TN-C"接地形式,几种接线形式如图 7.1～图 7.3 所示。

注意,在设计电气系统时,电气控制柜中最好不要引入中线,如果使用中线,必须在安装图、电路图及接线端子上予以明确的 N 标志;如果电柜中引入了中线,在电气控制柜内部不允许中线与地线连接,也不允许共用一个端子 PEN(PE 与 N 短接的端子称 PEN 端子)。

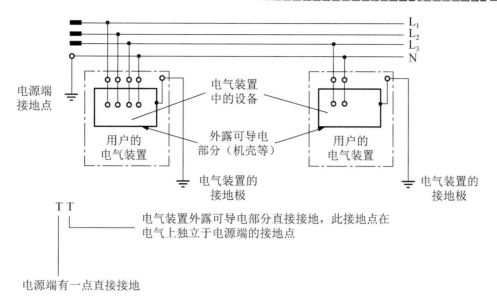

图 7.1　TT 接地形式

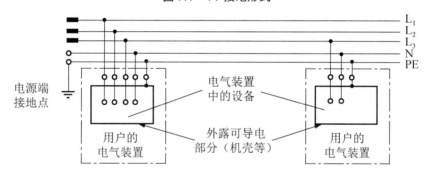

图 7.2　TN-S 接地形式

保护接地的设计要点如下：

(1) 电气设备都应设计专门的保护导线接线端子(保护接地端子)，并且采用 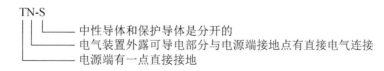 符号标记，也可用黄绿双色标记。不允许用螺钉在外壳、底盘等处代替保护接地端子。

保护接地端子与电气设备的机壳、底盘等应实现良好的搭接，设备的机壳(机箱)、底盘等应保持电气上连续，保护接地电路的连续性应符合 GB 5226.1—2008 的要求。

(2) 数控系统控制柜内应安装有接地排(可采用厚度不小于 3mm 的铜板)，接地排接入大地，接地电阻应小于 4Ω。

(3) 系统内各电气设备的保护接地端子用尽量粗和短的黄绿双色线连接到接地排上，如图 7.4 所示。

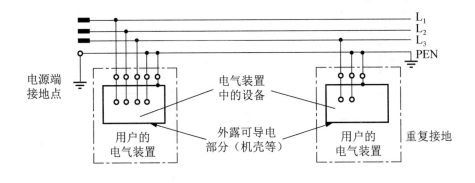

图 7.3 TN-C 接地形式

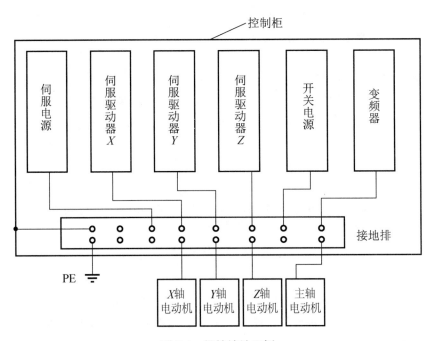

图 7.4 保护接地示例

(4) 保护接地线不要构成环路，正确接法如图 7.5(a)所示，不正确的接法如图 7.5(b)所示。

(5) 设备金属外壳(或机箱)良好接地(大地)，是抑制静电放电干扰的最主要措施。一旦发生静电放电，放电电流可以由机箱外层流入大地，不会影响内部电路。

(6) 设备外壳接大地，起到屏蔽作用，减少与其他设备的相互电磁干扰。

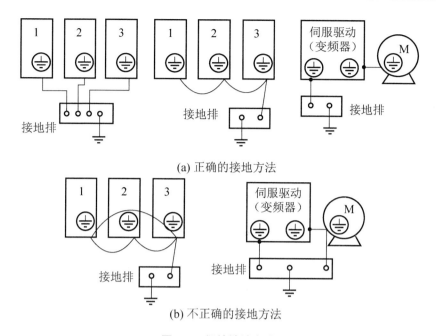

(a) 正确的接地方法

(b) 不正确的接地方法

图 7.5 保护接地方法

2. 工作接地

1) 工作接地方式

为了保证设备的正常工作，如直流电源常需要有一极接地，作为参考零电位，其他极与之比较，形成直流电压，如 $\pm 5V$、$\pm 15V$、$\pm 24V$ 等；信号传输也常需要有一根线接地，作为基准电位，传输信号的大小与该基准电位相比较，这类地线称为工作地线。在系统中一定要注意工作地线的正确接法，否则非但起不到作用反而可能产生干扰，如共地线阻抗干扰、地环路干扰、共模电流辐射等。工作接地方式有浮地、单点接地和多点接地。

(1) 浮地。如图 7.6 所示，工作地线与金属机箱绝缘，工作地线是浮置的，其目的是防止外来共模噪声对内部电子线路的干扰。

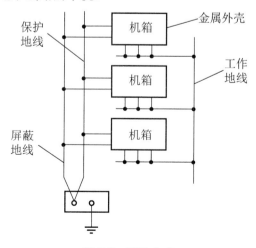

图 7.6 浮地方式

(2) 单点接地。如图 7.7 所示，单点接地是指一个电路或设备中，只有一个物理点被定义为接地参考点，而其他需要接地的点都被接到这一点上。如果一个系统包含许多设备，则每个设备的"地"都是独立的，设备内部电路采用自己的单点接地，然后整个系统的各个设备的"地"都连到系统唯一指定的参考点上。设备内部电路的单点接地有串联、并联、串-并联混合接地 3 种方式。

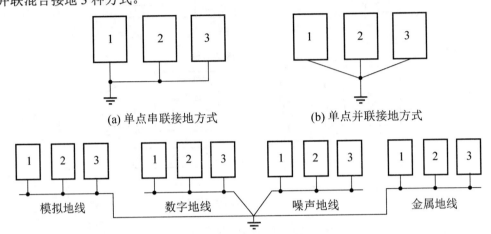

(a) 单点串联接地方式　　　　　　　　(b) 单点并联接地方式

(c) 单点串联、并联混合接地方式

图 7.7　单点接地

单点接地比较简单，走线和电路图相似，电路布线时比较容易。其缺点是地线太长，当系统工作频率很高时，地线阻抗增加，容易产生共地线阻抗干扰；另一方面频率的升高使地线之间、地线和其他导线之间由于电容耦合、电感耦合产生的相互窜扰大大增加。

(3) 多点接地。如图 7.8 所示，多点接地是指设备(或系统)中的各个接地都直接接到距它最近的接地平面上，以便使接地线的长度最短，接地平面可以是设备的底板、专用接地线，也可以是设备的框架。

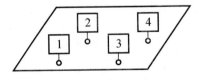

图 7.8　多点接地方式

多点接地的优点是接线比较简单，而且在连接地线上出现高频驻波的现象也明显减少。但是多点接地系统中的多地线回路对线路的维护提出了更高的要求。因为设备本身的腐蚀、冲击振动和温度变化等因素都会使接地系统出现高阻抗，致使接地效果变差。

(4) 混合接地。混合接地是指对系统的各部分工作情况进行分析，只将那些需要就近接地的点直接(或需要高频接地的点通过旁路电容)与接地平面相连，而其余各点采用单点接地的办法。

2) 工作接地的设计要点

(1) 设备地线不能布置成封闭的环状，一定要留有开口，因为封闭环在外界电磁场的影响下会产生感应电动势，从而产生电流。电流在地线阻抗上有电压降，容易导致共阻抗干扰。

(2) 采用光电耦合、隔离变压器、继电器、共模扼流圈等隔离方法，切断设备或电路间的地线环路，抑制地线环路引起的共阻抗耦合干扰。

(3) 设备内的各种电路如模拟电路、数字电路、功率电路、噪声电路等都应设置各自独立的地线(分地)，最后汇总到一个总的接地点。

(4) 低频电路(f<1MHz)一般采用树形放射式的单点接地方式，地线的长度不应该超过地线中高频电流波长λ($\lambda = v/f$，是地线中高频信号的波长，v是高频信号的传输速度，f是高频信号的频率)的 1/20，即 $l < \lambda/20$。较长的地线应尽量减小其阻抗，特别是减小电感，如增加地线的宽度，采用矩形截面导体代替圆导体作地线等。

(5) 高频电路(f>1MHz)一般采用平面式多点接地方式，或采用混合接地方式，如工控机电路底板的工作地线与机箱采用多点接地方式。

(6) 工作地线浮置方式(工作地线与金属机箱绝缘)仅适用于小规模设备(这时电路对机壳的分布电容较小)和工作速度较低的电路(频率较低)，而对于规模较大、电路较复杂、工作速度较高的控制设备不应采用浮地方式。

(7) 机柜内同时装有多个电气设备(或电路单元)的情况下，工作地线、保护地线和屏蔽地线一般都接至机柜的中心接地点(接地排)，然后接大地，这种接法可使柜体、设备、机箱、屏蔽和工作地线都保持在同一电位上。

3. 屏蔽接地

为了抑制噪声，电缆、变压器等的屏蔽层需接地，相应的地线称为屏蔽地线。在低阻抗网络中，低电阻导体可以降低干扰作用，故低阻抗网络常用作电气设备内部高频信号的基准电平(如机壳或接地板)，公共基准电位的连接应使单独点尽可能靠近 PE 端子直接接地或连接它自己的外部(无噪声)大地导体端子。设备中的"⊥"端子一般作为屏蔽地。

1) 屏蔽电缆的选择

屏蔽电缆的种类很多，一般可分为普通屏蔽线、双绞屏蔽线和同轴电缆等。普通带编织层的多芯电缆具有电场屏蔽作用，双绞屏蔽线其总屏蔽层可以抑制电场干扰，双绞线可以抑制磁场干扰。

普通屏蔽线：适用于工作频率 30kHz 以下，特殊情况可用到几百千赫。普通屏蔽线用于输入/输出信号线、模拟信号线、脉冲式接口驱动器控制信号线(线长不超过 2m)、计算机串行通信线(线长不超过 2m)、电源线、电动机强电线。

双绞线和双绞屏蔽线：适用于工作频率 100kHz 以下，特殊情况可用到几百千赫，双绞线具有较好的磁场屏蔽性能。双绞线用于直流电源线、小功率交流电源线(负载功率小于1kW)。双绞屏蔽线用于编码器信号线、高频信号线、脉冲接口式驱动器控制信号线(线长大于 2m)，计算机串行通信线(线长大于 2m)。

同轴电缆：适用于工作频率 1000MHz 以下。

双重屏蔽电缆：能防止电缆内部信号线间的干扰。

2) 屏蔽电缆接地的设计要点

(1) 对于低频电路(f<1 MHz)，电路通常是单端接地，屏蔽电缆的屏蔽层也应单端接地，单端接地对电场起到主动屏蔽的作用，也能起到被动屏蔽作用，但对磁场没有屏蔽作用。

(2) 当电缆的长度 $l < 0.15\lambda$ ($\lambda < v/f$, λ 是传输线中信号的波长, v 是信号的传输速度, f 是信号的频率)时, 则要求单点接地。无论是单芯或是多芯屏蔽电缆, 在电源和负载电路中, 一端为接地点, 另一端与地绝缘, 其中接地点就是屏蔽层的接地。一般均在输出端接地。这种连接不存在接地环路, 屏蔽效果好, 这是电缆层屏蔽最佳接地形式, 也可在输入端接地, 如图 7.9、图 7.10 所示。

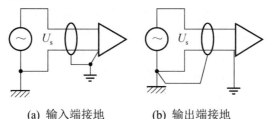

(a) 输入端接地　　　(b) 输出端接地

图 7-9　低频电路的屏蔽层接地方法

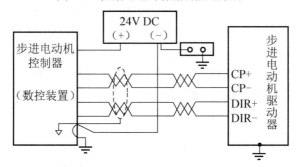

图 7-10　屏蔽层单端接地示例

(3) 对于高频电路($f > 1$MHz), 电路通常是双端接地, 屏蔽电缆的屏蔽层也应双端接地, 双端接地能对电场产生屏蔽, 对高频磁场也能产生屏蔽作用。屏蔽的电力电缆的屏蔽层应在电缆两端接地, 如图 7.11、图 7.12 所示。

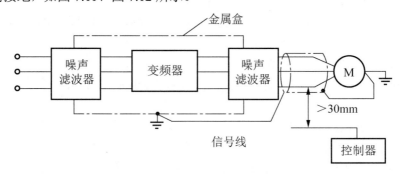

图 7.11　变频器电动机电缆屏蔽层双端接地

(4) 当电缆的长度 $l > 0.15\lambda$($\lambda < v/f$)时, 则采用多点接地。一般屏蔽层按 0.05λ 或 0.1λ 的间隔接地, 至少应该在屏蔽层两端接地, 以降低地线阻抗, 减少地电位引起的干扰电压。

(5) 数控系统中数控装置与伺服驱动器、变频器间的信号传输线一般推荐采用双绞屏蔽线, 且屏蔽层采用双端接地方式。

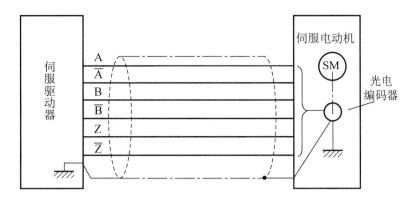

图 7.12 编码器电缆双端接地

(6) 对于输入信号电缆的屏蔽层不能在机壳内接地，只能在机壳的入口处接地，此时屏蔽层上的外加干扰信号直接在机壳入口处入地，避免屏蔽层上的外加干扰信号带入设备内部的信号电路。

(7) 对于高输入或高输出阻抗电路，尤其是在高静电环境中，可能需要用双层屏蔽电缆，这时内屏蔽层可以在信号源端接地，外屏蔽层则在负载端接地。

(8) 实现屏蔽层接地时应尽量避免产生所谓"猪尾巴"效应，多芯电缆屏蔽层一般用电缆金属夹钳接地。

7.3.2 屏蔽技术

屏蔽是电磁干扰防护控制的最基本方法之一。电磁屏蔽是指对电磁波产生衰减作用，其目的有两个方面：①控制内部辐射区的电磁场不越出某一区域；②防止外来的辐射进入某一区域。因此，屏蔽的方法也是电磁干扰的空域控制方法。屏蔽可以大如一个安装有整体金属材料的建筑物(如大型测试场所或实验场所)，小到柔软的电缆金属编织带。屏蔽很常见，如仪器设备的金属外壳。

为防止噪声源向外辐射场的干扰，应该屏蔽噪声源，这种方法称为主动屏蔽。为防止敏感设备受噪声辐射场的干扰，则应该屏蔽敏感设备，这种方法称为被动屏蔽。屏蔽按其机理可分为电场屏蔽、磁场屏蔽和电磁场屏蔽。

1. 电场屏蔽

当噪声源是高电压、小电流时，其辐射场主要表现为电场，电场屏蔽主要用于抑制噪声源和敏感设备之间由于存在电场耦合而产生的干扰。

电场屏蔽设计的要点如下：

(1) 系统中的强电设备(伺服驱动器、变频器、步进驱动器、开关电源、电动机)金属外壳可靠接地，实现主动屏蔽。

(2) 敏感设备(如数控装置等)外壳应可靠接地，实现被动屏蔽。

(3) 强电设备与敏感设备之间距离尽可能远，一般在电柜内，强、弱电设备尽量保持300 mm 以上的距离，最小距离为100mm。

(4) 高电压、大电流动力线与信号线应分开走线，如各自使用各自独立的线槽等，距离尽可能保持在300mm 以上，最小距离为50～75mm，同时尽量避免平行走线，不能将强电线与信号线捆扎在一起。

(5) 信号线应尽量靠近地线(或接地平板)或者用地线包围它。

(6) 屏蔽电缆既能对电场起到被动屏蔽作用，也能起到主动屏蔽作用，条件是屏蔽层接地。如果屏蔽层不接地，则有可能造成比不用屏蔽线时更大的电场耦合。

(7) 强电线如不能与信号线分开走线，则强电线应采用屏蔽线，屏蔽层应可靠接地。

2. 磁场屏蔽

当噪声源具有低电压和大电流性能时，其辐射场主要表现为磁场，磁场屏蔽主要用于抑制噪声源和敏感设备之间由于磁场耦合所产生的干扰。

磁场屏蔽的设计要点如下：

(1) 选用高磁导率的材料，如采用玻莫合金等，并适当增加屏蔽体的壁厚。

(2) 被屏蔽的物体不要安排在紧靠屏蔽体的位置上，以尽量减少通过被屏蔽物体的磁通。

(3) 注意磁屏蔽体的结构设计，对于强磁场的屏蔽可采用双层磁屏蔽体结构。

(4) 减少干扰源和敏感电路的环路面积。最好的办法是使用双绞线和屏蔽线，让信号线与接地线(或载流回线)扭绞在一起，以使信号与接地(或载流回线)之间的距离最短。

(5) 增大线间的距离，使得干扰源与受感应的线路之间的互感尽可能地小。

(6) 如有可能，使干扰源的线路与受感应线的线路呈直角(或接近直角)布线，这样可大大降低两线路间的磁场耦合。

(7) 敏感设备应远离干扰源(强电设备、变压器等)布置，距离应保持 800 mm 以上。

3. 电磁场屏蔽

电磁场屏蔽必须同时屏蔽电场和磁场，通常采用电阻率小的良好导体材料。空间电磁波在入射到金属体表面时会产生反射和吸收，电磁能量被大大衰减，从而也能起到屏蔽作用。电磁场屏蔽主要用于抑制噪声源和敏感设备距离较远时通过电磁场耦合产生的干扰。

4. 屏蔽机箱(屏蔽盒)的设计要点

1) 结构材料

(1) 机箱的屏蔽材料一般采用铜板、铁板、铝板、镀锌铁板等，厚度为 0.2~0.8mm，这些金属板对电场、高频磁场和电磁场的屏蔽效果都很好，可达 100 dB 以上。

(2) 用于低频磁场屏蔽的高磁导率的铁磁性材料，一般不用作机箱，而是直接用在需要进行低频磁场屏蔽的元件上。

(3) 对于塑料壳体，在其内壁喷涂一层薄膜导电层或在注塑时掺入高电导率的金属粉或金属纤维，使之成为导电塑料，对电磁场的屏蔽也有效果。

2) 搭接

机箱的电气连续性是壳体屏蔽效能的决定性因素，因此，必须尽量减少机箱结构的电气不连续性，以便控制经底板和机壳进出的泄漏和辐射。

(1) 在底板和机壳的每一条缝和不连续处要尽可能好地搭接。

(2) 保证接缝处金属对金属的接触，以防电磁能的泄漏和辐射。

(3) 在可能的情况下，接缝应焊接。在条件受限制的情况下，可用点焊、小间距的铆接和用螺钉来固定。

(4) 保证紧固方法有足够的压力，以便在有变形应力、冲击、振动时保持表面良好接触。

(5) 在接缝不平整的地方，或在可移动的面板等处，使用导电衬垫(衬垫种类有金属网射频衬垫和铜镀合金、导电橡皮、导电蒙布、泡沫衬垫等)或指形压簧材料。

(6) 保证同衬垫配合的金属表面没有非导电保护层(如涂漆、喷塑)。

(7) 当需要活动接触时，使用指形压簧(而不用网状衬垫)，并要注意保持弹性指簧的压力。

3) 穿透和开口

机箱中通常都有电源线和控制线的引入和引出，在面板部分有操作键、显示屏的开孔，还有通风孔等，这些孔隙都可能造成电磁波的严重泄漏。

(1) 要注意由于电缆穿过机壳能使整体屏蔽效能降低。典型的未滤波的导线穿过屏蔽体时，机壳的屏蔽效能降低 30dB 以上。

(2) 电源线进入机壳时，应全部通过滤波器盒。

(3) 信号线、控制线进入 / 穿出机壳时，要通过适当的滤波器。

(4) 为熔丝、插孔等加金属帽。

(5) 用导电衬垫和垫圈、螺母等固定、安装钮子开关，防止电磁泄漏。

(6) 在屏蔽、通风和强度要求高而重量不苛刻时，采用蜂窝板屏蔽通风口，最好用焊接方式连接，防止电磁泄漏。

(7) 尽可能在指示器、显示器后面加屏蔽，并对所有引线用穿心电容滤波；在不能从后面屏蔽指示器、显示器和对引线滤波时，要用与机壳连接的金属网或导电玻璃屏蔽在指示器、显示器的前面(采用夹金属丝的屏蔽玻璃或在透明塑料、玻璃上镀透明导电膜)。

7.3.3 滤波技术

滤波是抑制传导干扰的一种重要方法。由于干扰源发出的电磁干扰的频谱比要接收的信号的频谱宽得多，故当接收器接收有用信号时也会接收干扰信号。采用滤波器能限制接收信号的频带以抑制无用的干扰，而不影响有用信号，即可提高接收器的信噪比，显著减小传导干扰的电平。

采用滤波器的目的是分离信号、抑制干扰。干扰频谱成分一般不同于有用信号的频率。滤波器对这些与有用信号频率不同的成分具有良好的抑制作用。从而达到抑制干扰的目的。

滤波器通常由集中参数或分布参数的电阻、电感和电容构成的网络来实现。这种网络允许某些频率(其中包括直流分量)通过，而对其他频率成分则加以抑制。除了电阻元件、电感元件和电容元件外，滤波器也可以采用等效这些元件的其他器件构成，还可以由上述元件组成的复合电路构成。

按对于频率的选择性能，滤波器可分为低通、高通、带通和带阻滤波器四种。一般将滤波器的衰减损耗为 3dB 时的频率定义为截至频率 f_c。

按频带，滤波器可分为低频、高频、甚高频、超高频和微波滤波器。

按网络中是否含有电源，滤波器可分为有源滤波器和无源两种。前者含有源元件，而后者仅由无源元件组成。

按组成元件的特征，滤波器可分为 LC 滤波器、晶体滤波器、机械滤波器、陶瓷滤波器和螺旋滤波器等。

按功能，滤波器可分为反射滤波器和损耗滤波器两种。反射滤波器是由电抗元件组成的 LC 滤波器，它将无用频率成分的能量反射给信号源，而不消耗能量。损耗滤波器的原理是将干扰频率成分的能量损耗掉。

滤波器可以由无损耗的电抗元件构成，也可由有耗元件构成。前一种滤波器能阻止有用频带以外的其他成分通过，把它们反射回信号源。后一种滤波器则是把不需要的成分吸收，以达到滤波的目的。另外，也可以综合反射和吸收两种原理做成兼有两种性能的滤波器。

为了使滤波器工作时的频率特性与设计值相等，要求与它连接的信号源阻抗和负载阻抗相匹配。若信号源阻抗和负载阻抗不清楚，或者在一个很大的范围内变化，则为使滤波器具有较稳定的滤波性能，可以在它的输入和输出端同时并接某一合适的固定电阻。

1. 电源干扰抑制

1）采用电源滤波器抑制电源线传输电磁干扰

电源滤波器的作用是双向的，它不仅可以阻止电网中的噪声进入设备，也可以抑制设备产生的噪声污染电网。

电源滤波器的设计要点如下：

【电源滤波器】

(1) 滤波器一般安装在机柜底部交流电线入口处，不能让输入的交流电源线在机柜内绕行很长距离后再接滤波器，以免该线在机柜内辐射噪声。

(2) 如果电源进线必须经过熔断器和电源开关等器件后才能接到滤波器上，则这段线路应采取屏蔽措施。

(3) 滤波器金属外壳最好直接安装在金属机柜上，而且应与机柜的接地端子靠得越近越好。

(4) 滤波器的输入 / 输出线要分开布置，不要平行走线，更不应该捆扎在一起，否则输入线中的噪声将不经过滤波器直接耦合到输出线上。

(5) 滤波器输出线最好采用双绞线，以加强抗磁场干扰能力。

(6) 如果电源中高电压脉冲噪声比较多，则应选用能在更宽的频率上有较大衰减的电源滤波器，或者与铁氧体磁环线滤波器串联使用，以取得好的滤波效果。

(7) 流过滤波器的电流不允许超过滤波器最大额定电流，否则由于电感器的磁芯产生饱和，而使电感量大大降低，失去抑制作用。

2）采用吸收型滤波器抑制电源线中的快速瞬变脉冲串干扰

吸收式滤波器由耗能器件构成，将阻带内吸收的噪声转化为热损耗，从而起到滤波的作用。

【吸收式滤波器
电路】

用于电磁噪声抑制的铁氧体是一种磁性材料，由铁、镍、锌氧化物混合而成。铁氧体一般做成中空型，导线穿过其中，当导线中的电流穿过铁氧体时，低频电流几乎无衰减地通过，但高频电流却会受到很大的损耗，转变成热量散发。所以铁氧体和穿过其中的导线即成为吸收型低通滤波器，能有效抑制快速瞬变脉冲串干扰。根据不同的使用场合，铁氧体滤波器可以做成多种形式。

铁氧体磁环构成线噪声滤波器的设计要点如下：

(1) 电缆或导线应尽量与环内径紧密接触，不要留太大的空隙，这样导线上电流产生的磁通可基本上都集中在磁环内，从而增加滤波效果。

(2) 铁氧体磁环套在交流电源线和直流电源线上，用于抑制快速瞬变脉冲串干扰。

(3) 将导线以同样方向和圈数绕在磁环上，绕的圈数越多，滤波效果越好，一般在强电设备(伺服驱动器、变频器)的输入侧为4～5圈，电线太粗时，可以用两个以上的磁环，如图7.13所示，使总圈数达到4～5圈，但输出侧的圈数必须在4圈以下。

(4) 磁环与电源滤波器串联使用，则构成 EMC 滤波器，滤波效果更佳。

(5) 在用磁环抑制直流电源和信号线共模噪声电流时，最好把正负电源线对或正负信号线对都穿过磁环，这样磁环就不易产生饱和。

(6) 如果使用磁珠或磁环的线路负载阻抗很高，则磁环很可能起不到作用，因为磁环的阻抗在几百兆赫时也只有几百欧，因此磁环比较适用于低阻抗电路。如果能在磁环后再并联电容组成类似 LC 滤波器，则会大大降低负载阻抗，从而提高滤波效果。

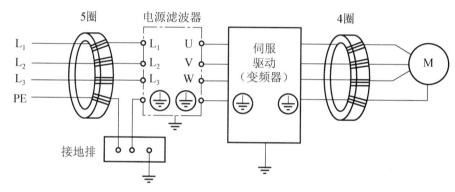

图 7.13　伺服驱动器或变频器滤波电路

注意：图 7.13 中电源滤波器只允许用在伺服驱动器(或变频器)的输入侧，而不允许用在输出侧。图中的接地线也可不绕在磁环上，在某些场合，地线不绕在磁环上的滤波效果更佳。

3) 采用隔离变压器供电，有效抑制电源中的脉冲串、雷击浪涌干扰

隔离变压器是一种使用得相当广泛的电源线抗干扰器件。它最基本的作用是实现电路与电路之间的电气隔离，从而解决地线环路电流带来的设备与设备之间的干扰。同时，隔离变压器对于抗共模干扰也有一定的作用，对瞬变脉冲串和雷击浪涌干扰能起到很好的抑制作用。

【隔离变压器】

隔离变压器的类型有简单的隔离变压器、带屏蔽层的隔离变压器和超级隔离变压器。

隔离变压器的设计要点如下：

(1) 一般在数控系统中选用带屏蔽层的隔离变压器，特殊场合才选用超级隔离变压器。

(2) 变压器的屏蔽层必须接地，屏蔽层的连接线必须粗、短、直，否则在高频时的共模干扰抑制效果将变差。

(3) 隔离变压器一次进线与二次出线要分开布置，不能平行走线，更不能捆在一起，二次出线最好选用双绞线，以加强抗磁场干扰能力。

(4) 隔离变压器对雷击浪涌高压脉冲具有良好的抑制作用，交流电源变压器加上浪涌抑制器件后就变成防雷变压器。

(5) 隔离变压器与磁环配合使用，可以有效地抑制快速瞬变脉冲串干扰。

4) 采用交流稳压器

对于电网电压较长时间的欠电压、过电压和电压波动则需要安装交流稳压器给机床数控系统供电。

5) 感性负载加吸收电路抑制瞬态噪声

系统中的感性负载如继电器、接触器、电磁阀、电动机等在关断时会产生强烈的脉冲噪声，影响其他电路的正常工作，必须在感性负载处加吸收电路抑制瞬态噪声。

【交流稳压器】

【感性负载并联吸收器件】

注意：根据不同要求，感性负载两端也可并联电阻、压敏电阻、稳压管等吸收回路，但 RC 吸收回路具有很好的抑制作用，推荐采用 RC(灭弧器)进行吸收，灭弧器应尽量靠近感性负载进行安装。

2. 信号线的干扰抑制

在数控系统中，信号线最容易受到干扰，会引起设备工作不正常。信号传输线常采取绝缘隔离、阻抗匹配、平衡传输、屏蔽与接地、合理布线等措施来抑制干扰，而信号传输线采取滤波则是抗干扰的另一重要措施。

1) 模拟信号线干扰抑制

(1) 模拟信号传输线，特别容易受到外部干扰影响，所以配线应尽可能短，并应使用屏蔽线，如图 7.14 所示。

(2) 伺服驱动器或变频器连接模拟信号输出设备(数控装置)时，有时会由于模拟信号输出设备或由伺服驱动器、变频器产生的干扰引起误动作，发生这种情况时，可在外部模拟信号输出设备连接电容器、铁氧体磁环，如图 7.15 所示。

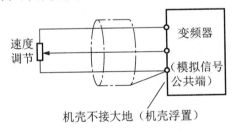

图 7.14 变频器速度调节

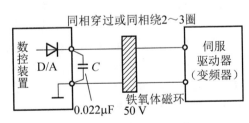

图 7.15 模拟信号线滤波

(3) 对变化缓慢的模拟信号可以采用 RC 低通滤波，如图 7.16 所示。

(4) 用电流传输代替电压在传输线上传输，然后通过长线终端的并联电阻变成电压信号，此时传输线一定要屏蔽并"单端接地"，如图 7.17 所示。

2) 数字信号线干扰抑制

(1) 由于布线不当，信号环路面积较大引起数字信号波形振荡，可采取串联电阻或插入一低通滤波器来抑制，如图 7.18 所示。

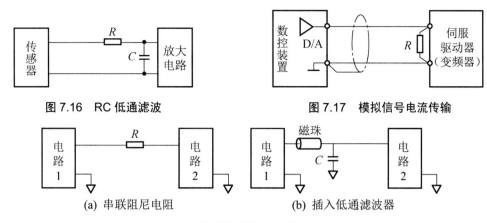

图 7.16　RC 低通滤波　　　　　　　　图 7.17　模拟信号电流传输

(a) 串联阻尼电阻　　　　　　　(b) 插入低通滤波器

图 7.18　抑制数字信号振荡的方法

(2) 输入 / 输出传输线在连接器端口处应加高频去耦电容。通常输入 / 输出信号的频率低于时钟频率，高频去耦电容的选择应保证输入 / 输出信号正常传输且能滤除高频时钟频率及其谐波。电容应接在输入 / 输出线和地线之间。

(3) 在信号线上，安装数据线路滤波器，能有效抑制高频共模干扰。数据线滤波器由铁氧体磁环或穿心电容构成，如将铁氧体磁环靠近插头处套住输入电缆，最好的办法是采用直接带滤波器的连接器，这种连接器的插座上每个引脚带有铁氧体磁珠和穿心电容组成的滤波器。

(4) 光电编码器、手摇脉冲发生器、光栅等输出信号在接收电路端并联电容可以有效抑制高频干扰，如图 7.19 所示。

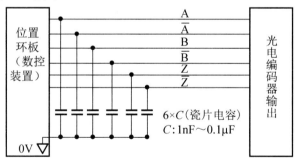

图 7.19　并联电容电路

(5) 降低敏感线路的输入阻抗，如在 CMOS 电路的入口端对地并联一个电容或一个阻值较低的电阻，可以降低因静电容而引入的干扰；对差动传输的数字信号，在信号输入端并接电阻和电容，能提高干扰抑制能力，如图 7.20 所示。

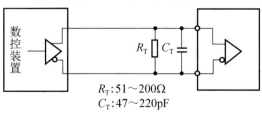

图 7.20　降低输入阻抗

7.4 电气控制柜设计指南

【电磁兼容
设计实例】

按照前述数控系统电磁兼容性设计要，在数控机床电气控制柜或电气控制箱的设计中应遵循如下的原则：

(1) 电气控制柜应该采用冷轧钢板制作，为了保证电气控制柜的电磁一致性，应采用一体结构或焊接。

(2) 电气控制柜安装板采用镀锌钢板，以提高系统的接地性能。

(3) 控制柜内各个部件按照强、弱电分开安装及布线。

(4) 各屏蔽电缆进控制柜的入口处，屏蔽层要接地。

(5) 各进给驱动电动机、主轴驱动电动机的动力线和反馈线直接接入驱动单元，不得经过端子转接。

(6) 各位置反馈线、指令给定线、通信线等弱电信号线必须采用屏蔽电缆，单股线直径不低于 0.2mm，若采用双绞双屏蔽电缆则更佳。

(7) 开关量端子板、编码盘反馈屏蔽电缆中电源线采用多芯绞合共用，以提高信号电源和这些部件的抗干扰能力。

(8) 各部件外壳必须可靠接地。

(9) 各结构间应可靠接地、共地。

本 章 小 结

本章介绍了电磁兼容性相关的概念、电磁兼容的三要素、电磁干扰的危害、数控系统电磁兼容性要求、机床数控系统抗干扰措施、接地技术的分类、安全接地和工作接地的形式、屏蔽接地的电缆选择方法、接地的设计要点、屏蔽技术的作用和机理、屏蔽的设计要点、屏蔽机箱的设计要点、滤波技术的作用、常用的抑制电源干扰的方法、常用的信号线的干扰抑制方法和电磁兼容性对电气控制柜的设计要求。

思 考 题

1. 什么是电磁骚扰？什么是电磁干扰？什么是电磁环境？

2. 什么是电磁兼容性？

3. 什么是接地？接地有哪些形式？接地技术能够解决电磁兼容性设计中的哪些问题？

4. 什么是屏蔽？屏蔽技术能够解决电磁兼容性设计中的哪些问题？

5. 什么是滤波？滤波器有哪些形式？滤波器能够解决电磁兼容性设计中的哪些问题？

6. 在数控系统的设计和使用中哪些环节需要考虑电磁兼容性？

第 **8** 章

典型数控机床
电气控制系统分析

 本章教学要点

知识要点	掌握程度	相关知识
数控车床 控制系统	熟悉数控车床电气控制系统； 掌握数控车床电气控制系统的分析方法	车床的运动及控制要求，控制系统组成； 主电路、电源电路、控制电路的工作原理
数控铣床 控制系统	熟悉数控铣床电气控制系统； 掌握数控铣床电气控制系统的分析方法	铣床的运动及控制要求，控制系统组成； 主电路、电源电路、进给轴控制电路、I/O控制电路的工作原理

导入案例

数控机床是典型的机电一体化产品(图 8.01)，除了计算机数控装置和伺服驱动系统之外，还必须有配套的电气控制电路和辅助功能控制逻辑。数控机床的电气控制电路包括主电路、控制电路、数控系统接口电路等几个部分，涉及低压电器元件、机床电气控制技术和数控系统接口等知识。机床主电路主要用来实现电能的分配和短路保护、欠电压保护、过载保护等功能。在控制要求较高的数控机床总电源回路中，为了保证数控系统的可靠运行，一般要通过隔离变压器供电；对于电网电压波动较大的应用场合，还要在总电源回路中加装稳压器；对于主回路中容量较大、频繁通／断的交流电动机电源回路，为了防止其对数控系统产生干扰，一般要加阻容吸收电路。机床控制电路主要用来实现对机床的液压、冷却、润滑、照明等进行控制，电路的控制原则与普通机床相同，但有些开关信号来自数控系统，而且在交流接触器、继电器线圈的两端要加阻容吸收。数控系统接口电路用来完成信号的变换和连接。由于在数控系统内部是直流弱电信号，而机床电气控制电路是交流强电信号，为防止电磁场干扰或工频电压串入计算机数控系统中，一般采用光电耦合器进行隔离。

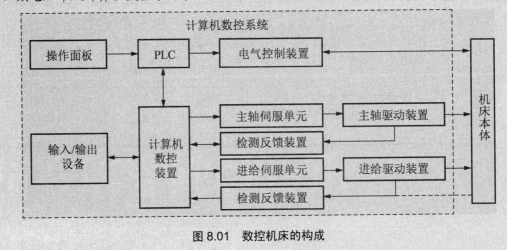

图 8.01　数控机床的构成

生产中使用的数控机床种类繁多，其控制线路和拖动控制方式各不相同。本章通过分析典型数控机床的电气控制系统，一方面进一步学习掌握数控机床电气控制系统的组成及基本控制电路在机床中的应用，掌握分析数控机床电气控制线路的方法与步骤；另一方面通过对两种有代表性的机床控制线路的分析，使读者了解电气控制系统的总体结构、控制要求等，为电气控制的设计、安装、调试、维护打下基础。分析数控机床电气控制系统，除了掌握分析普通机床电气控制系统的主回路、控制电路、辅助电路、互锁和保护环节等基本方法外，还应根据数控机床的具体构成掌握以下几点：

(1) 分析数控机床的电气控制系统构成。要根据数控系统的类型，分析电气控制系统的构成、数控系统的接口连接、外部信号及外部设备类型，分析它们的控制内容。

（2）分析电源电路及控制电路。由于有伺服驱动器、数控系统、控制回路等需求，数控机床电气控制系统有多种交直流电源，按电源不同划分成若干个局部线路来进行分析，逐一分析电源回路的构成、抗干扰措施。对于控制回路，要分析数控系统的 I／O 地址定义、信号类型等。根据主回路中各伺服电动机、辅助机构电动机和电磁阀等执行电器的控制要求，找出控制电路中的控制环节，而分析控制电路的最基本方法是查线读图法。

（3）分析伺服驱动电路。进给驱动系统是数控机床的重要组成部分，要根据伺服电动机及伺服驱动器的类型、分析数控系统与驱动装置的信号连接，分析它们的控制内容，包括启动、方向控制、位置反馈、调速、故障报警等。

（4）分析保护及报警信号电路。数控机床对于安全性和可靠性有很高的要求，实现这些要求，除了合理地选择元器件和控制方案外，在控制线路中还设置了一系列电气保护和必要的电气互锁，包括电源显示、工作状态显示、故障报警等部分，它们大多由控制电路中的元件来控制，所以在分析时，还要对照控制电路进行分析。

8.1 TK1640 数控车床电气控制电路

本节通过对 TK1640 数控车床的电气控制线路分析，进一步阐述电气控制系统的分析方法，使读者掌握 TK1640 机床电气控制线路的原理，了解电气部分在整个设备所处的地位和作用，为进一步学习数控车床电气控制系统的相关知识打下一定的基础。

【总体框图】

8.1.1 机床的运动及控制要求

TK1640 数控车床采用主轴变频调速和华中 HNC-21T 车床数控系统，机床为两轴联动，配有四工位刀架。主轴的旋转运动由 5.5kW 变频主轴电动机实现，与机械变速配合得到低速、中速和高速三段范围的无级变速。加工螺纹由光电编码器与交流伺服电动机配合实现。Z 轴、X 轴的运动由交流伺服电动机带动滚珠丝杠实现，两轴的联动由数控系统控制。

除了上述运动外，还有电动刀架的转位，冷却电动机的起、停等。

8.1.2 电气控制线路分析

1．主回路分析

图 8.1 所示为 TK1640 数控车床电气控制中的 380V 强电回路。图 8.1 中，QF1 为电源总开关，QF2、QF3、QF4、QF5 分别为伺服强电、主轴强电、冷却电动机、刀架电动机的电源开关，其作用是接通相关回路电源及短路，过电流时起保护作用。KM1、KM3、KM6 分别为伺服驱动器、主轴变频器、冷却电动机交流接触器，由它【电气原理图】们的主触点控制相应回路；KM4、KM5 为刀架正反转交流接触器，用于控制刀架的正反转。TC1 为三相伺服变压器，将 AC 380V 变为 AC 200V，供给伺服电源模块。RC1、RC3、RC4 为阻容吸收，当相应的电路断开后，吸收伺服电源模块、冷却电动机、刀架电动机中的能量，避免产生过电压而损坏电器。

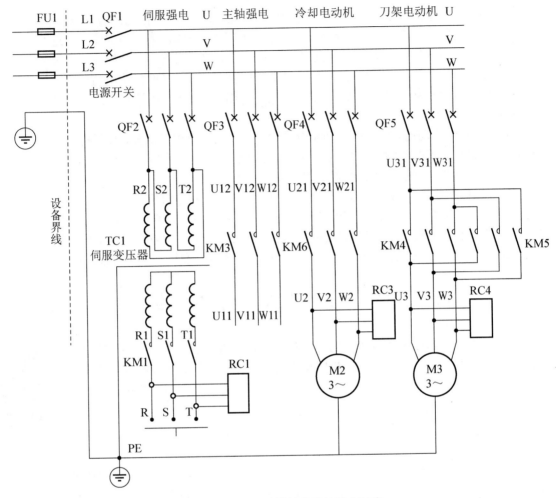

图 8.1　TK1640 数控车床的强电回路

2. 电源电路分析

图 8.2 为 TK1640 数控车床电气控制中的电源回路图。图 8.2 中，TC2 为控制变压器，一次电压为 AC 380V，二次电压为 AC 110V、AC 220V、AC 24V，其中 AC 110V 给交流接触器线圈和控制柜风扇提供电源；AC 24V 给电柜门指示灯、工作灯提供电源；AC 220V 通过低通滤波器滤波给伺服驱动器、DC 24V 电源提供交流电源；VC1 将 AC 220V 转换为 DC 24V 电源，给世纪星数控系统、PLC 输入 / 输出、24V 继电器线圈、伺服模块、电源模块、吊挂风扇提供电源；QF6~QF10 空气开关用于电路的过载保护。

3. 控制电路分析

1) 主轴电动机的控制

图 8.3、图 8.4 分别为 TK1640 数控车床交流控制回路图和直流控制回路图。在图 8.1 中，先将 QF2、QF3 空气开关合上，在图 8.4 中，当机床 X、Y 轴限位开关未压下、急停未压下、伺服驱动器和主轴变频器未报警时，KA2、KA3 继电器线圈通电，继电器触点吸合，并且 PLC 输出点 Y00 发出伺服允许信号，KA1 继电器线圈通电。在图 8.3 中，KA1 继电

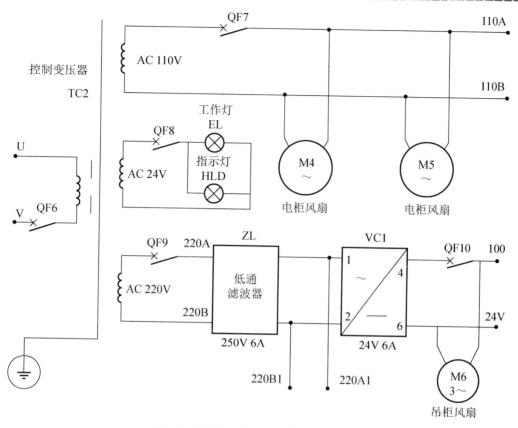

图 8.2　TK1640 数控车床的电源回路图

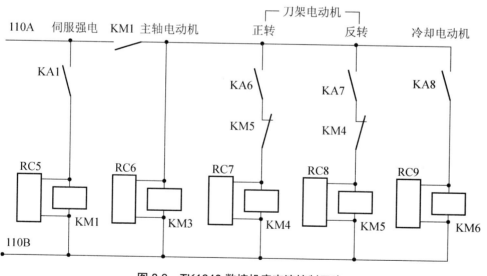

图 8.3　TK1640 数控机床交流控制回路

器触点吸合，KM1 交流接触器线圈通电，交流接触器触点吸合，KM3 主轴交流接触器线圈通电。在图 8.1 中 KM3 交流接触器主触点吸合，主轴变频器加上 AC 380V 电压，若有主轴正转或主轴反转及主轴转速指令(手动或自动)，在图 8.4 中，PLC 输出主轴正转 Y1.0 或主轴反转 Y1.1 有效，主轴转速指令输出对应于主轴转速的直流电压值(0～10V)至主轴变频器上，主轴按指令值的转速正转或反转；当主轴速度到达指令值时，主轴变频器输出主轴速度到达信号给 PLC，主轴转动指令完成。

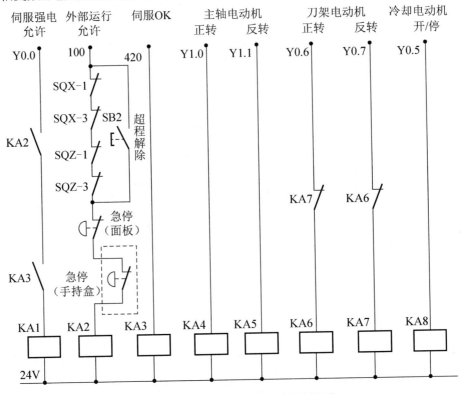

图 8.4　TK1640 数控机床直流控制回路

变频器与数控系统的连接可参见 4.6 节相关内容。主轴的启动时间、制动时间由主轴变频器内部参数设定。

2) 刀架电动机的控制

当有手动换刀或自动换刀指令时，经过系统处理转变为刀位信号，这时在图 8.4 中，PLC 输出 Y0.6 有效，KA6 继电器线圈通电，继电器触点闭合，在图 8.3 中，KM4 交流接触器线圈通电，交流接触器主触点吸合，刀架电动机正转，当 PLC 输入点检测到指令刀具所对应的刀位信号时，PLC 输出 Y0.6 有效撤销，刀架电动机正转停止；接着 PLC 输出 Y0.7 有效，KA7 继电器线圈通电，继电器触点闭合，在图 8.3 中 KM5 交流接触器线圈通电，交流接触器主触点吸合，刀架电动机反转，延时一定时间后(该时间由参数设定，并根据现场情况作调整)，PLC 输出 Y0.7 有效撤销，KM5 交流接触器主触点断开，刀架电动机反转停止，换刀过程完成。为了防止电源短路，采用了电气互锁，在刀架电动机正转继电器线圈、接触器线圈回路中串入了反转继电器、接触器常闭触点，反转继电器、接触器线圈回路中串入了正转继电器、接触器常闭触点(图 8.3 和图 8.4)。刀架转位选刀电动机只能一个方向转动，取刀架电动机正转；刀架电动机反转时，实现刀架锁紧定位。

3) 冷却电动机控制

当有手动或自动冷却指令时，这时在图 8.4 中 PLC 输出 Y0.5 有效，KA8 继电器线圈通电，继电器触点闭合，在图 8.3 中 KM6 交流接触器线圈通电，交流接触器主触点吸合，冷却电动机旋转，带动冷却泵工作。

伺服电动机的控制见第 4 章数控机床进给驱动系统相关内容。

8.2　XK713 数控铣床电气控制电路

本节通过对 XK713 数控铣床的电气控制线路分析，进一步阐述电气控制系统的分析方法，使读者掌握 XK713 机床电气控制线路的原理，了解电气部分在整个设备所处的地位和作用，为进一步学习数控铣床电气控制系统的相关知识打下一定的基础。

8.2.1　机床的运动及控制要求

XK713 数控铣床采用主轴变频调速和西门子 SINUMERIK 802C base line 数控系统、SIMODRIVE 611U 驱动控制单元及 1FK7 交流伺服电动机。

主轴的旋转运动由 5.5kW 变频主轴电动机实现，与机械变速配合得到低速和高速二挡范围的无级变速。

X 轴、Y 轴和 Z 轴的运动由交流伺服电动机带动滚珠丝杠实现，三轴的联动由数控系统控制。

机床有刀具松 / 紧电磁阀，以实现换刀；冷却电动机的起、停；润滑电动机的启、停等控制。

除了上述运动外，还有坐标轴极限运动、门关闭、电动机过载等保护功能。

8.2.2　电气控制线路分析

1. 主回路分析

图 8.5 所示为 XK713 数控铣床电气控制中的 380V 强电回路。图 8.5 中 QF10 为电源总开关，QF11、QF12、QF13、QF14 分别为伺服强电、主轴强电、冷却泵电动机、润滑泵电动机的电源开关，其作用是接通相关回路电源及短路保护。KM10、KM20 分别为冷却泵电动机和润滑泵电动机交流接触器，由它们的主触点控制相应回路；FR10、FR20 为热继电器，用于冷却泵电动机和润滑泵电动机的过载保护。RC1、RC2 为阻容吸收回路，当相应的电路断开后，吸收冷却泵电动机和润滑泵电动机中的能量，避免产生过电压而损坏电器。

2. 电源电路分析

图 8.6 为 XK 713 数控铣床电气控制中的电源回路图。图 8.6 中，TC20 为控制变压器，一次电压为 AC 380V，二次电压为 AC 110V、AC 220V、AC 24V、AC 27V。其中 AC 220V 给直流稳压器 VC12 提供交流电源，VC12 将 AC 220V 转换为 DC 24V 电源，给数控系统、PLC 输入 / 输出提供电源；AC 110V 给交流接触器线圈和电气控制柜风扇提供电源；AC 24V 给工作灯提供电源；AC 27V 分别给整流器 VC10 和 VC11 提供交流电源，VC10 和 VC11 将 AC 27V 转换为直流电源，分别给 Z 轴制动器线圈和主轴松刀电磁阀线圈提供电源；QF15、QF16、QF17、QF18、QF20、QF21、QF22、QF23、QF24、QF25 空气开关用于接通相关电路及过载保护。

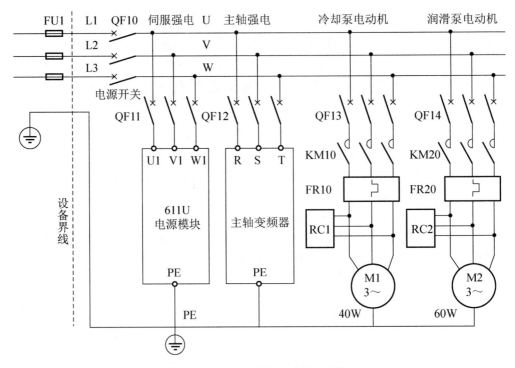

图 8.5　XK713 数控铣床强电回路

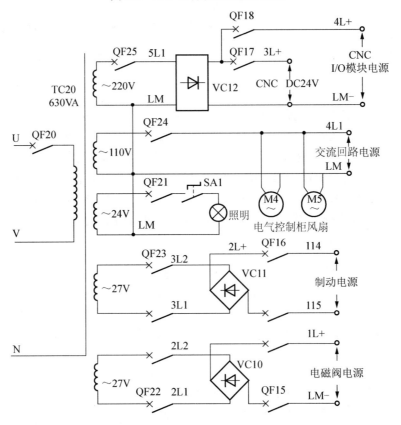

图 8.6　XK713 数控铣床电源回路

3. 进给轴驱动电路分析

图 8.7 为 XK713 数控铣床电气控制中的西门子 SINUMERIK 802C base line 数控系统与 SIMODRIVE 611U 驱动控制单元连接电源回路图。SOMIDRIVE 611U 是用于联动而且具有高动态响应的运动控制系统，是一种模块化晶体管脉冲变频器，可以实现多轴及组合驱动解决方案。SIMODRIVE 611U 伺服驱动器分为电源馈入模块、闭环速度控制和功率模块两部分，模块之间通过控制总线和直流母线相连。对于铣床 X、Y、Z 进给轴，需要 1 个电源模块和 2 个闭环速度控制和功率模块，模块间的具体连接如图 8.7 所示。

SINUMERIK 802C base line 连接 SIMODRIVE 611U 伺服驱动，分为速度给定值电缆、电动机编码器电缆、位置反馈电缆和电动机动力电缆。

(1) 速度给定信号。连接 CNC 控制器 X7 接口(参见表 3-3 802C base line 驱动器接口 X7 引脚分配)到 SIMODRIVE 611U 的 X451／X452 接口。AGND1、AO1，AGND2、AO2 和 AGND3、AO3 分别为 X、Y、Z 轴的进给速度给定信号，SE1.1、SE1.2，SE2.1、SE2.2 和 SE3.1、SE3.2 分别为 X、Y、Z 轴的使能信号。

(2) 电机编码器信号。连接 1FK7 电动机到 SIMODRIVE 611U 的 X411／X412 接口。

(3) 位置反馈信号。连接 CNC 的 X3、X4、X5、X6 到 SIMODRIVE 611U 的 X461／X462 接口。

(4) 电动机动力信号。连接 1FK7 电动机的动力接口到 SIMODRIVE 611U 的功率模块 A1／A2 的 U2、V2、W2 接线端子。

(5) 使能信号。PLC 程序对电源模块的使能端子 T48、T63 和 T64 进行控制。上电时，端子 T48 与 T9 接通，直流母线开始充电，延时后 T63 与 T9 接通，最后 T64 与 T9 接通；关电时，端子 T64 与 T9 断开，延时后(主轴和进给轴停止)T63 与 T9 断开，最后 T48 与 T9 断开。它们分别由 KA10、KA30 和 KA31 的触点进行控制。

(6) 报警信号。51 和 53 为温度检测信号，72 和 73.1 为电源模块运行正常信号，它们分别与 802C 的 X101 引脚 I1.5 和 I1.6 相连。

4. PLC I／O 控制电路分析

图 8.8 为 XK713 数控铣床电气控制中的 PLC I／O 控制回路图。图 8.8 中，Q 代表输出信号，I 代表输入信号。X100～X105 为数字输入端口，X200 和 X201 为数字输出端口，详细端口信号定义见表 3-4 和 3-5 所示。

输出端口定义为高电平有效，当某位端口为高电平信号时，相应的继电器线圈得电，由其常开触点接通相应控制回路。Q0.0、Q0.1 为主轴正反转信号，Q0.2 为换刀时主轴松刀信号，Q0.3 为冷却泵电动机控制信号，Q0.4 为 Z 轴抱闸制动信号，Q0.5 和 Q0.6 为控制 611U 电源模块上电运行信号。并联于线圈两端的二极管的作用是当相应的电路断开后，给线圈中的电流提供续流回路以吸收能量，避免产生过电压而损坏电器。

输入端口定义为常闭连接，其中，I0.0、I0.1 为主轴转速挡位检测信号，I0.2 和 I0.3 为刀具松开拉紧信号，I2.3 为机床门关闭与否检测信号，I4.0、I4.3、I4.6 分别为 X 轴、Y 轴、Z 轴正行程硬限位检测信号，I4.2、I4.5、I5.6 分别为 X 轴、Y 轴、Z 轴负行程硬限位检测信号，I4.1、II4.4、I4.7 分别为 X 轴、Y 轴、Z 轴参考点检测信号，这些检测信号均来自限位开关的常开或常闭触点；I1.3、I1.4、I1.7 为电动机过载信号，由热继电器检测；I1.5、I1.6

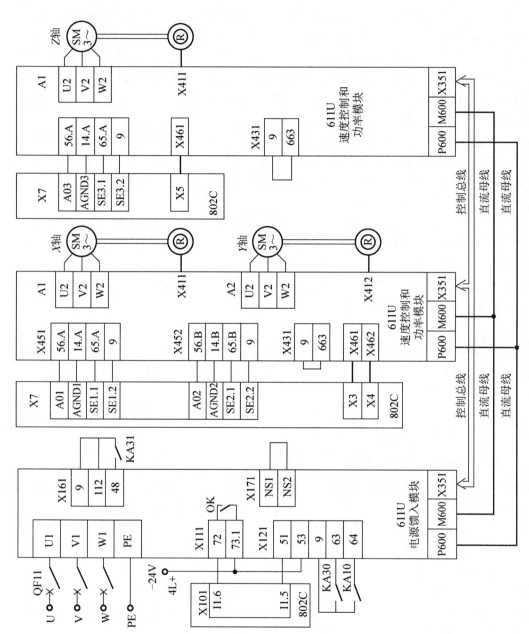

图 8.7 西门子 802C base line 数控系统与 SIMODRIVE 611U 驱动控制单元连接电源回路

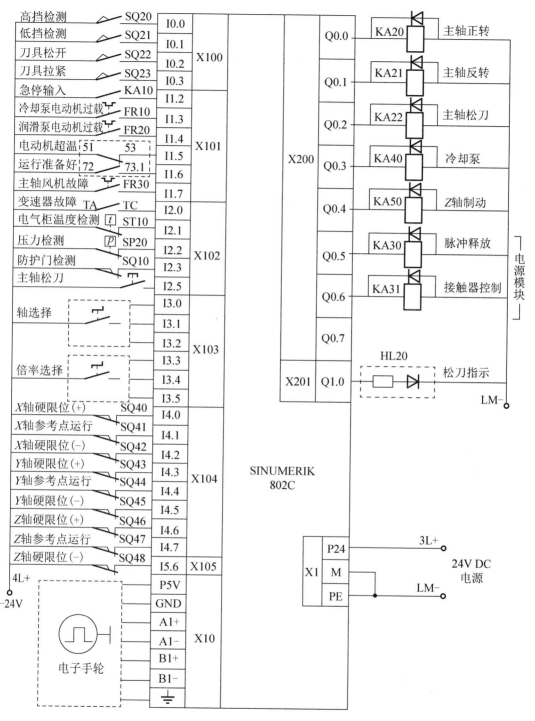

图 8.8　XK713 数控铣床 PLC Ｉ／Ｏ 控制回路图

为来自 611U 电源模块的电动机过载和伺服运行准备好信号；I3.0、I3.1、I3.2 为手动方式下进给轴选择开关，I3.3、I3.4、I3.5 为进给速率选择开关；I2.0 为来自主轴变频器的故障信号；I2.1、I2.2 分别为电气柜温度和压缩空气压力检测信号。其他端口信号功能参看图 8.8 和第 3 章相关说明。

本 章 小 结

不同生产领域的数控机床有着不同的控制要求，实际应用中的数控系统众多，但其系统组成和工作原理仍然具有许多共性的地方，本章仅对数控车床和数控铣床的典型控制电路进行了分析，以达到对数控机床的运动控制要求、控制系统组成及工作原理的初步了解。

(1) 数控车床控制系统：介绍了控制要求，分析了主回路、电源回路、控制回路的工作原理。

(2) 数控铣床控制系统：介绍了控制要求，分析了主回路、电源回路、进给轴控制回路、PLC I / O 控制电路的工作原理。

思 考 题

1. 简述数控机床电气控制系统的分析方法与步骤。
2. 说明图 8.4 中刀架电动机控制信号来自于数控装置的什么接口和引脚信号？
3. SIMODRIVE 611U 有哪些接口信号？并说明使能信号的通电顺序？
4. 简述数控机床电气控制系统的基本组成。
5. 图 8.2 中的电源种类有哪些？
6. 简述 SIMODRIVE 611U 报警信号与 CNC 装置的连接接口，以及信号处理。

参 考 文 献

[1] 祝红芳. PLC 及其在数控机床中的应用[M]. 北京：人民邮电出版社，2007.

[2] 杨克冲，陈吉红，郑小年. 数控机床电气控制[M]. 武汉：华中科技大学出版社，2005.

[3] 龚仲华. 西门子数控 PLC 程序典例[M]. 北京：机械工业出版社，2015.

[4] 杜国臣，王士军. 机床数控技术[M]. 北京：北京大学出版社，2006.

[5] 蒋丽. 数控原理与系统[M]. 北京：国防工业出版社，2013.

[6] 周庆贵. 电气控制技术[M]. 北京：化学工业出版社，2006.

[7] 张南乔. 数控技术实训教程[M]. 北京：机械工业出版社，2009.

[8] 杨有君. 数字控制技术与数控机床[M]. 北京：机械工业出版社，1999.

[9] 刘跃南. 机床计算机数控及其应用[M]. 北京：机械工业出版社，2003.

[10] 周兰，陈少艾，申晓龙. 数控机床故障诊断与维修[M]. 北京：人民邮电出版社，2007.

[11] 吴守箴，臧英杰. 电气传动的脉宽调制控制技术[M]. 北京：机械工业出版社，1995.

[12] 全国电磁兼容标准化技术委员会. GB/T 17626.4—2008 电磁兼容 试验和测量技术 电快速瞬变脉冲群抗扰度试验[S]. 北京：中国标准出版社，2008.

[13] 张建钢，廖效果. 数控技术[M]. 武汉：华中科技大学出版社，2000.

[14] 张亮. 电磁兼容 EMC 技术及应用实例详解[M]. 北京：电子工业出版社，2014.

[15] 朱文立，等. 电磁兼容设计与整改对策及案例分析[M]. 北京：电子工业出版社，2012.

[16] 梁曦东，等. 中国电气工程大典 第 1 卷 现代电气工程基础[M]. 北京：中国电力出版社，2009.

[17] 全国电磁兼容标准化技术委员会. GB/T 17626.11—2008 电磁兼容 试验和测量技术 电压暂降、短时中断和电压变化的抗扰度试验[S]. 北京：中国标准出版社，2008.

[18] 中国电器工业协会. GB/T 21419—2013 变压器、电抗器、电源装置及其组合的安全 电磁兼容(EMC)要求[S]. 北京：中国标准出版社，2013.

[19] 中国电器工业协会. GB/T 17626.5—2008 电磁兼容 试验和测量技术 浪涌(冲击)抗扰度试验[S]. 北京：中国标准出版社，2008.

[20] 中国电器工业协会. GB/T 17626.2—2006 电磁兼容 试验和测量技术 静电放电抗扰度试验[S]. 北京：中国标准出版社，2006.

[21] 全国无线电干扰标准化技术委员会. GB/T 4365—2003 电工术语 电磁兼容[S]. 北京：中国标准出版社，2004.

[22] 全国电气信息结构文件编制和图形符号标准化技术委员会. GB/T 5465.2—2008 电气设备用图形符号 第 2 部分：图形符号[S]. 北京：中国标准出版社，2009.

北京大学出版社教材书目

❖ 欢迎访问教学服务网站 www.pup6.com，免费查阅已出版教材的电子书(PDF 版)、电子课件和相关教学资源。

❖ 欢迎征订投稿。联系方式：010-62750667，童编辑，13426433315@163.com，pup_6@163.com，欢迎联系。

序号	书　名	标准书号	主　编	定价	出版日期
1	机械设计	978-7-5038-4448-5	郑　江，许　瑛	33	2007.8
2	机械设计	978-7-301-15699-5	吕　宏	32	2013.1
3	机械设计	978-7-301-17599-6	门艳忠	40	2010.8
4	机械设计	978-7-301-21139-7	王贤民，霍仕武	49	2014.1
5	机械设计	978-7-301-21742-9	师素娟，张秀花	48	2012.12
6	机械原理	978-7-301-11488-9	常治斌，张京辉	29	2008.6
7	机械原理	978-7-301-15425-0	王跃进	26	2013.9
8	机械原理	978-7-301-19088-3	郭宏亮，孙志宏	36	2011.6
9	机械原理	978-7-301-19429-4	杨松华	34	2011.8
10	机械设计基础	978-7-5038-4444-2	曲玉峰，关晓平	27	2008.1
11	机械设计基础	978-7-301-22011-5	苗淑杰，刘喜平	49	2015.8
12	机械设计基础	978-7-301-22957-6	朱　玉	38	2014.12
13	机械设计课程设计	978-7-301-12357-7	许　瑛	35	2012.7
14	机械设计课程设计	978-7-301-18894-1	王　慧，吕　宏	30	2014.1
15	机械设计辅导与习题解答	978-7-301-23291-0	王　慧，吕　宏	26	2013.12
16	机械原理、机械设计学习指导与综合强化	978-7-301-23195-1	张占国	63	2014.1
17	机电一体化课程设计指导书	978-7-301-19736-3	王金娥　罗生梅	35	2013.5
18	机械工程专业毕业设计指导书	978-7-301-18805-7	张黎骅，吕小荣	22	2015.4
19	机械创新设计	978-7-301-12403-1	丛晓霞	32	2012.8
20	机械系统设计	978-7-301-20847-2	孙月华	32	2012.7
21	机械设计基础实验及机构创新设计	978-7-301-20653-9	邹　旻	28	2014.1
22	TRIZ 理论机械创新设计工程训练教程	978-7-301-18945-0	蒯苏苏，马履中	45	2011.6
23	TRIZ 理论及应用	978-7-301-19390-7	刘训涛，曹　贺等	35	2013.7
24	创新的方法——TRIZ 理论概述	978-7-301-19453-9	沈萌红	28	2011.9
25	机械工程基础	978-7-301-21853-2	潘玉良，周建军	34	2013.2
26	机械工程实训	978-7-301-26114-9	侯书林，张　炜等	52	2015.10
27	机械 CAD 基础	978-7-301-20023-0	徐云杰	34	2012.2
28	AutoCAD 工程制图	978-7-5038-4446-9	杨巧绒，张克义	20	2011.4
29	AutoCAD 工程制图	978-7-301-21419-0	刘善淑，胡爱萍	38	2015.2
30	工程制图	978-7-5038-4442-6	戴立玲，杨世平	27	2012.2
31	工程制图	978-7-301-19428-7	孙晓娟，徐丽娟	30	2012.5
32	工程制图习题集	978-7-5038-4443-4	杨世平，戴立玲	20	2008.1
33	机械制图(机类)	978-7-301-12171-9	张绍群，孙晓娟	32	2009.1
34	机械制图习题集(机类)	978-7-301-12172-6	张绍群，王慧敏	29	2007.8
35	机械制图(第 2 版)	978-7-301-19332-7	孙晓娟，王慧敏	38	2014.1
36	机械制图	978-7-301-21480-0	李凤云，张　凯等	36	2013.1
37	机械制图习题集(第 2 版)	978-7-301-19370-7	孙晓娟，王慧敏	22	2011.8
38	机械制图	978-7-301-21138-0	张　艳，杨晨升	37	2012.8
39	机械制图习题集	978-7-301-21339-1	张　艳，杨晨升	24	2012.10
40	机械制图	978-7-301-22896-8	臧福伦，杨晓冬等	60	2013.8
41	机械制图与 AutoCAD 基础教程	978-7-301-13122-0	张爱梅	35	2013.1
42	机械制图与 AutoCAD 基础教程习题集	978-7-301-13120-6	鲁　杰，张爱梅	22	2013.1
43	AutoCAD 2008 工程绘图	978-7-301-14478-7	赵润平，宗荣珍	35	2009.1
44	AutoCAD 实例绘图教程	978-7-301-20764-2	李庆华，刘晓杰	32	2012.6
45	工程制图案例教程	978-7-301-15369-7	宗荣珍	28	2009.6
46	工程制图案例教程习题集	978-7-301-15285-0	宗荣珍	24	2009.6
47	理论力学(第 2 版)	978-7-301-23125-8	盛冬发，刘　军	38	2013.9
48	材料力学	978-7-301-14462-6	陈忠安，王　静	30	2013.4
49	工程力学(上册)	978-7-301-11487-2	毕勤胜，李纪刚	29	2008.6
50	工程力学(下册)	978-7-301-11565-7	毕勤胜，李纪刚	28	2008.6
51	液压传动(第 2 版)	978-7-301-19507-9	王守城，容一鸣	38	2013.7
52	液压与气压传动	978-7-301-13179-4	王守城，容一鸣	32	2013.7

序号	书 名	标准书号	主 编	定价	出版日期
53	液压与液力传动	978-7-301-17579-8	周长城等	34	2011.11
54	液压传动与控制实用技术	978-7-301-15647-6	刘 忠	36	2009.8
55	金工实习指导教程	978-7-301-21885-3	周哲波	30	2014.1
56	工程训练(第 4 版)	978-7-301-28272-4	郭永环，姜银方	42	2017.6
57	机械制造基础实习教程	978-7-301-15848-7	邱 兵，杨明金	34	2010.2
58	公差与测量技术	978-7-301-15455-7	孔晓玲	25	2012.9
59	互换性与测量技术基础(第 3 版)	978-7-301-25770-8	王长春等	35	2015.6
60	互换性与技术测量	978-7-301-20848-9	周哲波	35	2012.6
61	机械制造技术基础	978-7-301-14474-9	张 鹏，孙有亮	28	2011.6
62	机械制造技术基础	978-7-301-16284-2	侯书林 张建国	32	2012.8
63	机械制造技术基础(第 2 版)	978-7-301-28420-9	李菊丽，郭华锋	49	2017.6
64	先进制造技术基础	978-7-301-15499-1	冯宪章	30	2011.11
65	先进制造技术	978-7-301-22283-6	朱 林，杨春杰	30	2013.4
66	先进制造技术	978-7-301-20914-1	刘 璇，冯 凭	28	2012.8
67	先进制造与工程仿真技术	978-7-301-22541-7	李 彬	35	2013.5
68	机械精度设计与测量技术	978-7-301-13580-8	于 峰	25	2013.7
69	机械制造工艺学	978-7-301-13758-1	郭艳玲，李彦蓉	30	2008.8
70	机械制造工艺学(第 2 版)	978-7-301-23726-7	陈红霞	45	2014.1
71	机械制造工艺学	978-7-301-19903-9	周哲波，姜志明	49	2012.1
72	机械制造基础(上)——工程材料及热加工工艺基础(第 2 版)	978-7-301-18474-5	侯书林，朱 海	40	2013.2
73	制造之用	978-7-301-23527-0	王中任	30	2013.12
74	机械制造基础(下)——机械加工工艺基础(第 2 版)	978-7-301-18638-1	侯书林，朱 海	32	2012.5
75	金属材料及工艺	978-7-301-19522-2	于文强	44	2013.2
76	金属工艺学	978-7-301-21082-6	侯书林，于文强	32	2012.8
77	工程材料及其成形技术基础(第 2 版)	978-7-301-22367-3	申荣华	58	2016.1
78	工程材料及其成形技术基础学习指导与习题详解(第 2 版)	978-7-301-26300-6	申荣华	28	2015.9
79	机械工程材料及成形基础	978-7-301-15433-5	侯俊英，王兴源	30	2012.5
80	机械工程材料(第 2 版)	978-7-301-22552-3	戈晓岚，招玉春	36	2013.6
81	机械工程材料	978-7-301-18522-3	张铁军	36	2012.5
82	工程材料与机械制造基础	978-7-301-15899-9	苏子林	32	2011.5
83	控制工程基础	978-7-301-12169-6	杨振中，韩致信	29	2007.8
84	机械制造装备设计	978-7-301-23869-1	宋士刚，黄 华	40	2014.12
85	机械工程控制基础	978-7-301-12354-6	韩致信	25	2008.1
86	机电工程专业英语(第 2 版)	978-7-301-16518-8	朱 林	24	2013.7
87	机械制造专业英语	978-7-301-21319-3	王中任	28	2014.12
88	机械工程专业英语	978-7-301-23173-9	余兴波，姜 波等	30	2013.9
89	机床电气控制技术	978-7-5038-4433-7	张万奎	26	2007.9
90	机床数控技术(第 2 版)	978-7-301-16519-5	杜国臣，王士军	35	2014.1
91	自动化制造系统	978-7-301-21026-0	辛宗生，魏国丰	37	2014.1
92	数控机床与编程	978-7-301-15900-2	张洪江，侯书林	25	2012.10
93	数控铣床编程与操作	978-7-301-21347-6	王志斌	35	2012.10
94	数控技术	978-7-301-21144-1	吴瑞明	28	2012.9
95	数控技术	978-7-301-22073-3	唐友亮 余 勃	45	2014.1
96	数控技术(双语教学版)	978-7-301-27920-5	吴瑞明	36	2017.3
97	数控技术与编程	978-7-301-26028-9	程广振 卢建湘	36	2015.8
98	数控技术及应用	978-7-301-23262-0	刘 军	49	2013.10
99	数控加工技术	978-7-5038-4450-7	王 彪，张 兰	29	2011.7
100	数控加工与编程技术	978-7-301-18475-2	李体仁	34	2012.5
101	数控编程与加工实习教程	978-7-301-17387-9	张春雨，于 雷	37	2011.9
102	数控加工技术及实训	978-7-301-19508-6	姜永成，夏广岚	33	2011.9
103	数控编程与操作	978-7-301-20903-5	李英平	26	2012.8
104	数控技术及其应用	978-7-301-27034-9	贾伟杰	40	2016.4
105	数控原理及控制系统	978-7-301-28834-4	周庆贵，陈书法	36	2017.9
106	现代数控机床调试及维护	978-7-301-18033-4	邓三鹏等	32	2010.11
107	金属切削原理与刀具	978-7-5038-4447-7	陈锡渠，彭晓南	29	2012.5
108	金属切削机床	978-7-301-25202-4	夏广岚，姜永成	42	2015.1
109	典型零件工艺设计	978-7-301-21013-0	白海清	34	2012.8
110	模具设计与制造(第 2 版)	978-7-301-24801-0	田光辉，林红旗	56	2016.1
111	工程机械检测与维修	978-7-301-21185-4	卢彦群	45	2012.9

序号	书 名	标准书号	主 编	定价	出版日期
112	工程机械电气与电子控制	978-7-301-26868-1	钱宏琦	54	2016.3
113	工程机械设计	978-7-301-27334-0	陈海虹，唐绪文	49	2016.8
114	特种加工(第2版)	978-7-301-27285-5	刘志东	54	2017.3
115	精密与特种加工技术	978-7-301-12167-2	袁根福，祝锡晶	29	2011.12
116	逆向建模技术与产品创新设计	978-7-301-15670-4	张学昌	28	2013.1
117	CAD/CAM 技术基础	978-7-301-17742-6	刘 军	28	2012.5
118	CAD/CAM 技术案例教程	978-7-301-17732-7	汤修映	42	2010.9
119	Pro/ENGINEER Wildfire 2.0 实用教程	978-7-5038-4437-X	黄卫东，任国栋	32	2007.7
120	Pro/ENGINEER Wildfire 3.0 实例教程	978-7-301-12359-1	张选民	45	2008.2
121	Pro/ENGINEER Wildfire 3.0 曲面设计实例教程	978-7-301-13182-4	张选民	45	2008.2
122	Pro/ENGINEER Wildfire 5.0 实用教程	978-7-301-16841-7	黄卫东，郝用兴	43	2014.1
123	Pro/ENGINEER Wildfire 5.0 实例教程	978-7-301-20133-6	张选民，徐超辉	52	2012.2
124	SolidWorks 三维建模及实例教程	978-7-301-15149-5	上官林建	30	2012.8
125	UG NX 9.0 计算机辅助设计与制造实用教程 (第2版)	978-7-301-26029-6	张黎骅，吕小荣	36	2015.8
126	CATIA 实例应用教程	978-7-301-23037-4	于志新	45	2013.8
127	Cimatron E9.0 产品设计与数控自动编程技术	978-7-301-17802-7	孙树峰	36	2010.9
128	Mastercam 数控加工案例教程	978-7-301-19315-0	刘 文，姜永梅	45	2011.8
129	应用创造学	978-7-301-17533-0	王成军，沈豫浙	26	2012.5
130	机电产品学	978-7-301-15579-0	张亮峰等	24	2015.4
131	品质工程学基础	978-7-301-16745-8	丁 燕	30	2011.5
132	设计心理学	978-7-301-11567-1	张成忠	48	2011.6
133	计算机辅助设计与制造	978-7-5038-4439-6	仲梁维，张国全	29	2007.9
134	产品造型计算机辅助设计	978-7-5038-4474-4	张慧姝，刘永翔	27	2006.8
135	产品设计原理	978-7-301-12355-3	刘美华	30	2008.2
136	产品设计表现技法	978-7-301-15434-2	张慧姝	42	2012.5
137	CorelDRAW X5 经典案例教程解析	978-7-301-21950-8	杜秋磊	40	2013.1
138	产品创意设计	978-7-301-17977-2	虞世鸣	38	2012.5
139	工业产品造型设计	978-7-301-18313-7	袁涛	39	2011.1
140	化工工艺学	978-7-301-15283-6	邓建强	42	2013.7
141	构成设计	978-7-301-21466-4	袁涛	58	2013.1
142	设计色彩	978-7-301-24246-9	姜晓微	52	2014.6
143	过程装备机械基础(第2版)	978-301-22627-8	于新奇	38	2013.7
144	过程装备测试技术	978-7-301-17290-2	王毅	45	2010.6
145	过程控制装置及系统设计	978-7-301-17635-1	张早校	30	2010.8
146	质量管理与工程	978-7-301-15643-8	陈宝江	34	2009.8
147	质量管理统计技术	978-7-301-16465-5	周友苏，杨 飒	30	2010.1
148	人因工程	978-7-301-19291-7	马如宏	39	2011.8
149	工程系统概论——系统论在工程技术中的应用	978-7-301-17142-4	黄志坚	32	2010.6
150	测试技术基础(第2版)	978-7-301-16530-0	江征风	30	2014.1
151	测试技术实验教程	978-7-301-13489-4	封士彩	22	2008.8
152	测控系统原理设计	978-7-301-24399-2	齐永奇	39	2014.7
153	测试技术学习指导与习题详解	978-7-301-14457-2	封士彩	34	2009.3
154	可编程控制器原理与应用(第2版)	978-7-301-16922-3	赵 燕，周新建	33	2011.11
155	工程光学	978-7-301-15629-2	王红敏	28	2012.5
156	精密机械设计	978-7-301-16947-6	田 明，冯进良等	38	2011.9
157	传感器原理及应用	978-7-301-16503-4	赵 燕	35	2014.1
158	测控技术与仪器专业导论(第2版)	978-7-301-24223-0	陈毅静	36	2014.6
159	现代测试技术	978-7-301-19316-7	陈科山，王 燕	43	2011.8
160	风力发电原理	978-7-301-19631-1	吴双群，赵丹平	33	2011.10
161	风力机空气动力学	978-7-301-19555-0	吴双群	32	2011.10
162	风力机设计理论及方法	978-7-301-20006-3	赵丹平	32	2012.1
163	计算机辅助工程	978-7-301-22977-4	许承东	38	2013.8
164	现代船舶建造技术	978-7-301-23703-8	初冠南，孙清洁	33	2014.1
165	机床数控技术(第3版)	978-7-301-24452-4	杜国臣	43	2016.8
166	机械设计课程设计	978-7-301-27844-4	王 慧，吕 宏	36	2016.12
167	工业设计概论(双语)	978-7-301-27933-5	窦金花	35	2017.3
168	产品创新设计与制造教程	978-7-301-27921-2	赵 波	31	2017.3

如您需要免费纸质样书用于教学，欢迎登陆第六事业部门户网(www.pup6.com)填表申请，并欢迎在线登记选题以到北京大学出版社来出版您的大作，也可下载相关表格填写后发到我们的邮箱，我们将及时与您取得联系并做好全方位的服务。